建筑工程渗漏修缮
实用技术手册

陈宏喜　唐东生　李晓东　主编

中国建材工业出版社

图书在版编目（CIP）数据

建筑工程渗漏修缮实用技术手册/陈宏喜，唐东生，李晓东主编．--北京：中国建材工业出版社，2021.10（2023.9 重印）
ISBN 978-7-5160-3253-4

Ⅰ.①建… Ⅱ.①陈… ②唐… ③李… Ⅲ.①建筑防水—工程施工—技术手册 Ⅳ.①TU761.1-62

中国版本图书馆 CIP 数据核字（2021）第 128793 号

内容简介

建设工程渗漏严重影响建设事业的发展和广大人民群众的工作与生活，近几年防水行业不少从业人员对治理渗漏做了大量的探索与实践，取得了不少有益经验。

为了从更深层次认识建设工程渗漏的原因，总结渗漏治理成功经验，吸取失败教训，推广新材料、新工法和新工装，我们组织专家编著了《建筑工程渗漏修缮实用技术手册》一书。全书共分 8 章与 7 个附录，在剖析渗漏原因的基础上，推介现今我国治理渗漏的新理念、新材料、新技术，为治漏行业的职业工人与管理干部提供实用的工具书与培训教材，启迪防水行业朝着节能减排、绿色环保的新路前行。

建筑工程渗漏修缮实用技术手册
Jianzhu Gongcheng Shenlou Xiushan Shiyong Jishu Shouce
陈宏喜　唐东生　李晓东　主编

出版发行：中国建材工业出版社
地　　址：北京市海淀区三里河路 11 号
邮　　编：100831
经　　销：全国各地新华书店
印　　刷：北京印刷集团有限责任公司
开　　本：710mm×1000mm　1/16
印　　张：16.25
字　　数：300 千字
版　　次：2021 年 10 月第 1 版
印　　次：2023 年 9 月第 2 次
定　　价：98.00 元

本社网址：www.jccbs.com，微信公众号：zgjcgycbs

本书编委会

主 编 单 位： 湖南省建筑防水协会
衡阳盛唐高科防水工程有限公司
南京地铁建设有限责任公司

副主编单位： 广东隽隆新型建材科技有限公司
湖南帮宁建筑防水工程有限公司
河南阳光防水科技有限公司
上海先科桥隧检测加固工程技术有限公司
湖南神宇新材料有限公司
株洲飞鹿高新材料技术股份有限公司
大禹九鼎新材料科技有限公司
四川童燊防水工程公司
湖南欣博建筑工程有限公司

学 术 顾 问： 沈春林教授

单项特约顾问： 赵灿辉博士　叶林宏教授　张道真教授　骆建军教授
叶天洪注浆堵漏防水专家

主　编： 陈宏喜　唐东生　李晓东

副主编： 艾九红　倪保平　丁　杰　陈森森　邹常进　王文立　易启洪
王录吉　易　乐　丁志良　曹迈宇

编　委： 马林慷　王　琳　王国湘　文金兰　文　举　刘　宇　刘　欢
刘青松　朱　柯　朱卫文　陈修荣　陈泽湘　肖凌云　杨　波
李海涛　李　浩　李培任　罗　霁　罗兴华　罗　春　周　应
张庆华　张　翔　金仲文　赵志龙　曹建泉　黄新家　詹　苗
廖石泉　廖　茜

特约作者： 陈景明　邓泽高　叶　强　杨志辉　金　勇　涂志敏
谢冬梅　邹海军　高鑫荣　李　康　吴兆圣　赵新胜
朱和平　朱晓峰　欧阳文凯　徐良善　徐小丽　冯　永
付剑峰　丁　力　周　攀　唐英波

参编单位： 湖南美汇巢防水集团有限公司
广州丽天防水工程有限公司
湖南神舟防水有限公司
湖南治霖建设工程公司
（东方雨虹建筑修缮有限公司湘潭服务中心）
广西象州天华科技防水材料有限公司
西安点道源检测技术有限公司
海南宏邦防水工程有限公司
（湖南郴州市开发区筑金防水节能推广中心）
湖南大禹防水建材科技有限公司
广东中山市三乡悟空防水工程部
广州三为防水补漏工程有限公司
湖南湘潭泽源公路建材有限公司
湖南金禹防水科技有限公司
湖北来凤县鼎城防水治漏工程有限责任公司
湖南禹果建筑科技有限公司
深圳建泉防水工程有限公司
湖南湘潭尚德建材有限公司（北新·禹王防水集团加盟公司）
国能新朔铁路有限责任公司大准铁路分公司

前言

建筑物、构筑物由于设计、施工、材料及水文地质和气候条件不良因素的影响，常出现微孔、小洞、蜂窝、麻面、裂缝、缺棱掉角甚至倾斜、倒塌等缺陷，导致建（构）筑物产生渗漏、疏松剥离、腐蚀，影响其正常使用功能和使用寿命，给人们的工作、生产、生活带来诸多负面影响，造成不同程度的经济损失和不良社会影响。

多少年来，人们在修缮建筑缺陷，营造人类正常的生产、工作和生活环境方面，做了大量有益的探索与实践，取得了许多宝贵的经验，也得到了不少的教训。为了总结前人在防水保温防腐方面的经验和教训，吸取精华，引导后人利用最新技术成果修补建筑缺陷，治理建筑渗漏。我们结合自己三四十年防水、保温、防护的探索与实践编著了本书，以期给同行们点滴启发，起到抛砖引玉的作用。

目前在防水保温防护战线工作的技工和管理人员，文化程度、专业理论知识与专业技能参差不齐。为适应修缮工作的需要，本书从实际出发，全书共分 8 章与 7 个附录，深入浅出，图文并茂，通俗易懂地介绍修缮方面的常识与国家规范规程精神，辅以 20 个工程案例，启迪行业同仁贯彻“十四五”规划精神，沿着绿色环保、节能减排、提质增效、全产品链提升、高质量发展的新路前行。

在编写过程中，引用了相关规范、规程、标准，参考与引用了叶林昌、沈春林、叶林标、鞠建英、叶林宏、刘尚乐教授及其他学者、科技人员的著作，值此致以诚挚的谢意。

因编者水平有限，书中存在不足之处，敬请读者赐教。

编　者

2021 年 8 月

目录

防水工程常用术语释义

1. 女儿墙：房屋外墙高出屋面的短墙。

2. 压顶：露天的墙顶上用砖、瓦、石料、混凝土、钢筋混凝土、镀锌铁皮等筑成的覆盖层。

3. 檐沟：屋面檐口处的排水沟。

4. 天沟：屋面上的排水沟。

5. 防水层：为了防止雨水进入屋面，地下水渗入墙体、地下室及地下构筑物，室内用水渗入楼面及墙面等而设的具有阻水功能的材料层。

6. 防潮层：为了防止地面以下土壤中的水分进入墙体而设置的阻水材料层。

7. 渗漏：建筑物的屋面、地面、墙面及地下工程，在水压作用下若出现水滴或水流称为漏水；若只出现湿润（湿斑）称为渗水。漏水和渗水现象统称为渗漏。

8. 防水层耐用年限：防水层能满足工程正常使用要求的期限。

9. 一道防水设防：具有单独防水能力的一个防水层次。

10. 沥青防水卷材：用原纸、纤维织物、纤维毡等胎体材料浸涂沥青，表面撒布粉状、粒状或片状材料，经浸渍辊压制成可卷曲的片状防水材料，俗称油毡。

11. 高聚物改性沥青防水卷材：以合成高分子聚合物改性沥青为涂盖层，纤维织物或纤维毡为胎体，粉状、粒状、片状或薄膜材料为覆面材料，经浸渍辊压制成可卷曲的片状防水材料，如 SBS/APP 改性沥青材料。

12. 合成高分子防水卷材：以合成橡胶、合成树脂或两者的共混体为基料，加入适量的化学助剂和填充料等，经塑炼、混炼、辊压或挤出成型的可卷曲的片状防水材料；或把上述材料与合成纤维等复合形成两层或两层以上可卷曲的片状防水材料。

13. 玛𤧛脂（沥青胶）：由石油沥青、填充料等配制而成的沥青胶结材料。热用型玛𤧛称为热玛𤧛脂，用溶剂稀释后冷用型称为冷玛𤧛脂。

14. 基层处理剂：为了增强防水材料与基层之间的粘结力，在防水层施工前，预先涂/喷在基层上的涂料称为基层处理剂，又称为冷底料、冷底子油。

15. 分格缝：为了减少裂缝，在基面找平层、刚性防水层、刚性保护层上预先留设缝槽，内嵌弹塑性密封膏，称为分格缝，也称为分厢缝或分仓缝，缝距一般为 4～6m。

16. 满粘法（全粘法）：铺贴防水卷材时，卷材与基层之间采用全部粘结的施工方法。

17. 空铺法：铺贴防水卷材时，卷材与基层之间仅在四周一定宽度内粘结，其余部分不粘结的施工方法。

18. 条粘法：铺贴防水卷材时，卷材与基层之间采用条状粘结的施工方法。每幅卷材与基层粘结面不少于两条，每条宽度不小于 150mm。

19. 点粘法：铺贴防水卷材时，卷材或打孔卷材与基层之间采用点状粘结的施工方法。每平方米粘结不少于 5 个点，每点面积为 100mm×100mm。

20. 热熔法：采用火焰加热器熔化热熔型防水卷材底层的热熔胶进行粘结的施工方法。

21. 冷粘法（冷施工）：采用胶粘剂或冷玛琋脂进行卷材与基层、卷材与卷材之间的粘结，而不需要加热施工的方法。

22. 自粘法：采用带有自粘胶的防水卷材，环境气温在 12℃以上，不用热熔施工，也不需涂胶结材料，而进行卷材与基面之间或卷材与卷材之间冷粘结的施工方法。

23. 热风焊接法：采用热空气焊枪进行防水卷材搭接黏合的施工方法。

24. 沥青基防水涂料：以沥青为基料配制成的水乳型或溶剂型的防水涂料。

25. 高聚物改性沥青防水涂料：以沥青为基料，用高分子聚合物进行改性，配制成的水乳型或溶剂型的防水涂料。

26. 合成高分子防水涂料：以合成橡胶或合成树脂为主要成膜物质，配制成的单组分或多组分的防水涂料。

27. 胎体增强材料：在涂膜防水层中增强用的化纤无纺布、玻璃纤维网布等材料。

28. 改性沥青密封材料：用沥青为基料，用适量的合成高分子聚合物进行改性，加入填充料和其他化学助剂配制而成的膏状密封材料。

29. 合成高分子密封材料：以合成高分子材料为主体，加入适量的化学助剂、填充料和着色剂，经过特定的生产工艺加工而成的膏状密封材料。

30. 接缝位移：在混凝土系统中，因温度、外力引起的接缝间隙的变化。

31. 拉伸-压缩循环性：反映密封材料在使用过程中，因温度变化引起接缝位移而经受周期性拉、压循环后，保持密封的能力。

32. 背衬材料：为控制密封材料的嵌填深度，防止密封材料和接缝底部之间粘结，在接缝底部与密封材料接触界面之间设置一道可滑动、变形的隔离材料。

33. 正置式屋面：将防水层设置在找坡层、保温层之上的屋面，又称顺置式屋面。

34. 倒置式屋面：将保温材料设置在防水层上的屋面。

35. 蓄水屋面：在屋面防水层上蓄一定高度的水，起到隔热作用的屋面。

36. 种植屋面：在屋面或地下车库顶板防水层上覆土或铺设锯末、蛭石等松散材料，并种植植物，起到隔热、保温、绿化作用的屋面。

37. 架空隔热屋面：用烧结黏土砖或混凝土薄型制品，覆盖在屋面防水层上并架设一定高度的空间，利用空气流动加快散热，起到隔热作用的屋面。

38. 压型钢板：以镀锌钢板或铝板为基材，经成型机轧制，并敷以防腐耐蚀涂层或彩色烤漆而制成的轻型金属屋面材料。

39. 泛水：屋面与突出屋面结构连接处的防水构件或构造称为泛水。

40. 变形缝：将建筑物、构筑物用垂直的缝分为若干单独部分，使各部分能独立变形。这种垂直分开的缝称为变形缝。一般缝宽 30～50mm，缝距 30～50m。它包括伸缩缝、沉降缝、抗震缝。

41. 施工缝：混凝土施工不能连续作业时，留置的临时间断处称为施工缝。

42. 止水带（片）：地下防水工程受水压作用时，在防水混凝土结构中与变形缝垂直的方向设置的橡胶、塑料或金属带，称为止水带（片）。

43. 翘边、褶皱：卷材翘边是指卷材边变形产生不规则弯曲；褶皱是指卷材基胎产生收缩变形表面不平整。

44. 抗渗性能：混凝土抵抗压力水渗透的性能。

45. 强度等级：混凝土结构件强度的技术指标。它是指标准试件在压力作用下直到破坏时，单位面积上所能承受的最大应力。它是用来作为评定混凝土质量的技术指标。

46. 蜂窝：混凝土局部酥松，砂浆少、石子多，石子之间出现空隙，形成的蜂窝状孔洞。

47. 孔洞：混凝土结构内有空腔，局部没有混凝土或蜂窝特别大。

48. 麻面：混凝土表面局部缺浆、粗糙或有许多小凹坑，但无露筋现象。

49. 裂缝：混凝土硬化过程中，由于混凝土脱水，引起收缩，或者受温度高低的温差影响，引起胀缩不均匀面产生的缝隙。

50. 温度应力：由于温度变化，结构或构件产生伸或缩，而当伸缩受到限制时，结构或构件内部便产生应力，称为温度应力。

51. 权重：在质量评价体系中，将一个工程分为若干评价部位、系统，按各部位、系统所占工作量的大小及影响整体能力的重要程度，规定的所占比重。

52. 结构工程：在房屋建筑中，由地基与基础和主体结构组成的结构体系，能承受预期荷载的工程实体。

53. 建筑工程：通过对各类房屋建筑及其附属设施的建造和与其配套线路、管道、设备等的安装所形成的工程实体。

54. 见证检验：施工单位在工程监理单位或建设单位的见证下，按照有关规定从施工现场随机抽取试样，送至具备相应资质的检测机构进行检验的活动。

55. 复验：建筑材料、设备等进入施工现场后，在外观质量检查和质量证明文件核查符合要求的基础上，按照有关规定从施工现场抽取试样送至实验室进行检验的活动。

56. 验收：建筑工程质量在施工单位自行检查合格的基础上，由工程质量验收责任方组织，工程建设相关单位参加，对检验批、分项、分部、单位工程及其隐蔽工程的质量进行抽样检验，对技术文件进行审核，并根据设计文件和相关标准以书面形式对工程质量是否达到合格做出确认。

57. 主控项目与一般项目：建筑工程中对安全、节能、环境保护和主要使用功能起决定性作用的检验项目；除主控项目以外的检验项目称为一般项目。

58. 观感质量：通过观察和必要的测试所反映的工程外在质量和功能状态。

59. 渗漏修缮：对已发生渗漏部位进行维修或翻修等防渗封堵的工作。

60. 维修：对房屋局部不能满足正常使用要求的防水层采取定期检查更换、整修等措施进行修复的工作。

61. 翻修：对房屋不能满足正常使用要求的防水层及相关构造层，采取重新设计、施工等恢复防水功能的工作。

62. 隔汽层：阻止室内水蒸气渗透到保温层内的构造层。

63. 隔离层：消除相邻两种材料之间粘结力、机械咬合力、化学反应等不利影响的构造层。

64. 复合防水层：由彼此相容的卷材和涂料组合而成的防水层。

65. 附加层：在易渗漏及易破损部位设置的卷材或涂膜加强层。

66. 防水垫层：设置在瓦材或金属板材下面，起防水、防潮作用的构造层。

67. 持钉层：能够握裹固定钉的瓦屋面构造层。

68. 平衡含水率：在自然环境中，材料孔隙中所含有的水分与空气湿度达到平衡时，这部分水的质量占材料干质量的百分数。

69. 相容性：相邻两种材料之间互不产生有害的物理和化学作用的性能。

70. 喷涂硬泡聚氨酯：以异氰酸酯、多元醇为主要原料加入发泡剂等添加剂，现场使用专用喷涂设备在基层上连续多遍喷涂发泡聚氨酯后，形成无接缝的硬泡体。

71. 现浇泡沫混凝土：用物理方法将发泡剂水溶液制备成泡沫，再将泡沫加入到由水泥、骨料、掺合料、外加剂和水等制成的料浆中，经混合搅拌、现场浇筑、自然养护而成的轻质多孔混凝土。

72. 玻璃采光顶：由玻璃透光面板与支承体系组成的屋顶。

73. 瓦面：在屋顶最外面铺盖块瓦或沥青瓦，具有防水和装饰功能的构造层。

74. 防水垫层：设置在瓦材或金属板材下面，起防水、防潮作用的构造层。

75. 简单式种植屋面：仅种植地被植物、低矮灌木的屋面。

76. 花园式种植屋面：种植乔灌木和地被植物，并设置园路、坐凳等休憩设施的屋面。

77. 容器种植：在可移动组合的容器、模块中种植植物。

78. 耐根穿刺防水层：有防水和阻止植物根系穿刺功能的构造层。

79. 排（蓄）水层：能排出种植土中多余水分（或具有一定蓄水功能）的构造层。

80. 过滤层：防止种植土流失，且便于水渗透的构造层。

81. 种植土：具有一定渗透性、蓄水能力和空间稳定性，可提供屋面植物生长所需养分的田园土、改良土和无机种植土的总称。

82. 植被层：种植草本植物、木本植物的构造层。

83. 地被植物：用以覆盖地面的、株丛密集的低矮植物的统称。

84. 缓冲带：位于种植土与女儿墙、屋面凸起结构、周边泛水及檐口、排水口等部位之间，起缓冲、隔离、滤水、排水等作用的地带（沟），一般由卵石或陶粒构成。

85. 溶剂型防水涂料：以有机溶剂为分散介质，靠溶剂挥发成膜的防水涂料。

86. 地下防水工程：对房屋建筑、防护工程、市政隧道、地下铁道等地下工程进行防水设计、防水施工和维护管理等各项技术工作的工程实体。

87. 明挖法：敞口开挖基坑，再在基坑中修建地下工程，最后用土、石等回填的施工方法。

88. 暗挖法：不挖开地面，采用从施工通道在地下开挖、支护、衬砌的方式修建隧道等地下工程的施工方法。

89. 胶凝材料：用于配制混凝土/砂浆的硅酸盐水泥及粉煤灰、磨细矿渣、硅粉等矿物掺合料的总称。

90. 水胶比：混凝土配制时的用水量与胶凝材料总量之比。

91. 锚喷支护：在锚杆和钢筋网之间喷射混凝土时联合使用的一种围岩支护形式。

92. 地下连续墙：采用机械施工方法成槽、浇灌钢筋混凝土，形成具有截水、防渗、挡土和承重作用的地下墙体。

93. 盾构隧道：采用盾构掘进机全断面开挖，钢筋混凝土管片作为衬砌支护进行暗挖法施工的隧道。

94. 沉井：由刃脚、井壁及隔墙等部分组成井筒，在筒内挖土使其下沉，达到设计标高后进行混凝土封底。

95. 逆筑结构：以地下连续墙兼作墙体及混凝土灌注桩等兼作承重立柱，自上而下进行顶板、中楼板和底板施工的主体结构。

96. 注浆止水：在压力作用下注入灌浆材料，切断渗漏水流通道的方法。

97. 钻孔注浆：钻孔穿过基层渗漏部位，在压力作用下注入灌浆材料并切断渗漏水流通道的方法。

98. 压环式注浆嘴：利用压缩橡胶套管（或橡胶塞）产生的胀力在注浆孔中固定自身，并具有防止浆液逆向回流功能的注浆嘴，又称为牛头嘴。

99. 埋管（嘴）注浆：使用速凝堵漏材料埋置的注浆管（嘴），在压力作用下注入灌浆材料并切断渗漏水流通道的方法。

100. 贴嘴注浆：对准混凝土裂缝表面粘贴注浆嘴，在压力作用下注入浆液的方法。

101. 浆液阻断点：注浆作业时，预先设置在扩散通道上用于阻断浆液流动或改变浆液流向的装置。

102. 内置式密封止水带：安装在地下工程变形缝背水面，用于密封止水的塑料或橡胶止水带。

103. 止水帷幕：利用注浆工艺在地层中形成的具有阻止或减小水流透过的连续固结体。

104. 壁后注浆：向隧道衬砌与围岩之间或土体的空隙内注入灌浆材料，达到防止地层及衬砌形变、阻止渗漏等目的的施工过程。

105. 聚合物水泥防水涂料：以聚合物乳液和水泥为主要原料，加入其他添加剂制成的双组分防水涂料。

106. 高分子自粘胶膜防水卷材：以合成高分子片材为底膜，单面覆有高分子自粘胶膜层，用于预铺反粘法施工的防水卷材。

107. 预铺反粘法：将覆有高分子自粘胶膜层的防水卷材空铺在基面上，然后浇筑结构混凝土，使混凝土浆料与卷材胶膜层紧密结合的施工方法。

108. 暗钉圈：设置于基层表面，并由与塑料防水板相热焊的材料组成，用于固定塑料防水板的垫圈。

109. 预注浆：工程开挖前使浆液预先充填围岩裂隙或空隙，以达到堵塞水流、加固围岩的目的所进行的注浆。

110. 衬砌前围岩注浆：工程开挖后，在衬砌前对毛洞的围岩加固和止水所进行的注浆。

111. 回填注浆：在工程衬砌完成后，为充填衬砌和围岩间空隙所进行的注浆。

112. 衬砌后围岩注浆：在回填注浆后需要增强衬砌的防水能力时，对围岩进行的注浆。

113. 复合管片：钢板与混凝土复合制成的管片。

114. 密封垫：由工厂加工预制，在现场粘贴于管片密封垫沟槽内，用于管片接缝防水的密封材料。

115. 螺孔密封圈：为防止管片螺栓孔渗漏水而设置的密封垫圈。

116. 脱层或起鼓：当施工作业基面的表面有浮灰或油污时，防水层或保温层从作业基面上拱起或脱离，即为脱层或起鼓。

117. 挤塑聚苯乙烯泡沫塑料板（XPS）：以聚苯乙烯树脂或其共聚物为主要成分，添加少量添加剂，通过加热挤塑成型的具有闭孔结构的硬质泡沫塑料板。

118. 模塑聚苯乙烯泡沫塑料板（EPS）：采用可发性聚苯乙烯珠粒经加热预发泡后，在模具中加热成型的具有闭孔结构的泡沫塑料板。

119. 泡沫玻璃：由碎玻璃、发泡剂、改性添加剂和发泡促进剂等，经过细粉碎和均匀混合、高温熔化、发泡、退火而制成的无机非金属玻璃材料。

120. 综合管廊：建于城市地下用于容纳两类及以上城市工程管线的构筑物及附属设施。国外有些国家称其为共同沟。

121. 集水坑：用来收集地下工程内部渗漏水或管道排空水等的池坑。

122. 受力裂缝：作用在建筑上的力或荷载在构件中产生内力或应力引起的裂缝，也可称为“荷载裂缝”或“直接裂缝”。

123. 变形裂缝：由于温度变化、体积胀缩、不均匀沉降等间接作用导致构件中产生强迫位移或约束变形而引起的裂缝，也可称“非受力裂缝”或“间接裂缝”。

124. 87 型雨水斗：具有整流、阻气功能的雨水斗。其排水流量在达到最大值之前，斗前水位变化缓慢；在流量达到最大值之后，斗前水位急剧上升。

125. 无机保温板：以无机轻骨料或发泡水泥、泡沫玻璃为保温材料，在工厂预制成型的保温板。

126. 保温砂浆：以无机轻骨料或聚苯颗粒为保温材料，无机、有机胶凝材料为胶结料，并掺加一定的功能性添加剂而制成的建筑砂浆。

127. 外墙外保温系统：由保温层、保护层和固定材料（胶粘剂、锚固件等）构成并且适用于安装在外墙外表面的非承重保温构造的总称。

128. 桥面防水系统：由桥面铺装中的沥青混凝土面层或混凝土面层、过渡层、防水层、基层处理剂、混凝土基层及桥面排水口、渗漏管等与防排水有关构造构成的整体。

129. 桥面防水层：在桥面铺装中，起到防止其上桥面水渗入其下桥面结构中的隔水层。

130. 防渗系统：在垃圾填埋场场底和四周边坡上为构筑渗沥液防渗屏障所选用的多种材料组成的体系。

131. 建筑反射隔热涂料：具有较高太阳热反射比和半球发射率，可以达到明显隔热效果的涂料。

132. 固结体强度：浆液在实验室条件下配制的样品，经标准强度试验测得的强度值。强度试验包括单轴抗压强度、抗折（或抗剪）强度和抗拉强度试验。

133. 劈裂注浆：在压力作用下，浆液克服地层的初始应力和抗拉强度，引起岩石和土体结构的破坏和扰动，使其沿垂直于小主应力的平面劈裂，或使地层中原有的裂隙或孔隙胀开，并使浆液充填裂隙或孔隙的一种注浆方式。

134. 热惰性指标（D）：表征围护结构抵御温度波动和热流波动能力的无量纲指标，其值等于各构造层材料热阻与蓄热系数的乘积之和。

135. 防水透气膜：具有防水和透气功能的合成高分子膜状材料。

136. 环氧树脂自流平砂浆地面材料：指环氧树脂自流平涂料在生产过程或施工现场中加入适当比例的级配砂、粉等填充料，并配制均匀，可直接采用手工抹涂或机械涂装，且固化后涂膜平整光滑，防护及耐冲击效果良好的地面材料。

137. 剪力墙：房屋或构筑物中主要承受风荷载或地震作用引起的水平荷载和竖向荷载（重力）的墙体，防止结构剪切（受剪）破坏。

剪力墙按结构材料可以分为钢板剪力墙、钢筋混凝土剪力墙和配筋砌块剪力墙。

剪力墙又称抗风墙、抗震墙、结构墙。

138. 混凝土强度等级：C20、C30 是指混凝土浇筑后 28d（常温）的抗压强度为 200MPa、30MPa。

139. 防水混凝土：是指比普通混凝土更加密实、抗渗能力更强的混凝土，但它不能独立承担一、二级工程的防水任务。

140. 结构自防水混凝土：通过调整混凝土的配合比与添加特种防水剂，固结体比防水混凝土更密实、抗渗能力更强，能独立承担一、二级工程防水任务的结构混凝土。但变形缝必须采用柔性材料辅助。

1

概　　论

1.1 建筑医院的兴起

10多年前广州防水人面对建筑渗漏比较严重与普遍现象，部分防水企业利用自家生产的材料与施工工人，试探性地修缮建筑物渗漏，取得良好的社会效益与经济效益。其后，广东与其他省（区、市）部分小微企业也学样承接防水维修任务。不久，部分企业也尝到了防水修缮的甜头，从事这方面业务的企业越来越多。此时有人把这方面的工程业务称为“渗漏修缮”，有人把修缮企业称为“建筑医院”。后来大中型防水生产公司或集团，也认识到渗漏修缮有发展前景，便在旗下成立“建筑防水工程公司”“建筑防水服务公司”“建筑防水修缮公司”，有些企业干脆称为“建筑医院”。

渗漏修缮业务的显著特点：一是业主无钱不修缮，要修缮就得准备好了资金。对修缮公司来说修缮工程易收钱，经济效益来得快。二是渗漏修缮多数工程量不大，对修缮公司来说，投入相对较少，经济收益较好。三是渗漏预算定额不完善或没有地方定额，多数是双方议价，某些修缮项目特殊，工程价格“特高”，利润空间较大，修缮公司油水大。这些因素助长了修缮公司的发展。

10多年前，有关日本、美国渗漏修缮的信息透露：日、美防水商现在防水任务多数是既有工程维修或翻新，日本防水修缮业务占全国防水任务的65%左右，美国占85%以上的份额。其原因有两个，一是日、美工业与经济发展比我国超前三四十年，建筑大发展期已过，新建任务相对减少，而我国处于大建筑后期，新建任务相对较大，新的防水任务与渗漏修缮各占1/2左右。二是日、美既有建筑防水耐用年限已分批到期，需要翻新，我国防水翻新期正在路上。

国内外建筑修缮行业的萌芽与发展，影响我国防水行业的转型，上规模企业多数先后成立类似建筑医院的子公司，在此形势下，行业龙头企业多数由销售产品转型为系统服务。北京东方雨虹科技集团2018年在苏州成立了“东方雨虹修缮科技公司”，很快在全国大中城市设点布局40多处，朝着千万修缮服务点快速发展，有力地推动了我国建筑修缮的发展，东起上海，西至拉萨，南达海南，北抵黑龙江，建筑修缮呈星火燎原之势。

1.2　建筑修缮行业最具创新活力

早期防水保温防护修缮项目一般没有现成的设计方案，固定的施工模式及选材的约束。自2010年、2011年我国住房和城乡建设部先后发布《地下工程渗漏治理技术规程》（JGJ/T 212—2010）、《房屋渗漏修缮技术规程》（JGJ/T 53—2011）以后，既有工程修缮才有质控规矩。但多数工程还是靠技术人员与技工通过现场踏勘，结合实践经验，商榷修缮方案。个性化选材，合理选定工艺工法，共定质量与验收标准。这是参与人员理论结合实际的智慧融合，水平高的能确定一个最优性价比的方案；否则，劳而无功，劳民伤财，修缮失效。后来一般重大工程渗漏修缮方案都通过专家论证确定，收到了较好效果。一项重大修缮工程，应该是理论指导实践，实践验证，丰富与发展理论，也是集设计、生产、施工、质监人员的能动性、创造性的硕果和智慧的结晶。深层矿井、隧道、堤坝的修缮，面临许多不确定因素，如突然涌水，要求参施人员立即修正原有方案与工艺，才能尽快降伏险情，又快又好地完成修缮任务。

可以说，建筑修缮是一群人理论结合实际进行创造性劳动的过程，成功工程是众人智慧与汗水的结晶，其间最具创新活力。

1.3　建筑修缮公司应具备五个条件

一个上规模的修缮公司应具备如下条件：

（1）一群可信的工程技术人员。

（2）一批可靠的堵漏、加固、防渗、防护材料。

（3）多套实用的施工机具与关键机械设备及检测设施。

（4）一批诚信、吃苦具有专业技能的职业工人。

（5）一批责任心强的现场管理干部。

1.4　注浆堵漏是建筑修缮中的重要手段

灌浆是一个广义词，它包含重力灌注与压力灌注两种形式，前者是指对结构体的孔洞、裂隙堵塞混凝土或水泥砂浆或黏土砂浆，不需灌浆专用机械或泵机施加外力，靠自身所受重力落入洞孔、裂隙，主要起加固作用，如重大设备的地脚螺孔，填充混凝土加固基座；后者是指对结构体的微孔、小洞、裂缝、裂隙等缺陷部位打孔装管，依靠专用灌浆机（泵）的压力，将化学浆液强行注入孔洞、裂隙，通过浆液渗透、扩散，固化成韧性体或刚体，封堵孔洞、缝隙，形成密实不渗水的结构体，主要起截水堵漏的作用，也起结构体加强作用，如地下工程施工缝或变形裂缝渗水，通过钻孔、安装“注浆嘴”，用注浆机施加一定压力，将化学浆液输入孔缝缺陷处，固化物形成阻水屏障。此乃治漏的重要手段。

10 多年来，为防治建筑渗漏，无论是地上建（构）筑物还是地下工程或水工设施或市政工程，一旦发生渗漏或破损缺陷，都较普遍采用注浆手段密实与加固基体，如同医院收到患者以后，都通过“打针”手段辅以药物治疗患者，促使患者早日康复。

1.5 建筑渗漏修缮是一项系统工程

一项渗漏工程的成功治理，必须遵循“设计是前提，材料是基础，施工是关键，管理是保证”的总原则，刚柔相济，因地制宜，多方配合才能取得理想的效果。

在实践中常出现“修了又漏，漏了又修”“越修越漏”的现象，这是偏离总原则与脱离“系统工程”理念的恶果。应调动参施各方人员的积极性，充分发挥各自的主观能动性，尤其要重视施工操作者精心施工、匠心作业，一步一个脚印把工程做好。

1.6 公平、合理取费是搞好工程缺陷修缮的重要条件

有些业主要求“少花钱，办好事”，此愿望为人之常情。但有些单位恶意压价，“又要马儿好，又要马儿不吃草”，这种苛求是影响工程质量不可忽视的因素。

目前也有修缮公司见到老大难工程，高价“卡脖子”，利润空间超常。因此，人们期望公平、合理计价，助推修缮行业健康发展。

1.7 建筑修缮前景广阔

我国建筑工程总量世界第一，工业建筑防水容量 1000 亿美元/年，既有建筑工程屋面防水面积超 89 亿 m^2（2009 年统计）。2019 年年底我国既有公路 501 万 km 以上，现有铁路 14 万多 km，现有公路桥梁 80.53 万座（2016 年年底），高铁桥梁超万千米，既有水库 9.8 万个……。这些建（构）筑物有些急于抢险维修，有些渗漏日趋明显，急需修缮，有些使用年代已久需要翻修，因此建筑修缮任重道远，前景广阔。

2

建筑修缮材料的选用

材料是基础，性价比优的材料是保证工程质量与耐久性的根本要素。无论是自制材料还是商品材料，首先必须达到国家相关产品标准，还应具有一定的耐腐蚀能力与阻燃性能及无毒无公害的环保功能和耐久性能。无标、非标产品禁止使用于修缮工程，否则后患无穷。

2.1 通用材料

通用材料是行业与社会共识的使用广泛而普遍的材料。

2.1.1 建筑防水现今通用的柔性防水材料

1. 聚合物改性沥青防水卷材（图 2-1）

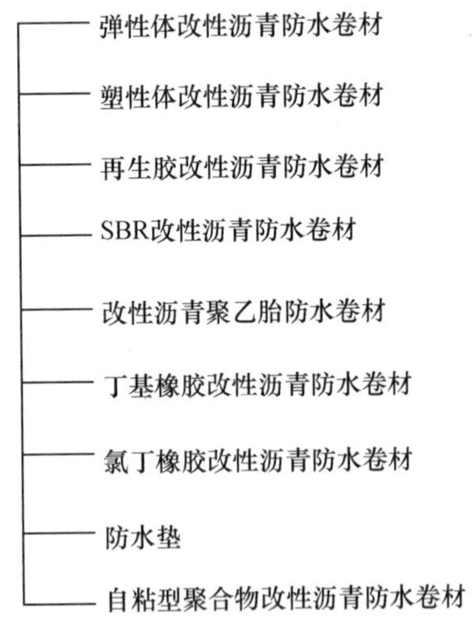

图 2-1 聚合物改性沥青防水卷材

2. 高分子防水卷材（图 2-2）

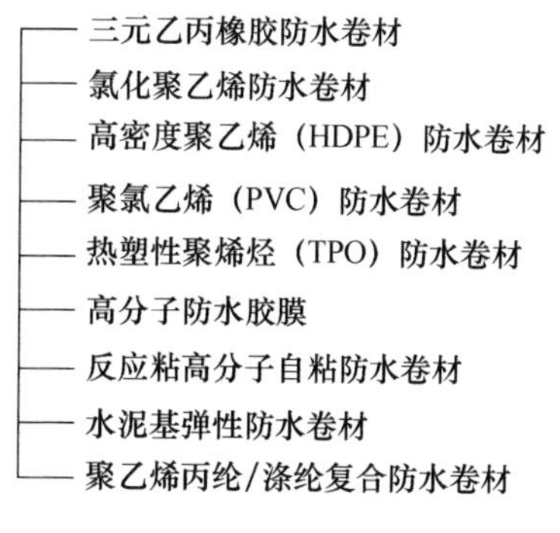

图 2-2　高分子防水卷材

3. 防水涂料（图 2-3）

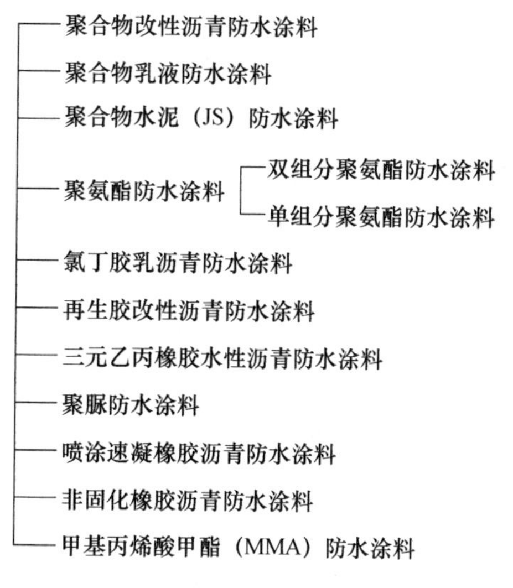

图 2-3　防水涂料

4. 建筑防水密封材料（图 2-4）

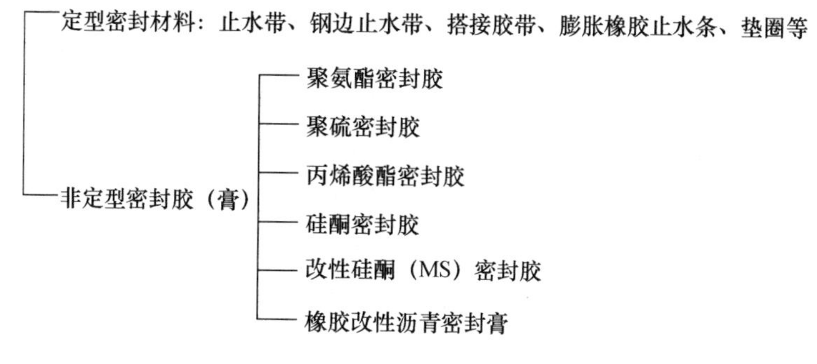

图 2-4　建筑防水密封材料

5. 常用刚性防水材料（图 2-5）

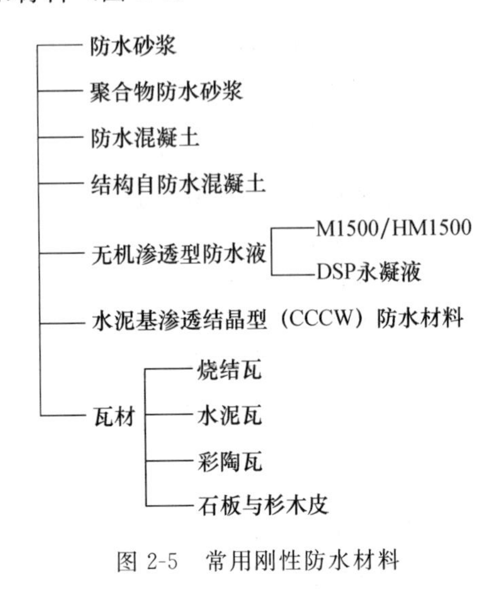

图 2-5　常用刚性防水材料

2.1.2　几种常用主要防水材料简介

我国防水材料现有品种近百个，规格、型号超千种。工程常用的主要材料简介如下。

1. 聚合物改性沥青防水卷材

用 SBS、APP、SBR 与再生胶粉改性石油沥青作浸涂料，在专用流水生产工装设备上，将胎基经高温浸涂、覆面、辊压、冷却、裁剪，制成能卷曲的片状防水材料，称为高聚合物改性沥青防水卷材，简称聚合物改性沥青防水卷材。因改性剂或胎基不同，衍生出不同品种，现今常用的是 SBS 弹性体卷材、APP（含 APO、APAO）塑性体卷材或复合卷材。产品按物理性能分为Ⅰ型和Ⅱ型。这些卷材一般宽为 1000mm，厚为 3mm、4mm、5mm，长为 10m。5mm 厚的卷材长为 7.5m。

改性沥青防水卷材源于欧洲，最早于 1929 年获批专利，20 世纪 50 年代由玛瑞脂热粘贴改革为热熔铺贴，其后创新为机械铺贴，再后出现了常温自粘卷材。我国在 20 世纪 80 年代开始，从发达国家购进产品，其后引进生产装备与技术生产改性沥青卷材。经过国内外行业专家近百年的改革创新，改性沥青卷材已进入新的发展阶段，如卷材宽度已由 1m 更新为 1.4～4m，生产逐步智能化，施工干铺/湿铺机械化，性能由单一防水进一步向防盐、防腐、阻根、耐燃高质量方向发展。

原有沥青油毡低温性能差，延伸性差，不能满足防水的需要。改性沥青卷材在－20～－35℃柔韧，90～140℃不流淌，能满足现代建设工程的需求。

我国热熔改性沥青卷材与自粘改性沥青卷材，目前按国家标准规定，物理机械性能要求如表 2-1 和表 2-2 所示。

表 2-1 弹性体改性沥青卷材的材料性能（GB 18242—2008）

序号	项目		指标				
			Ⅰ		Ⅱ		
			PY	G	PY	G	PYG
1	可溶物含量（g/m²）≥	3mm	2100				
		4mm	2900				
		5mm	3500				
		试验现象	—	胎基不燃	—	胎基不燃	—
2	耐热性	℃	90		105		
		滑动 mm ≤	2				
		试验现象	无流淌、滴落				
3	低温柔性（℃）		−20		−25		
			无裂缝				
4	不透水性（30min）		0.3MPa	0.2MPa	0.3MPa		
5	拉力	最大峰拉力（N/50mm）≥	500	350	800	500	900
		次高峰拉力（N/50mm）≥	—	—	—	—	800
		试验现象	拉伸过程中，试件中部无沥青涂盖层开裂或与胎基分离现象				
6	延伸率	最大峰时延伸率（%）≥	30	—	40	—	—
		第二峰时延伸率（%）≥	—		—		15
7	浸水后质量增加率（%）≤	PE、S	1.0				
		M	2.0				
8	热老化	拉力保持率（%）≥	90				
		延伸率保持率（%）≥	80				
		低温柔性（℃）	−15		−20		
			无裂缝				
		尺寸变化率（%）≤	0.7	—	0.7	—	0.3
		质量损失率（%）≤	1.0				
9	渗油性	张数 ≤	2				
10	接缝剥离强度（N/mm）≥		1.5				
11	钉杆撕裂强度[a]（N）≥		—				300
12	矿物粒料黏附性[b]（g）≤		2.0				
13	卷材下表面沥青涂盖层厚度[c]（mm）≥		1.0				
14	人工气候加速老化	外观	无滑动、流淌、滴落				
		拉力保持率（%）≥	80				
		低温柔性（℃）	−15		−20		
			无裂缝				

注：a 仅适用于单层机械固定施工方式卷材。
b 仅适用于矿物粒料表面的卷材。
c 仅适用于热熔施工的卷材。

表 2-2　塑性体改性沥青防水卷材的材料性能（GB 18243—2008）

序号	项目		指标				
			Ⅰ		Ⅱ		
			PY	G	PY	G	PYG
1	可溶物含量（g/m²）≥	3mm	2100				—
		4mm	2900				—
		5mm	3500				
		试验现象	—	胎基不燃	—	胎基不燃	—
2	耐热性	低温柔性（℃）	110		130		
		滑动 mm ≤	2				
		试验现象	无流淌、滴落				
3	低温柔性（℃）		−7		−15		
			无裂缝				
4	不透水性（30min，MPa）		0.3	0.2	0.3		
5	拉力	最大峰拉力（N/50mm） ≥	500	350	800	500	900
		次高峰拉力（N/50mm） ≥	—	—	—	—	800
		试验现象	拉伸过程中，试件中部无沥青涂盖层开裂或与胎基分离现象				
6	延伸率	最大峰时延伸率（%） ≥	25	—	40	—	—
		第二峰时延伸率（%） ≥	—		—		15
7	浸水后质量增加率（%）≤	PE、S	1.0				
		M	2.0				
8	热老化	拉力保持率（%） ≥	90				
		延伸率保持率（%） ≥	80				
		低温柔性（℃）	−2		−10		
			无裂缝				
		尺寸变化率（%） ≤	0.7	—	0.7	—	0.3
		质量损失率（%） ≤	1.0				
9	接缝剥离强度（N/mm） ≥		1.0				
10	钉杆撕裂强度[a]（N/mm） ≥		—				300
11	矿物粒料黏附性[b]（g） ≤		2.0				
12	卷材下表面沥青涂盖层厚度[c]（mm） ≥		1.0				
13	人工气候加速老化	外观	无滑动、流淌、滴落				
		拉力保持率（%） ≥	80				
		低温柔性（℃）	−2		−10		
			无裂缝				

注：a 仅适用于单层机械固定施工方式卷材。
b 仅适用于矿物粒料表面的卷材。
c 仅适用于热熔施工的卷材。

自粘聚合物改性沥青防水卷材，是由掺有亲水活性自粘油的沥青胶制成的卷材。其分为无胎基（N类）与聚酯胎基（PY类）两类，它是用水泥胶浆冷粘于基面上的卷材。产品执行《自粘聚合物改性沥青防水卷材》（GB 23441—2009）。N类卷材的物理力学性能见表2-3，PY类卷材的物理力学性能见表2-4。

表2-3 N类卷材的物理力学性能（GB 23441—2009）

序号	项目		指标				
			PE		PET		D
			Ⅰ	Ⅱ	Ⅰ	Ⅱ	
1	拉伸性能	拉力（N/50mm） ≥	150	200	150	200	—
		最大拉力时延伸率（%） ≥	200		30		—
		沥青断裂延伸率（%） ≥	250		150		450
		拉伸时现象	拉伸过程中，在膜断裂前无沥青涂盖层与膜分离现象				
2	钉杆撕裂强度（N/mm） ≥		60	110	30	40	
3	耐热性		70℃滑动不超过2mm				
4	低温柔性（℃）		−20	−30	−20	−30	−20
			无裂纹				
5	不透水性		0.2MPa，120min不透水				
6	剥离强度（N/mm） ≥	卷材与卷材	1.0				
		卷材与铝板	1.5				
7	钉杆水密性		通过				
8	渗油性（张数） ≤		2				
9	持黏性（min） ≥		20				
10	热老化	拉力保持率（%） ≥	80				
		最大拉力时延伸率（%） ≥	200		30		400（沥青断裂延伸率）
		低温柔性（℃）	−18	−28	−46		−18
			无裂纹				
		剥离强度（卷材与铝板）（N/mm） ≥	1.5				
11	热稳定性	外观	无起鼓、褶皱、滑动、流淌				
		尺寸变化（%） ≤	2				

表 2-4　PY 类卷材的物理力学性能（GB 23441—2009）

序号	项目			指标	
				Ⅰ	Ⅱ
1	可溶物含量（g/m²）　≥		2.0mm	1300	—
			3.0mm	2100	
			4.0mm	2900	
2	拉伸性能	拉力（N/50mm）　≥	2.0mm	350	—
			3.0mm	450	600
			4.0mm	450	800
		最大拉力时延伸率（%）　≥		30	40
3	耐热性			70℃无流动、流淌、滴落	
4	低温柔性（℃）			－20	－30
				无裂纹	
5	不透水性			0.3MPa，120min 不透水	
6	剥离强度（N/mm）　≥	卷材与卷材		1.0	
		卷材与铝板		1.5	
7	钉杆水密性　≤			通过	
8	渗油性（张数）　≤			2	
9	持黏性（min）　≥			15	
10	热老化	最大拉力时延伸率（%）　≥		30	40
		低温柔性（℃）		－18	－28
				无裂纹	
		剥离强度（卷材与铝板）（N/mm）　≥		1.5	
		尺寸稳定性（%）　≤		1.5	1.0
11	自粘沥青再剥离强度（N/mm）　≥			1.5	

改性沥青卷材可广泛应用于地上、地下建（构）筑物与隧道、桥梁、市政工程防渗、防护、防水的需要，是防水工程重要的功能材料。其应用量占整个防水层的 60%左右。

2. 合成高分子防水卷材

以合成橡胶、合成树脂或两者共混体为基料，加入适量的化学助剂、填料、颜料等，经塑炼、混炼、压延或挤出成型等工序加工制成的可卷曲的片状防水材料，称为高分子防水卷材，也称防水片材，简称高分子卷材。因卷材基料相对分子质量大（相对分子质量一般达 1 万至几十万，甚至上百万）故称高分子卷材。

高分子卷材一般具有拉伸强度高，延伸率大，抗撕裂性能好，耐高低温和耐老化性能优及可冷施工等优良性能，非焦油、非沥青环保绿色高分子卷材产品，是今后大有发展前景的防水材料。

随着国内外合成橡胶、合成树脂技术的进步，品种日益丰富，性能日益提升，高分子卷材的品种与质量也随之拓展和提高。目前高分子防水卷材有几十种，三元乙丙（EPDM）橡胶、聚氯乙烯（PVC）、热塑性聚烯烃 TPO、高密度聚乙烯（HDPE）卷材是国内外同行共识的优良防水材料。

（1）三元乙丙（EPDM）防水卷材

以乙烯、丙烯和双环戊二烯（或乙叉降冰片烯）三种单体共聚合成的三元乙丙橡胶为主体，掺入适量的丁基橡胶、硫化剂、促进剂、软化剂、补强剂和填充剂等，经配料、密炼、拉片、挤出或压延成型，经硫化、检验、分卷、包装等工序加工制成的高弹性防水材料。

三元乙丙橡胶防水卷材的优势与特点：①耐老化性能优异，使用寿命长。因为 EPDM 主链上没有双键，受臭氧、紫外光和湿热作用时，主链不易发生断裂，所以使用寿命长。日本学者曾连续五年对 EPDM 进行耐老化试验，根据试验数据推断其耐用年限可达 53 年；②拉伸强度高达 7.36MPa，断裂伸长率达 450%，对基层伸缩或开裂变形的适应性强；③耐高低温性能好，高温超 100℃不起泡，低温－40～－45℃，冷弯不开裂不脆断；④冷施工方便，减轻劳动强度；⑤可采取单层防水做法，简化了施工工序，提高了施工效率。

EPDM 曾是经济发达的美国的主要防水材料，占市场份额的 30%左右。我国于 1979 年开始，由北京建工科研所、北京化工研究院、北京橡胶六厂及保定橡胶一厂共同研发了这种材料，20 世纪 90 年代末我国生产的 EPDM 就先后在北京、黑龙江、新疆、浙江、四川、海南及巴基斯坦、约旦等 2000 多项（栋）300 多万 m^2 的工程中应用，并形成了上规模的生产，带动我国高分子材料的发展。

EPDM 卷材一般宽 1m，厚 0.8～2.0mm，长 20m，贮运、使用非常方便。国外 EPDM 卷材的宽度一般达 1.5～2.0m，有些可达 9～16m，减少了搭接与缝渗概率，节省了工程用材。

EPDM 卷材早期施工多采取胶粘，施工程序：基层清理、干燥→涂刷基层处理剂（氯丁胶乳）→弹卷材铺贴基准线→预铺卷材→刷胶粘剂（CX-4 氯丁胶）→铺贴卷材→辊压排气→粘贴搭接边→聚氨酯密封胶封口→试水验收。

随着行业的进步，我国生产这种材料的厂家不断增多，而且生产工艺工装水平与产品质量不断提升。龙头企业率先研发了自粘三元乙丙卷材，推行湿铺/预铺新工艺新工法，助推了该卷材与单层防水的发展。

EPDM 产品现今执行《高分子防水材料 第 1 部分：片材》（GB 18173.1—2012），物理性能见表 2-5 和表 2-6。

表 2-5 均质片的物理性能（GB 18173.1—2012）

项目		指标								
		硫化橡胶类			非硫化橡胶类			树脂类		
		JL1	JL2	JL3	JF1	JF2	JF3	JS1	JS2	JS3
拉伸强度（MPa）	常温（23℃）≥	7.5	6.0	6.0	4.0	3.0	5.0	10	16	1-1
	高温（60℃）≥	2.3	2.1	1.8	0.8	0.4	1.0	4	6	5

续表

项目		指标								
		硫化橡胶类			非硫化橡胶类			树脂类		
		JL1	JL2	JL3	JF1	JF2	JF3	JS1	JS2	JS3
拉断伸长率（%）	常温（23℃）≥	450	400	300	400	200	200	200	550	500
	低温（−20℃）≥	200	200	170	200	100	100	—	350	300
撕裂强度（kN/m） ≥		25	24	23	18	10	10	40	60	60
不透水性（30min）		0.3MPa 无渗漏	0.3MPa 无渗漏	0.2MPa 无渗漏	0.3MPa 无渗漏	0.2MPa 无渗漏	0.2MPa 无渗漏	0.3MPa 无渗漏	0.3MPa 无渗漏	0.3MPa 无渗漏
低温弯折		−40℃ 无裂纹	−30℃ 无裂纹	−30℃ 无裂纹	−30℃ 无裂纹	−20℃ 无裂纹	−20℃ 无裂纹	−20℃ 无裂纹	−35℃ 无裂纹	−35℃ 无裂纹
加热伸缩量（mm）	延伸 ≤	2		2	2	4	4	2	2	2
	收缩 ≤		1			6	10	6	6	6
热空气老化（80℃，168h）	拉伸强度保持率（%） ≥	80		30	90	60	80	80	80	80
	拉断伸长率保持率（%） ≥	70		3	70	70	70	70	70	70
耐碱性[饱和 $Ca(OH)_2$ 溶液，23℃×168h]	拉伸强度保持率（%） ≥	80	80	80	80	70	70	80	80	
	拉断伸长率保持率（%） ≥	80	80	80	90	80	70	80	90	90
臭氧老化（23℃，168h）	伸长率40%，500×10^{-8}	无裂纹	—	—	无裂纹	—	—	—	—	—
	伸长率20%，200×10^{-8}	—	无裂纹	—	—	—	—	—	—	—
	伸长率20%，100×10^{-8}	—		无裂纹	—	无裂纹	无裂纹	—	—	—
人工气候老化	拉伸强度保持率（%） ≥	80	80	80	80	70	80	80	80	80
	拉断伸长率保持率（%） ≥	70	70	70		70	70	70	70	70
粘结剥离强度（片材与片材）	标准试验条件（N/mm） ≥	1.5								
	浸水保持率（23℃×168h，%） ≥	70								

注：1. 人工气候老化和粘结剥离强度为推荐项目。

2. 非外露使用可以不考核臭氧老化、人工气候老化、加热伸缩量、60℃拉伸强度性能。

表 2-6 复合片的物理性能（GB 18173.1—2012）

项目		指标			
		硫化橡胶类（FL）	非硫化橡胶类（FF）	树脂类	
				FS1	FS2
拉伸强度（N/cm）	常温（23℃） ≥	80	60	100	60
	高温（60℃） ≥	30	20	40	30
拉断伸长率（%）	常温（23℃） ≥	300	250	150	400
	低温（−20℃） ≥	150	50	—	300
撕裂强度（N） ≥		40	20	20	50
不透水性（0.3MPa，30min）		无渗漏	无渗漏	无渗漏	无渗漏
低温弯折		−35℃无裂纹	−20℃无裂纹	−30℃无裂纹	−20℃无裂纹
加热伸缩量（mm）	延伸 ≤	2	2	2	2
	收缩 ≤	4	4	2	4
热空气老化（80℃，168h）	拉伸强度保持率（%） ≥	80	80	80	80
	拉断伸长率保持率（%） ≥	70	70	70	70
耐碱性［饱和 $Ca(OH)_2$ 溶液，23℃，168h］	拉伸强度保持率（%） ≥	80	60	80	80
	拉断伸长率保持率（%） ≥	80	60	80	80
臭氧老化（40℃，168h），200，10^{-8}，伸长率 20%		无裂纹	无裂纹	—	—
人工气候老化	拉伸强度保持率（%） ≥	80	70	80	80
	拉断伸长率保持率（%） ≥	70	70	70	70
粘结剥离强度（片材与片材）	标准试验条件（N/mm） ≥	1.5	1.5	1.5	1.5
	浸水保持率（23℃，168h,%） ≥	70			70
复合强度（FS2 型表层与芯层）（MPa） ≥		—			0.8

注：1. 人工气候老化和粘结剥离强度为推荐项目。
2. 非外露使用可以不考核臭氧老化、人工气候老化、加热伸缩量、高温（60℃）拉伸强度性能。

自粘 EPDM 卷材，是在片材的单面/双面复合自粘胶层。自粘胶层的性能见表 2-7。

表 2-7 自粘胶层的性能（GB 18173.1—2012）

项目				指标
低温弯折				−25℃无裂纹
持黏性（min）			≥	20
剥离强度（N/mm）	标准试验条件	片材与片材	≥	0.8
		片材与铝板	≥	1.0
		片材与水泥砂浆板	≥	1.0
	热空气老化后（80℃，168h）	片材与片材	≥	1.0
		片材与铝板	≥	1.2
		片材与水泥砂浆板	≥	1.2

EPDM卷材广泛应用于屋面防水、地下工程防渗、桥隧工程及市政工程防渗保护，均有较好效果，而且寿命长久。

（2）聚氯乙烯（PVC）防水卷材

以聚氯乙烯（PVC）树脂为主要原料，添加适量的增塑剂、稳定剂、填充剂，经捏合、塑化、挤出/压片、整型、冷却、包装等工序制成能卷曲的片材，称为聚氯乙烯（PVC）防水卷材。国外日本、欧洲、北美研发与应用较早。我国湖南大学张传镁、陈文奇教授于20世纪80年代初系统地研发了这种材料，并获得了部级奖励，为我国PVC卷材的发展开启了先河。

近二三十年国内外PVC卷材发展较快，质量也有提升，工程应用日趋普遍。日本已有40年左右的应用历史，欧洲PVC卷材的应用占高分子卷材应用份额的55%～60%。

现今我国PVC卷材有均质片、内增强型与复合型三种类别，山东省上规模的企业较多，其中济南鲁鑫鲁达防水公司在国内影响较大。

PVC卷材性能优良，产品现今执行《聚氯乙烯（PVC）防水卷材》（GB 12952—2011），物理机械性能见表2-8。

表2-8　聚氯乙烯（PVC）防水卷材的材料性能指标（GB 12952—2011）

序号	项目			指标				
				H	L	P	G	GL
1	中间胎基上树脂层厚度（mm）		≥	—		0.40		
2	拉伸性能	最大拉力（N/cm）	≥	—	120	250	—	120
		拉伸强度（MPa）	≥	10.0	—	—	10.0	—
		最大拉力时伸长率（%）	≥	—	—	15	—	—
		断裂伸长率（%）	≥	200	150	—	200	100
3	热处理尺寸变化率（%）		≤	2.0	1.0	0.5	0.1	0.1
4	低温弯折性			−25℃无裂纹				
5	不透水性			0.3MPa，2h不透水				
6	抗冲击性能			0.5kg·m，不渗水				
7	抗静态荷载[a]			—	—	20kg不渗水		
8	接缝剥离强度（N/mm）		≥	4.0或卷材破坏		3.0		
9	直角撕裂强度（N/mm）		≥	50	—	—	50	—
10	梯形撕裂强度（N）		≥	—	150	250	—	220
11	吸水率（70℃，168h，%）	浸水后	≤	4.0				
		晾置后	≥	−0.40				

续表

序号	项目		指标				
			H	L	P	G	GL
12	热老化（80℃）	时间（h）	672				
		外观	无起泡、裂纹、分层、粘结和孔洞				
		最大拉力保持率（%） ≥	—	85	85	—	85
		拉伸强度保持率（%） ≥	85	—	—	85	—
		最大拉力时伸长率保持率（%） ≥	—	—	80	—	—
		断裂伸长率保持率（%） ≥	80	80	—	80	80
		低温弯折性	−20℃无裂纹				
13	耐化学性	外观	无起泡、裂纹、分层、粘结和孔洞				
		最大拉力保持率（%） ≥	—	85	85	—	85
		拉伸强度保持率（%） ≥	85	—	—	85	—
		最大拉力时伸长率保持率（%） ≥	—	—	80	—	—
		断裂伸长率保持率（%） ≥	80	80	—	80	80
		低温弯折性	−20℃无裂纹				
14	人工气候加速老化[c]	时间（h）	1500[b]				
		外观	无起泡、裂纹、分段、粘结和孔洞				
		最大拉力保持率（%） ≥	—	85	85	—	85
		拉伸强度保持率（%） ≥	85	—	—	85	—
		最大拉力时伸长率保持率（%） ≥	—	—	80	—	—
		断裂伸长率保持率（%） ≥	80	80	—	80	80
		低温弯折性	−20℃无裂纹				

注：a 抗静态荷载仅对用于压铺屋面的卷材要求。
b 单层卷材屋面使用产品的人工气候加速老化时间为 2500h。
c 非外露使用的卷材不要求测定人工气候加速老化。

PVC 卷材可广泛应用于屋面工程与地下工程及桥隧和市政工程。

PVC 卷材冷施工方便，可胶粘满铺、可空铺（点粘/条点）、可自粘，其中自粘卷材或复覆纤维面的卷材可用改性水泥胶粘贴，但搭接部位必须热风焊接。

（3）热塑性聚烯烃（TPO）卷材

以乙烯和 α-烯烃的聚合物为基料，掺入适量助剂，经捏合挤出成型的可卷曲的片材，称为热塑性聚烯烃卷材，简称 TPO 卷材。可理解为乙丙橡胶与聚丙烯树脂共聚物复合防水卷材，是近半个世纪开发出来的一代新兴防水卷材。产品厚度 1.2mm、1.5mm、2.0mm。

TPO 卷材现今有均质卷材（代号为 H）、织物内增强卷材（代号为 P）与带纤维背衬卷材（代号为 L）三类产品。其施工工艺有些区别，前两者为胶乳粘贴大面铺贴，L型为改性水泥浆胶粘大面铺设，三者搭接部位均为热风焊接。

TPO卷材综合性能优良，耐高低温，拉伸性好，耐候耐老化，使用寿命长，施工方便，绿色环保，对环境与人类无污染。卷材执行《热塑性聚烯烃（TPO）防水卷材》（GB 27789—2011），物理性能见表2-9。

表2-9 热塑性聚烯烃（TPO）防水卷材物理性能指标（GB 27789—2011）

序号	项目		指标		
			H	L	P
1	中间胎基上面树脂层厚度（mm） ≥		—		0.40
2	拉伸性能	最大拉力（N/cm） ≥		200	250
		拉伸强度（MPa） ≥	12.0	—	—
		最大拉力时伸长率（%） ≥	—	—	15
		断裂伸长率（%） ≤	500	250	—
3	热处理尺寸变化率（%）		2.0	1.0	0.5
4	低温弯折性		−40℃无裂纹		
5	不透水性		0.3MPa，2h不透水		
6	抗冲击性能		0.5kg·m，不渗水		
7	抗静态荷载[a]		—	—	20kg不渗水
8	接缝剥离强度（N/mm） ≥		4.0或卷材破坏	3.0	
9	直角撕裂强度（N/mm） ≥		60	—	—
10	梯形撕裂强度（N/mm） ≥		—	250	450
11	吸水率（70℃，168h，%） ≤		4.0		
12	热老化（115℃）	时间（h）	672		
		外观	无起泡、裂纹、分层、粘结和孔洞		
		最大拉力保持率（%） ≥	—	90	90
		拉伸强度保持率（%） ≥	90	—	—
		最大拉力时伸长率保持率（%） ≥	—	—	90
		断裂伸长率保持率（%） ≥	90	90	—
		低温弯折性	−40℃无裂纹		
13	耐化学性	外观	无起泡、裂纹、分层、粘结和孔洞		
		最大拉力保持率（%） ≥	—	90	90
		拉伸强度保持率（%） ≥	90	—	—
		最大拉力时伸长率保持率（%） ≥	—	—	90
		断裂伸长率保持率（%） ≥	90	90	—
		低温弯折性	−40℃无裂纹		

续表

<table>
<tr><th rowspan="2">序号</th><th colspan="2" rowspan="2">项目</th><th colspan="3">指标</th></tr>
<tr><th>H</th><th>L</th><th>P</th></tr>
<tr><td rowspan="7">14</td><td rowspan="7">人工气候加速老化</td><td>时间（h）</td><td colspan="3">1500[b]</td></tr>
<tr><td>外观</td><td colspan="3">无起泡、裂纹、分层、粘结和孔洞</td></tr>
<tr><td>最大拉力保持率（%） ≥</td><td>—</td><td>90</td><td>90</td></tr>
<tr><td>拉伸强度保持率（%） ≥</td><td>90</td><td>—</td><td>—</td></tr>
<tr><td>最大拉力时伸长率保持率（%） ≥</td><td>—</td><td>—</td><td>90</td></tr>
<tr><td>断裂伸长率保持率（%） ≥</td><td>90</td><td>90</td><td>—</td></tr>
<tr><td>低温弯折性</td><td colspan="3">－40℃无裂纹</td></tr>
</table>

注：a 抗静态荷载仅对用于压铺屋面的卷材要求。
　　b 单层卷材屋面使用产品的人工气候加速老化时间为 2500h。

产品可广泛应用于地上、地下建（构）筑物防渗防水防护。

3. 建筑防水涂料

由成膜物质，掺入适量的溶剂、助剂、填料、颜料加工制成的黏稠状液态或可液化的粉末态的高分子合成材料，涂布或喷涂在基层表面，通过溶剂挥发或水分蒸发或化学反应固化后形成一个连续、整体无缝的涂膜，称为防水涂料。

防水涂料品种繁多，按涂料状态可分为溶剂型、乳液型和反应型 3 类。现在大力提倡发展水性涂料，因为其生产与施工基本无环境污染，经济发达国家水性涂料占 80%以上。

防水涂料的特性：①液态或粉末态大多为冷施工，施工工艺工法简单方便，尤其适用于异形部位的施工；②施工后形成整体无缝的防水层，不易渗漏；③有机涂膜具有良好的耐高低温性能，粘结力强、延伸性好、耐候耐老化，适应基体变形；④贮存期受限制，多数不宜超过半年或一年。

防水涂料应用广泛：①直接或稀释后作基层处理剂；②多遍涂施可单独作涂膜防水层；③作细部节点的附加防水增强层；④作涂卷复合防水层的底层防水涂料；⑤地上、地下建（构）筑物、桥隧、市政工程及地坪工程均可使用涂膜防水防护。现今常用主要产品如下：

（1）聚氨酯（PU）防水涂料

PU 涂料是由异氰酸基（—NCO）的预聚体和固化剂、助剂组成的防水涂料。有双组分型与单组分型，是国内外普遍使用的高档防水涂料品种之一，属化学反应型橡胶系涂料。在 20 世纪后期经济发达国家大量应用。我国于 20 世纪 70 年代中期开始研发，目前全国各地大量生产与使用。我国早期主要开发应用焦油基聚氨酯防水涂料，其后开发沥基聚氨酯涂料，再后开发单组分涂料；近几年研发出非焦油、非沥青质能用于饮用水池的环保型涂料，助推了我国绿色环保涂料的发展。

PU 涂料目前执行《聚氨酯防水涂料》（GB/T 19250—2013），主要物理性能如表 2-10所示。

表 2-10　聚氨酯防水涂料的物理性能（GB/T 19250—2013）

序号	项目		技术指标		
			Ⅰ	Ⅱ	Ⅲ
1	固体含量（%）　≥	单组分	85.0		
		多组分	92.0		
2	表干时间（h）　≤		12		
3	实干时间（h）　≤		24		
4	流平性[a]		20min 时，无明显齿痕		
5	拉伸强度（MPa）　≥		2.00	6.00	12.0
6	断裂伸长率（%）　≥		500	450	250
7	撕裂强度（N/mm）　≥		15	30	40
8	低温弯折性		−35℃，无裂纹		
9	不透水性		0.3MPa，120min，不透水		
10	加热伸缩率（%）		−4.0～+1.0		
11	粘结强度（MPa）　≥		1.0		
12	吸水率（%）　≤		5.0		
13	定伸时老化	加热老化	无裂纹及变形		
		人工气候老化	无裂纹及变形		
14	热处理（80℃，168h）	拉伸强度保持率（%）	80～150		
		断裂伸长率（%）　≥	450	400	200
		低温弯折性	−30℃，无裂纹		
15	碱处理［0.1%NaOH+饱和 $Ca(OH)_2$ 溶液，168h］	拉伸强度保持率（%）	80～150		
		断裂伸长率（%）　≥	450	400	200
		低温弯折性	−30℃，无裂纹		
16	酸处理（2% H_2SO_4 溶液，168h）	拉伸强度保持率（%）	80～150		
		断裂伸长率（%）　≥	450	400	200
		低温弯折性	−30℃，无裂纹		
17	人工气候老化[b]（1000h）	拉伸强度保持率（%）	80～150		
		断裂伸长率（%）　≥	450	400	200
		低温弯折性	−30℃，无裂纹		
18	燃烧性能[b]		B_2−E（点火 15s，燃烧 20s，F_s≤150mm，无燃烧滴落物引燃滤纸）		

注：a 该项性能不适用于单组分和喷涂施工的产品。流平性时间也可根据工程要求和施工环境由供需双方商定并在订货合同与产品包装上明示。

b 仅外露产品要求测定。

值得注意的问题有3个：①产品必须置于无雨淋的室内贮存，若接触雨水或湿气，材料在桶内固化报废；②双组分材料现场混合后应在30min内用完，否则凝胶变质；③用于屋面不宜直接外露，需刷耐候性好的聚天门冬氨酸酯面层涂料或做保护层。

（2）丙烯酸酯防水涂料

由弹性丙烯酸乳液为成膜物质，掺入适量的防沉剂、防腐剂、消泡剂、颜料或专用色浆，经混合、搅拌分散成均匀稠厚的单组分液料，现场辊涂或喷涂，水分挥发后形成弹性无缝防水层的材料，称为丙烯酸防水涂料。

该涂料的优越性：①水性环保，无毒无污染；②施工简便、安全；③与多种基层粘结性强；④涂膜有较好的延伸性，能适应基体变形；⑤涂膜可外露，有较强的耐候耐紫外线的功能。白色涂膜对阳光的反射率可达80%以上，热反射率也达70%以上；⑥涂料可配成多种颜色，既防渗漏又美化环境。

单组分丙烯酸涂料主要用于混凝土屋面、金属屋面、瓦材屋面及墙体与梁柱防渗防水装饰，也可用于隧道、桥梁的防渗防护。

单组分丙烯酸涂料现今执行《聚合物乳液建筑防水涂料》（JC/T 864—2008），物理力学性能如表2-11所示。

表2-11　聚合物乳液建筑防水涂料的物理力学性能（JC/T 864—2008）

序号	试验项目		指标	
			Ⅰ	Ⅱ
1	拉伸强度（MPa）　≥		1.0	1.5
2	断裂延伸率（%）　≥		300	
3	低温柔性，绕 ϕ10mm 的棒弯 180°		−10℃无裂纹	−20℃无裂纹
4	不透水性（0.3MPa，30min）		不透水	
5	固体含量（%）　≥		65	
6	干燥时间（h）	表干时间　≤	4	
		实干时间　≤	8	
7	处理后的拉伸强度保持率（%）	加热处理　≥	80	
		碱处理　≥	60	
		酸处理　≥	40	
		人工气候老化处理[a]	—	80～150
8	处理后的断裂延伸率（%）	加热处理　≥	200	
		碱处理　≥		
		酸处理　≥		
		人工气候老化处理[a]	—	200
9	加热伸缩率（%）	伸长　≤	1.0	
		缩短　≤	1.0	

注：a仅用于外露使用产品。

（3）聚合物水泥（JS）防水涂料

以聚合物乳液（EVA乳液、丙烯酸乳液）与水泥为主要原料，掺入适量的化学助剂及轻质碳酸钙、石英粉等，配制成的双组分防水涂料，简称JS防水涂料。该材料应用十分广泛。

JS涂料按其物理力学性能分为Ⅰ型、Ⅱ型、Ⅲ型，产品现今执行《聚合物水泥防水涂料》（GB/T 23445—2009），主要物理力学性能如表2-12所示。

表2-12 聚合物水泥防水涂料的物理力学性能（GB/T 23445—2009）

序号	试验项目			技术指标		
				Ⅰ型	Ⅱ型	Ⅲ型
1	固体含量（%）		≥	70	70	70
2	拉伸强度	无处理（MPa）	≥	1.2	1.8	1.8
		加热处理后保持率（%）	≥	80	80	80
		碱处理后保持率（%）	≥	60	70	70
		浸水处理后保持率（%）	≥	60	70	70
		紫外线处理后保持率（%）	≥	80	—	—
3	断裂伸长率（%）	无处理	≥	200	80	30
		加热处理	≥	150	65	20
		碱处理	≥	150	65	20
		浸水处理	≥	150	65	20
		紫外线处理	≥	150	—	—
4	低温柔性（ϕ10mm棒）			−10℃ 无裂纹	—	—
5	粘结强度（MPa）	无处理	≥	0.5	0.7	1.0
		潮湿基层	≥	0.5	0.7	1.0
		碱处理	≥	0.5	0.7	1.0
		浸水处理	≥	0.5	0.7	1.0
6	不透水性（0.3MPa，30min）			不透水	不透水	不透水
7	抗渗性（砂浆背水面）（MPa）		≥	—	0.6	0.8

（4）非固化橡胶沥青防水涂料

由SBS橡胶、丁苯橡胶、氯丁橡胶、改性70＃/90＃石油沥青，掺入适量增韧剂、塑化剂，经180～200℃熔融成胶液，再掺入填充料、芳烃油搅拌成稠厚胶浆，冷却至90℃以下，装入铁桶包装成单组分膏体状材料，称为非固化橡胶沥青防水涂料，简称非固涂料。

现场使用时，将非固涂料加热至150～160℃熔化成流动胶液，刮涂于基面，冷却后变为蠕变形涂膜。也可采用喷涂工艺施工。这种涂料显著特点是长期不固化，保持凝胶体膏状，当受外力作用时发挥蠕变性能。

该材料应用范围广，价格低廉，可单独做成防水涂膜；可灌注裂缝、裂隙，密封缝隙；可做分格缝密封膏；也可做涂卷复合防水层的底料；更适合细部节点微孔、裂隙封堵做附加防水层；还可做卷材搭接缝口与收头的密封胶。

产品现今执行《非固化橡胶沥青防水涂料》(JC/T 2428—2017)，主要物理力学性能如表2-13所示。

表2-13 非固化橡胶沥青防水涂料物理力学性能（JC/T 2428—2017）

序号	检验项目		技术要求
1	外观		产品应均匀、无结块，无明显可见杂质
2	闪点（℃）		≥180
3	固含量（%）		≥98
4	粘结性能	干燥基面	95%内聚破坏
		潮湿基面	95%内聚破坏
5	延伸性（mm）		≥15
6	低温柔性		－20℃，无断裂
7	耐热性℃		65
			无滑动、流淌、滴落
8	热老化（70℃，168h）	延伸性（mm）	≥15
		低温柔性	－15℃，无断裂
9	耐酸性（2% H_2SO_4 溶液）	外观	无变化
		延伸性（mm）	≥15
		质量变化（%）	±2.0
10	耐碱性[0.1% NaOH＋饱和 $Ca(OH)_2$ 溶液]	外观	无变化
		延伸性（mm）	≥15
		质量变化（%）	±2.0
11	耐盐性（3% NaCl溶液）	外观	无变化
		延伸性（mm）	≥15
		质量变化率（%）	±2.0
12	自愈性		无渗水
13	渗油性（张）		≤2
14	应力松弛（%）	无处理	≤35
		热老化	≤35
15	抗窜水性（0.6MPa）		无窜水

(5) 喷涂速凝橡胶沥青防水涂料

由SBS胶液、氯丁胶乳、丁苯胶乳与乳化沥青及助剂制成的双组分涂料。现场用专业喷涂机双液喷雾于基面，3～5s形成粘结力强、延伸率大的高强防水涂膜，称为喷涂速凝橡胶沥青防水涂料。

现今产品执行《喷涂速凝橡胶沥青防水涂料》(JC/T 2215—2014)，物理力学性能如表2-14所示。

表2-14 喷涂速凝橡胶沥青防水涂料物理力学性能（JC/T 2215—2014）

<table>
<tr><th>序号</th><th colspan="3">项　目</th><th>指　标</th></tr>
<tr><td>1</td><td colspan="3">固体含量（%）　≥</td><td>55</td></tr>
<tr><td>2</td><td colspan="3">凝胶时间（s）　≤</td><td>5</td></tr>
<tr><td>3</td><td colspan="3">实干时间（h）　≤</td><td>24</td></tr>
<tr><td>4</td><td colspan="3">耐热度</td><td>(120±2)℃，无流淌、滑动、滴落</td></tr>
<tr><td>5</td><td colspan="3">不透水性</td><td>0.3MPa，30min无渗水</td></tr>
<tr><td rowspan="2">6</td><td colspan="2" rowspan="2">粘结强度[a]（MPa）　≥</td><td>干燥基面</td><td>0.40</td></tr>
<tr><td>潮湿基面</td><td>0.40</td></tr>
<tr><td>7</td><td colspan="3">弹性恢复率（%）　≥</td><td>85</td></tr>
<tr><td>8</td><td colspan="3">钉杆自愈性</td><td>无渗水</td></tr>
<tr><td>9</td><td colspan="3">吸水率（24h）（%）　≤</td><td>2.0</td></tr>
<tr><td rowspan="6">10</td><td colspan="2" rowspan="6">低温柔性[b]</td><td>无处理</td><td>－20℃，无裂纹、断裂</td></tr>
<tr><td>碱处理</td><td rowspan="5">－15℃，无裂纹、断裂</td></tr>
<tr><td>酸处理</td></tr>
<tr><td>盐处理</td></tr>
<tr><td>热处理</td></tr>
<tr><td>紫外线处理</td></tr>
<tr><td rowspan="7">11</td><td rowspan="7">拉伸性能</td><td>拉伸强度（MPa）　≥</td><td>无处理</td><td>0.80</td></tr>
<tr><td rowspan="6">断裂伸长率（%）　≥</td><td>无处理</td><td>1000</td></tr>
<tr><td>碱处理</td><td rowspan="5">800</td></tr>
<tr><td>酸处理</td></tr>
<tr><td>盐处理</td></tr>
<tr><td>热处理</td></tr>
<tr><td>紫外线处理</td></tr>
</table>

注：a 粘结基材可以根据供需双方要求采用其他基材。
b 供需双方可以商定更低温度的低温柔性指标。

产品的有害物质含量应符合JC 1066—2008水性防水涂料B级要求。

该产品可用于地上、地下建（构）筑物与桥梁、隧道、池坑、海岸防渗防水防腐。

4. 建筑防水密封材料

建筑防水密封材料有定型产品与非定型密封胶。定型产品是工厂用橡胶或树脂加填料及助剂制成的止水带、止水垫、橡胶圈。非定型密封胶是工厂用橡胶/树脂掺助剂、填料、颜料制成的膏状物，有双组分、单组分之分，用桶装/筒装/软管包装多种形式。每类每种产品都有相应的国标/行标/企标。

经济发达国家按部件、构件的位移能力将密封胶进行分级选用，一般分为7.5级、12.5级、20级、25级、50级。我国选用密封材料不太重视级别，主要关注高温耐热、低温柔韧、粘结力强三大指标，变形大的部位选用大延伸的弹塑性产品，变形频繁部位选用高模量耐疲劳性好的产品，分格缝采用低模量塑性产品。

工程现今常用的密封胶（膏）简介如下。

（1）硅酮密封胶

硅酮密封胶是以聚硅氧烷为主要成分，掺入适量助剂、填料、颜料制成的膏状物，有单组分、双组分，有筒装、桶装与软管装三种形式。改性硅酮密封胶是以端硅烷基聚醚为主要成分制成，有单组分、双组分，包装也有多种形式。硅酮建筑密封胶（SR）产品执行《硅酮和改性硅酮建筑密封胶》（GB/T 14683—2017），物理力学性能如表2-15所示。

表2-15 硅酮建筑密封胶（SR）物理力学（GB/T 14683—2017）

序号	项目		技术指标							
			50LM	50HM	35LM	35HM	25LM	25HM	20LM	20HM
1	密度（g/cm³）		规定值±0.1							
2	下垂度（mm）		≤3							
3	表干时间[a]（h）		≤3							
4	挤出性（mL/min）		≥150							
5	适用期[b]		供需双方商定							
6	弹性恢复率（%）		≥80							
7	拉伸模量（MPa）	23℃	≤0.4和	>0.4或	≤0.4和	>0.4或	≤0.4和	>0.4或	≤0.4和	>0.4或
		−20℃	≤0.6	>0.6	≤0.6	>0.6	≤0.6	>0.6	≤0.6	>0.6
8	定伸粘结性		无破坏							
9	浸水后定伸粘结性		无破坏							
10	拉伸-热压后粘结性		无破坏							
11	紫外线辐照后粘结性[c]		无破坏							
12	浸水光照后粘结性[d]		无破坏							
13	质量损失率（%）		≤8							
14	烷烃增塑剂[e]		不得检出							

注：a 允许采用供需双方商定的其他指标值。
b 仅用于多组分产品。
c 仅适用于Gn类产品。
d 仅适用于Gw类产品。
e 仅适用于Gw类产品。

（2）改性硅酮（MS）密封胶

改性硅酮密封胶产品执行《硅酮和改性硅酮建筑密封胶》（GB/T 14683—2017），物理力学性能如表 2-16 所示。

表 2-16　改性硅酮（MS）密封胶的物理力学性能（GB/T 14683—2017）

序号	项目		技术指标				
			25LM	25HM	20LM	20HM	20LM-R
1	密度（g/cm³）		规定值±0.1				
2	下垂度（mm）		≤3				
3	表干时间（h）		≤24				
4	挤出性[a]（mL/min）		≥150				
5	适用期[b]（min）		≥30				
6	弹性恢复率（%）		≥70	≥70	≥60	≥60	—
7	定伸永久变形（%）		—				>50
8	拉伸模量（MPa）	23℃	≤0.4 和 ≤0.6	>0.4 或 >0.6	≤0.4 和 ≤0.6	>0.4 或 >0.6	≤0.4 和 ≤0.6
		−20℃					
9	定伸粘结性		无破坏				
10	浸水后定伸粘结性		无破坏				
11	拉伸-热压后粘结性		无破坏				
12	质量损失率（%）		≤5				

注：a 仅适用于单组分产品；
　　b 仅适用于多组分产品；允许采用供需双方商定的其他指标值。

硅酮结构密封胶是在构件接缝中起结构粘结作用的密封材料，产品现今执行《建筑用硅酮结构密封胶》（GB 16776—2005），物理力学性能见表 2-17。

表 2-17　建筑用硅酮结构密封胶的物理力学性能（GB 16776—2005）

序号	项目		技术指标
1	下垂度	垂直放置（mm）	≤3
		水平放置	不变形
2	挤出性[a]（s）		≤10
3	适用期[b]（min）		≥20
4	表干时间（h）		≤3
5	硬度（Shore A）		20～60

续表

序号	项目			技术指标
6	拉伸粘结性	拉伸粘结强度（MPa）	23℃	≥0.60
			90℃	≥0.45
			−30℃	≥0.45
			浸水后	≥0.45
			水-紫外线光照后	≥0.45
		粘结破坏面积（%）		≤5
		23℃时最大拉伸强度时伸长率（%）		≥100
7	热老化	热失重（%）		≤10
		龟裂		无
		粉化		无

注：a 仅适用于单组分产品。
b 仅适用于双组分产品。

（3）聚氨酯建筑密封胶

聚氨酯建筑密封胶是以异氰酸酯基（—NCO）为基料化学合成预聚体和固化剂及小量助剂配制成的膏状浆料，有单组分、双组分。施工后固化反应成橡胶体，是弹性模量低、延伸性大、粘结性好的中高档密封材料。橡胶体耐高低温、耐水、耐油、耐酸碱、耐疲劳，使用寿命较长。可用于屋面、墙体、门窗、机场、隧洞、桥梁等接缝密封防渗防水。产品按流变性能可分为非下垂型（N）和自流平型（L）两种。产品现今执行《聚氨酯建筑密封胶》(JC/T 482—2003)，主要物理力学性能见表 2-18。

表 2-18 聚氨酯建筑密封胶的物理力学性能（JC/T 482—2003）

试验项目		技术指标		
		20HM	25LM	20LM
密度（g/cm³）		规定值±0.1		
流动性	下垂度（N 型）(mm)	≤3		
	流平性（L 型）	光滑平整		
表干时间（h）		≤24		
挤出性①（mL/min）		≥80		
适用期②（h）		≥1		
弹性恢复率（%）		≥70		
拉伸模量（MPa）	23℃	>0.4 或>0.6	≤0.4 和≤0.6	
	−20℃			
定伸粘结性		无破坏		
浸水后定伸粘结性		无破坏		
冷拉-热压后粘结性		无破坏		
质量损失率（%）		≤7		

注：①此项仅适用于单组分产品；
②此项仅适用于多组分产品，允许采用供需双方商定的其他指标值。

(4) 聚硫建筑密封胶

聚硫(PS)建筑密封胶是由液态聚硫橡胶为主剂，掺适量助剂，与金属过氧化物在室温下进行硫化反应，形成弹性橡胶体，属中高档密封材料。目前只有双组分材料。产品当今执行《聚硫建筑密封胶》(JC/T 483—2006)，主要物理力学性能见表 2-19。

表 2-19 聚硫建筑密封胶物理力学性能(JC/T 483—2006)

试验项目		技术指标		
		20HM	25LM	20LM
密度 (g/cm³)		规定值±0.1		
流动性	下垂度(N型)(mm)	≤3		
	流平性(L型)	光滑平整		
表干时间 (h)		≤24		
适用期 (h)		≥2		
弹性恢复率 (%)		≥70		
拉伸模量 (MPa)	23℃	>0.4 或>0.6	≤0.4 和≤0.6	
	−20℃			
定伸粘结性		无破坏		
浸水后定伸粘结性		无破坏		
冷拉-热压后粘结性		无破坏		
质量损失率 (%)		≤5		

注：适用期允许采用供需双方商定的其他指标值。

PS密封胶主要用于机场跑道、隧洞、桥梁及装配式建筑墙板的接缝抗渗防水。

(5) 橡胶改性沥青密封膏

我国于 20 世纪 60 年代开始研发废橡胶粉改性石油沥青油膏，主要用于预制屋面板(1.5m×6m、1.5m×9m)与混凝土分格缝嵌缝防渗，属冷用溶剂型塑性接缝材料。在试用中发现，当板长达 6m 时，板端缝使用三四个月后开始开裂；当板长达 3.5m 时，一年左右油膏局部开裂、局部与基体剥离，并有继续发展趋势，便停止应用。

21 世纪初，醴陵某厂研发了热熔灌缝 SBS 改性沥青油膏，因成本相对较高且热施工，后中止开发。其后又研究了 SBS 改性沥青冷用油膏，并在《中国建筑防水》杂志上发表了阶段性试验报告。这些油膏都需在干燥基层上施工。因多种原因中止了深入研发工作。

21世纪前10年，广西“金雨伞”、广西“天华”生产厂，利用自粘油与SBS改性乳化沥青制成了能湿面施工的节点密封膏，并逐步改进创新与完善，制造与应用了CPM节点密封胶。其后国内多家生产。在此基础上，中国硅酸学会起草了行业标准，并颁布了《建筑节点密封膏》(Q/GXTH02—2014)，产品主要物理性能见表2-20。

表2-20 建筑节点密封膏主要物理性能（Q/GXTH02—2014）

<table>
<tr><th rowspan="2">序号</th><th rowspan="2" colspan="3">性能项目</th><th colspan="2">性能指标</th></tr>
<tr><th>Ⅰ型</th><th>Ⅱ型</th></tr>
<tr><td>1</td><td colspan="3">固含量（%）</td><td>≥70</td><td>≥75</td></tr>
<tr><td>2</td><td colspan="3">表干时间（h）</td><td>≤6</td><td>≤4</td></tr>
<tr><td rowspan="3">3</td><td rowspan="3">粘结强度（MPa）</td><td rowspan="2">与砂浆、混凝土</td><td>干燥基面</td><td>≥0.15</td><td>≥0.2</td></tr>
<tr><td>潮湿基面</td><td>≥0.15</td><td>≥0.2</td></tr>
<tr><td colspan="2">与金属、塑料、陶瓷等</td><td>≥0.1</td><td>≥0.15</td></tr>
<tr><td>4</td><td colspan="3">耐热性（80℃，4h）</td><td>无滑移、无鼓泡</td><td>无滑移、无鼓泡</td></tr>
<tr><td>5</td><td colspan="3">低温柔性（2h无裂纹）</td><td>−10℃</td><td>−20℃</td></tr>
<tr><td>6</td><td colspan="3">不透水性（1h）</td><td>0.15MPa，不透水</td><td>0.2MPa，不透水</td></tr>
<tr><td>7</td><td colspan="3">弹性恢复率（%）</td><td>≥40</td><td>≥60</td></tr>
<tr><td>8</td><td colspan="3">定伸粘结性</td><td>无破坏</td><td>无破坏</td></tr>
<tr><td>9</td><td colspan="3">抗窜水性（MPa）</td><td>0.6，无窜水</td><td>0.6，无窜水</td></tr>
<tr><td rowspan="2">10</td><td rowspan="2" colspan="2">热老化（70℃，168h）</td><td>不透水性</td><td>0.1MPa，1h，不透水</td><td>0.1MPa，1h，不透水</td></tr>
<tr><td>低温柔性</td><td>−8℃，2h，无裂纹</td><td>−16℃，2h，无裂纹</td></tr>
</table>

CPM密封膏应用范围：①基层裂缝修补；②分格缝密封；③卷材搭接缝口与收头密封；④装配式混凝土墙板接缝密封；⑤道桥分仓缝密封防渗；⑥细部节点密封小孔、裂缝、裂隙，与玻纤布复合做附加防水层。但不宜用水稀释独立做涂膜防水。

2017—2020年，湘潭湖南雷神公路材料公司张翔等人，系统研发了这种材料，主要用于公路裂缝修补与公路分厢缝密封，2020年10月获得国家发明专利（专利号为CN201811131877.9）。

笔者认为：只要继续努力，克服现有缺陷，进一步提升质量，SBS改性沥青密封膏是一种有发展前景的密封材料。

2.2 特种功能性材料

2.2.1 种植屋面现今常用耐根穿刺防水阻根卷材

这类材料具有防水、阻根、耐霉菌三重功能，现今常用品种如图 2-6 所示。

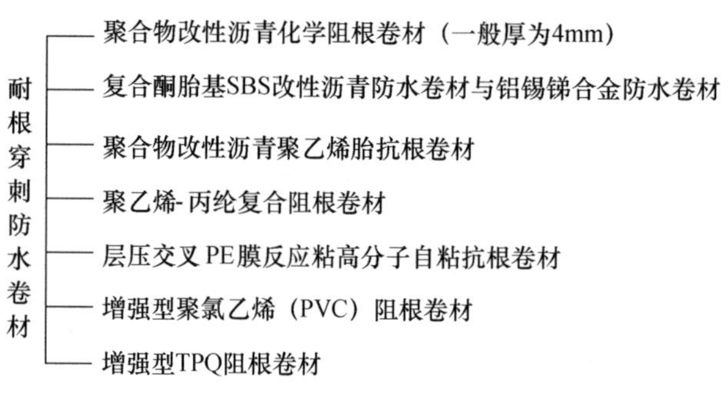

图 2-6 耐根穿刺防水卷材

2.2.2 阻燃型聚合物改性沥青防水卷材

该产品以长丝聚酯毡或无碱玻纤为胎基，以优质沥青及高性能的 SBS 为主要原材料，掺加高效阻燃剂，以特殊配方及工艺制备的浸渍或涂盖材料，上表面覆以聚乙烯膜、矿物粒料、铝箔等隔离材料，下表面覆以细砂或聚乙烯膜的改性沥青防水卷材。该材料特有性能是离火自熄。产品执行《阻燃型聚合物改性沥青防水卷材》（Q/0783WHY016—2011）。物理力学性能如表 2-21 所示。

表 2-21 阻燃型聚合物改性沥青防水卷材物理力学性能（Q/0783WHY016—2011）

序号	项目		Ⅰ		Ⅱ	
			PY	G	PY	G
1	可溶物含量（g/m²） ≥	3mm	2100			
		4mm	2900			
		5mm	3500			
2	耐热性	℃	90		105	
		≤mm	2			
		试验现象	无流淌、滴落			

续表

序号	项目		Ⅰ		Ⅱ	
			PY	G	PY	G
3	低温柔性（℃）		−20		−25	
			无裂缝			
4	不透水性（30min）		0.3MPa	0.2MPa	0.3MPa	
5	拉力（N/50mm） ≥		500	350	800	500
6	最大峰时延伸率（%） ≥		30	—	40	—
7	浸水后质量增加率（%）≤	S	1.0			
		M	2.0			
8	渗油性，张数 ≤		2			
9	接缝剥离强度（N/mm） ≥		1.5			
10	矿物粒料黏附性[a]（g） ≤		2.0			
11	卷材下表面沥青涂盖层厚度[b]（mm） ≥		1.0			
12	热老化（80℃，10d）	拉力保持率（纵横向）（%） ≥	90			
		延伸率保持率（纵横向）（%） ≥	80			
		低温柔性（℃）	−15 无裂缝		−20 无裂缝	
		尺寸变化率（%） ≤	0.7	—	0.7	0.7
		质量损失率（%） ≤	1.0			
13	人工气候加速老化	外观	无滑动、流淌、滴落			
		拉力保持率（纵横向）（%） ≥	80			
		低温柔性（℃）	−15		−20	
			无裂缝			

注：a 仅适用于矿物粒料表面的卷材；
b 仅适用于热熔施工的卷材。

该产品宽 1000mm、厚 3mm、4mm、5mm。按阻燃性能等级，分为 B1 级与 B2 级，B1 级为难燃型防水卷材，B2 级为可燃型防水卷材。其适用范围：对防火等级有特殊要求的工业与民用建筑的屋面与地下工程的防水，符合一级耐火等级建筑防水层的防火设计要求。

该卷材为热熔施工，卷材的搭接宽度为 100mm，卷材的搭接区域应单独封边。

2.2.3 耐盐碱型聚合物改性沥青防水卷材

该产品是以长丝聚酯毡为胎基，以优质沥青及高性能的 SBS 为主要原材料，掺加密实性材料，以特殊配方及工艺制备的浸渍及涂盖材料，上表面覆以聚乙烯膜，下表面覆以细砂或聚乙烯膜的改性沥青防水卷材。产品执行《耐盐碱型聚合物改性沥青防水卷材》（Q/0783WHY015—2011），物理力学性能如表 2-22 所示。

表 2-22 耐盐碱型聚合物改性沥青防水卷材物理力学性能（Q/0783WHY015—2011）

序号	项目		指标	
			Ⅰ	Ⅱ
1	可溶物含量（g/m²） ≥	3mm	2100	
		4mm	2900	
		5mm	3500	
2	耐热性	℃	90	105
		≤mm	2	
		试验现象	无流淌、滴落	
3	低温柔性（℃）		−15 无裂缝	−20 无裂缝
4	不透水性（30min）		0.3MPa，30min，不透水	
5	最大峰拉力（N/50mm） ≥		500	800
6	最大拉力时延伸率（%） ≥		30	40
7	浸水后质量增加率（%） ≤		1.0	
8	渗油性，张数 ≤		2	
9	接缝剥离强度（N/mm） ≥		1.5	
10	卷材下表面沥青涂盖层厚度（mm） ≥		1.0	
11	抗氯离子渗透性 [mg/（cm²·d）] ≤		0.005	
12	盐处理（20%NaCl 溶液，30d）	拉力保持率（纵横向）（%） ≥	90	
		延伸率保持率（纵横向）（%） ≥	80	
		低温柔性（℃）	−15 无裂缝	−20 无裂缝
13	碱处理 [饱和 $Ca(OH)_2$ 溶液，30d]	拉力保持率（纵横向）（%） ≥	90	
		延伸率保持率（纵横向）（%） ≥	80	
		低温柔性（℃）	−15 无裂缝	−20 无裂缝
14	热老化（80℃，10d）	拉力保持率（纵横向）（%） ≥	90	
		延伸率保持率（纵横向）（%） ≥	80	
		低温柔性（℃）	−15 无裂缝	−20 无裂缝
		尺寸变化率（%） ≤	0.7	
		质量损失（%） ≤	1.0	
15	人工气候加速老化	外观	无滑动、流淌、滴落	
		拉力保持率（纵横向）（%） ≥	80	
		低温柔性（℃）	−15 无裂缝	−20 无裂缝

该产品一般幅宽为1000mm，厚度有3mm、4mm、5mm。其主要适用于沿海地区及高盐碱地区地下建筑及隧道、洞库、油库等工程的防水防护。

这类产品采用热熔法施工，搭接宽度为100mm。

2.2.4 有机硅防水防护材料

近40年来，北京、江苏、安徽、江西等省（市）有多个企业，专注于有机硅防水防护材料的研发与生产经营，为我国外墙防渗、屋面防水、文物保护等做出了贡献。

（1）北京市有机硅化工厂，长期开发与生产有机硅化合物的原材料。

（2）北京市房地产科研所系统开发与生产甲基硅醇钠（钾）憎水剂。

（3）苏州市建筑科研院长期研发与生产“凡可特”（原名万柯涂）品牌的有机硅憎水剂，后又研发出防护防腐膏体有机硅材料。

（4）江西某单位几十年来，专注于有机硅原料及有机硅产品的研发及生产经营。

有机硅是一种高分子材料，由于树脂中Si键饱和不容易发生老化。又因有机硅树脂表面能低，涂层不易积灰，且具有“荷叶效应”，有着优异的斥水、憎水功能。

2.2.5 建筑防腐材料

建筑防腐的任务主要包含墙柱基础、型钢梁柱、金属屋架、金属屋面板、钢管、金属支架及池坑等部件、构件的防水防锈防护。这方面的材料品种也较多，常用的有树脂类、水玻璃类、涂料类、沥青类、塑料类、块材类及防腐砂浆等。本书重点介绍常用的沥青类、涂料类防腐材料。

（1）沥青类防腐材料：有沥青砂浆、沥青混凝土、沥青稀胶泥，主要用于有防腐要求的混凝土与砌体墙柱基础及池坑防腐防护。它们都是热配制、热摊铺与热刮涂，按《建筑防腐蚀工程施工规范》（GB 50212—2014）与专项设计要求进行施工与验收。

（2）涂料类防腐材料：有环氧类涂料、聚氨酯类涂料、丙烯酸树脂类涂料、高氯化聚乙烯涂料、氯化橡胶涂料、氯磺化聚乙烯涂料、聚氯乙烯萤光涂料、醇酸树脂涂料、氟涂料、有机硅树脂高温涂料、乙烯基树脂类涂料、富锌类涂料、树脂玻璃鳞片涂料、聚脲涂料等。上述材料有单组分与双组分之分，绝大多数是冷法作业，施工可刷涂、辊涂或喷涂。

（3）聚脲涂料：是异氰酸酯预聚体末端带氨基元素制成的特种聚氨酯涂料。有喷涂型与手刷型两类产品。涂膜韧性好，延伸率大，与基层粘结力强，耐高低温，耐水耐酸碱，耐候耐老化，是一种优良的防水防腐涂料。用于防腐产品执行

《喷涂聚脲防护材料》（HG/T 3831—2006）专业标准。聚脲喷涂及修补施工，应遵守《喷涂型聚脲防护材料涂装工程技术规范》（HG/T 20273—2011）的有关规定。

2.2.6 无机渗透结晶型防水材料

20 世纪 40 年代德国人研究成功一种渗入混凝土内部阻水抗渗材料。20 世纪 80 年代我国浙江大学引进美国桦青公司水泥密实剂 M1500 的技术（液剂），同一时段引进水泥基渗透结晶型材料 CCCW 粉剂。近 10 多年来我国经营上述材料的活性母料与成品的商家不断增多，生产上述材料的厂家数以百计，应用工程日趋增加。现今 M1500、DPS、CCCW 三种产品已成为我国防水行业共识的较好的抗渗材料。

1. M1500 水泥密实剂

M1500 是一种含有催化剂与载体的复合水基溶液。它以水为介质渗入水泥建（构）筑物内部与水泥碱性物质发生化学反应，产生乳胶体达到永久性密封的抗渗防水效果。

浙江大学实用技术研究所科技人员在消化引进技术的基础上，创新开发出 HM1500 催化剂与 HM1500 无机水性水泥密封防水剂，并指导生产与应用，于 1991 年 5 月进行了技术鉴定。

M1500/HM1500 水泥密封防水剂物理化学性能如下：

外观：无色透明、无气味、不燃、水性溶液；

密度：$>1.10g/cm^3$；

pH 值：13±1；

黏度：（11.0±0.5）s；

表面张力：（25.5±0.5）mN/m；

凝胶化时间：初凝（2.5±0.5）h；终凝（3.5±0.5）h；

渗透性：24h 渗入深度>10mm；

7h 渗入深度>30mm；

抗渗性：水压 1MPa 时渗入高度<150mm；

贮存稳定性：室温贮存 12 个月，质量指标不变。

M1500/HM1500 是一种优良的渗透结晶型防水材料，使混凝土、水泥砂浆与砖砌体内部密实、强固面层，阻止水与有害液体腐蚀基体及钢筋，并能适当提高基体基面强度。但对金属板、木制品、沥青面、有机玻璃或无孔隙的橡胶、油漆面不能适用。

M1500/HM1500 施工简单，一般喷涂两三遍即可。但必须对基层先润湿后喷涂，施工后两三天内要清除析出的白色杂质。

在美国、日本、东南亚国家许多工程中显示了此类防水剂的优越性能，如混凝土管壁渗水、机场跑道冰冻开裂或疏松、桥墩被海水侵蚀，喷涂/刷涂 M1500 防水剂便得到修复。

2. DPS 永凝液

DPS 永凝液是一种无机渗透剂，混凝土、水泥砂浆基层可掺、喷、刷，能密实基体，提高抗渗防水功能。

3. 水泥基渗透结晶型（CCCW）防水材料

水泥基渗透结晶型（Cementitious Capillary Crystalline Waterproofing Materials，CCCW）防水材料是由活性化合物母料、普通硅酸盐水泥、硫铝酸盐水泥、石英粉等成分混合拌匀制成的一种粉末状刚性防水粉剂。它以水为载体向混凝土内部渗透，与混凝土中的水分、氢氧化钙、游离活性物质产生化学反应，形成不溶的结晶体复合物，进而靠结晶体的增长堵塞微孔、小洞及毛细通道，使混凝土致密抗渗。当基体为干燥状态时，活性化合物进入“休眠”状态；当基体遇水时，活性化合物再次被激活，随水迁移再次向混凝土内部渗透，再次增长结晶，使混凝土内部不断致密。反复循环，基体不断密实长久抗渗防水。

CCCW 执行《水泥基渗透结晶型防水材料》（GB 18445—2012），主要物理力学性能如表 2-23 所示。

表 2-23 水泥基渗透结晶型防水材料的物理力学性能（GB 18445—2012）

项目			指标
外观			均匀、无结块
含水率（%）		≤	1.5
细度，0.63mm 筛余（%）		≤	5
氯离子含量（%）		≤	0.10
施工性	加水搅拌后		刮涂无障碍
	20min		刮涂无障碍
抗折强度（MPa，28d）		≥	2.8
抗压强度（MPa，28d）		≥	15.0
湿基面粘结强度（MPa，28d）		≥	1.0

CCCW 应用范围：地上、地下建（构）筑物混凝土密实密封，提高基体抗渗防水防护功能。

CCCW 施工方法多种多样：①内掺，一般为水泥量的 8%～12%；②抹子抹灰；③刮板刮涂；④硬尼龙刷刷涂。做涂层要求用量≥1.5kg/m^2。

涂层施工后应重视养护：①在露天阳光下，气温在 20℃以下可以不养护；②地下工程，一般需洒水养护；③30℃以上的高温天气，涂层泛白时，立即喷雾养护，湿养应在 3d 以上。不允许喷水冲洗。

4. 反辐射丙烯酸酯防水隔热涂料

这种材料是以丙烯酸酯乳液为成膜基料，掺入金红石钛白粉、硅灰粉、空心微珠、颜料及化学助剂制成的单组分浆料，喷涂或辊刷后干燥成膜，起防水、反辐射降温与装饰三重作用。

施工时先将基层粉抹防水保温砂浆找平压实，再在面层喷/刷反辐射涂料0.3～0.5mm厚，炎夏天气可降温10～20℃。

5. 专治“壁癌”的防潮树脂涂料

将纯天然大豆油经过环氧改性（ESO）而成的高分子树脂共聚物，双组分，形成的涂膜具有非常致密的分子结构，可以完全阻挡水汽分子透过（小于水分子直径0.324nm），涂膜外表具有拒水效果，产生“荷叶效应”，但能与砂浆或腻子基材良好结合。

该材料水性环保，无毒无味，与基层粘结力强，耐磨损，不易开裂，抗渗透，抗拉性好，室温固化成膜，并有一定的阻燃性，是一种优良的墙壁修缮材料，是“壁癌”的克星。

该产品施工简便：现场配料（一桶A组分配一桶B组分，加5%～10%清洁水拌匀）并静置4～5min，在牢固、平整的基面上涂刷二道涂料，干后用砂布打磨平整，再刮两三道耐水腻子即可。正常情况下，耐久性可达10年以上。

6. 防水防腐聚脲涂料

聚脲弹性体技术是20世纪70年代中后期发展起来的，历经国内外学者、工程师们的潜心研究，材性材质不断提升，施工工艺工法也大有创新，喷涂机械不断革新完善，产品应用范围不断拓宽，已步入新的发展阶段。这个领域我国虽是后起者，但使用量位列世界前茅，其改革创新活力最大，助推了聚脲技术的发展。

目前我国聚脲涂料的生产商约50家，一是生产喷涂聚脲，二是生产手刷聚脲。一般为双组分A、B组成，A组分为异氰酸预聚体（或半预聚体），B组分为氨基聚醚、胺类扩链剂、助剂与颜填料。涂料的反应机理如下：

$$\mathrm{R{-}NCO+R'{-}OH \longrightarrow RHNCOOR'}\text{聚氨酯反应}$$

$$\mathrm{R{-}NCO+R'{-}NH_2 \longrightarrow RNHCONHR'}\text{聚脲反应}$$

聚脲涂料具有粘结性好，涂膜强度高、弹性好，柔韧性优，并有一定硬度，耐水耐腐蚀等优良性能，是一种防水防护高档涂料。产品执行《喷涂聚脲防水涂料》（GB/T 23446—2009），物理力学性能如表2-24所示。

表2-24 喷涂聚脲防水涂料物理力学性能（GB/T 23446—2009）

序号	项目		技术指标	
			Ⅰ型	Ⅱ型
1	固体含量（%）	≥	96	98
2	凝胶时间（s）	≤	45	

续表

序号	项目			技术指标	
				Ⅰ型	Ⅱ型
3	表干时间（s）		≤	120	
4	拉伸强度（MPa）		≥	10.0	16.0
5	断裂伸长率（%）		≥	300	450
6	撕裂强度（N/mm）		≥	40	50
7	低温弯折性（℃）		≤	−35	−40
8	不透水性			0.4MPa，2h 不透水	
9	加热伸缩率（%）	伸长	≤	1.0	
		收缩	≤	1.0	
10	粘结强度（MPa）		≥	2.0	2.5
11	吸水率（%）		≤	5.0	

聚脲涂料是一种多功能材料，可防水防腐防护，用途广泛，目前主要应用范围如下：

（1）对爆炸冲击与子弹射击有突出的防护性能，高韧性能减少爆炸碎片对人体的伤害。

（2）混凝土防护：表面涂施聚脲可有效防止水分、盐分渗透，减轻表面风化、冰融破坏，减轻对钢筋的锈蚀；适合地下隧道应用、沉井井壁防护及地下工程维修需要；水利工程大坝防护、除险加固等。

（3）做地上、地下工程防水涂料，起耐水、隔水作用；体育看台防水、耐磨。

（4）做防腐涂料：聚脲防腐涂料可应用在海洋环境中。已成功应用于青岛海湾大桥承台、港珠澳大桥沉管隧道接缝等防护工程。

（5）机械和汽车用涂料：涂料低温固化特性和优异的性能，非常匹配汽车底盘的需要，可弥补底盘局部表面处理不足，有效减少磕碰伤，提高防腐性能。可作为底盘涂料、汽车中涂漆、汽车面漆，完全满足汽车涂料实用要求。

7. 聚合物水泥防水砂浆

利用聚合物乳液（EVA 乳液/丙烯酸乳液/氯丁胶乳）改性水泥砂浆制成的砂浆称为聚合物防水砂浆，双组分。也可用再分散的高分子胶粉改性水泥砂浆，单组分，也称聚合物防水砂浆，还称干粉砂浆。这类砂浆显著特点是粘结力强、抗裂性优，而且原材料来源广泛，成品价格低廉。

产品执行《聚合物水泥防水砂浆》（JC/T 984—2011）标准，主要物理力学性能如表 2-25 所示。

表 2-25 聚合物水泥防水砂浆物理力学性能

序号	项目		干粉类（Ⅰ类）	乳液类（Ⅱ类）
1	凝结时间[a]	初凝（min） ≥	45	45
		终凝（h） ≤	12	24
2	抗渗压力（MPa）	7d ≥	1.0	
		28d ≥	1.5	
3	抗压强度（MPa）	28d ≥	24.0	
4	抗折强度（MPa）	28d ≥	8.0	
5	压折比 ≤		3.0	
6	粘结强度（MPa）	7d ≥	1.0	
		28d ≥	1.2	
7	耐碱性：饱和 $Ca(OH)_2$ 溶液，168h		无开裂、剥落	
8	耐热性：100℃水，5h		无开裂、剥落	
9	抗冻性-冻融循环：（－15～＋20℃），25次		无开裂、剥落	
10	收缩率（%）	28d ≤	0.15	

注：a凝结时间项目可根据用户需要及季节变化进行调整。

聚合物防水砂浆应用普遍，主要适用范围如下：

（1）穿墙、穿屋顶孔隙填充密封。

（2）混凝土部件、构件缺棱掉角与微孔小洞及裂缝修补。

（3）铁路道床、公路桥梁裂缝、蜂窝麻面等缺陷修缮。

（4）混凝土底板、楼面、地面、墙面、隧洞平立面裂缝修补。

（5）模板拉筋或螺杆根部密实密封。

（6）电梯井、水池、水塔构筑物平立面找平抹灰。

（7）水渠、水库裂缝与蜂窝麻面的修缮。

（8）高速公路、机场地坪裂缝与蜂窝麻面的修整。

聚合物防水砂浆施工要点：①按工程设计要求的配比配制防水砂浆；②基层应牢实、平整、干净，涂抹砂浆前基层应洒水润湿，让其饱和但不留明水；③砂浆层视厚度分遍粉抹，每层厚度不超过6mm，头遍干硬后刮抹下遍，要求上、下遍涂抹方向垂直；④抹压砂浆应压实刮平，最后一道应压实抹光；⑤做好养护工作：20℃以上天气，高温阳光下的屋顶、外墙应喷水湿养3～5d；地下室工程与楼面/地面一般不喷水让其自然养护；5℃以下不得施工，规避冰冻破损。

2.3 灌浆堵漏材料

2.3.1 速凝型材料

速凝型水泥基无机“堵漏王”“堵漏宝”“克水宝”“确保时”等硅酸盐粉剂，掺适量水拌和成稠厚浆料，手工充填压实孔、洞、裂缝、裂隙，阻止带压明水流出。

2.3.2 重力灌浆加固材料

预留设备螺栓孔洞，岩土裂隙、穿墙管孔洞，采用防渗抗裂防水混凝土或防水砂浆，靠自身重力辅以手工充填压实，密实密封空隙，起抗渗与加固作用。

2.3.3 现今常用化学注浆材料

我国现今常用注浆防水材料有10多种近百个规格型号，多数是液料，也有颗粒粉剂。这些材料既有无机材料，也有有机材料，还有有机与无机复合材料，应根据实际工况，合理筛选适用材料。本节重点简介常用注浆材料的特性、理化性能及适用范围。

1. 水泥类注浆材料

水泥类注浆材料来源广、价格低廉、绿色环保，是注浆行业应用最为广泛的材料。

(1) 普通单液水泥浆

原料来源丰富，价格低廉，结石体强度高，抗渗性能较好，耐久性强。但是，与非颗粒浆液比较，可灌性较差，在小于0.2mm裂缝中难以注入，浆料凝结时间长，强度增长慢。一般采用42.5强度等级以上的普通硅酸盐水泥，制浆配比可参考表2-26。

表2-26 水泥浆（不加助剂）现场配比表

水灰比	水泥（kg）	水（kg）	浆液体积（m^3）
0.5∶1	50	25	0.0417
0.6∶1	50	30	0.0466
0.75∶1	50	37.5	0.0542
1∶1	50	50	0.0667
1.25∶1	50	62.5	0.0792

续表

水灰比	水泥（kg）	水（kg）	浆液体积（m^3）
1.5∶1	50	75	0.0916
2∶1	50	100	0.1167

现场配比也可按下式计算：

$$V=\frac{G_w}{d_w}+\frac{G_c}{d_c}$$

式中 V——需要配制水泥浆的体积（m^3）；

G_w——水的质量（t）；

G_c——水泥的质量（t）；

d_w——水的相对密度（取1）；

d_c——水泥的相对密度（取2.7～3）。

$$W=G_w/G_c$$

式中 W——水灰比。

例如，采用水灰比为0.5的水泥浆，则 $V=\frac{50L}{1}+\frac{100L}{2.7}=50L+37.04L=87.04L$。

纯水泥浆的基本性能如表2-27所示。

表2-27 纯水泥浆的基本性能

水灰比（质量比）	黏度（$\times10^{-3}Pa\cdot s$）	密度（g/cm^3）	凝胶时间（min）		结石率（%）	抗压强度（0.1MPa）			
			初凝	终凝		3d	7d	14d	28d
0.5∶1	139	1.86	461	756	99	41.4	64.6	153.0	220.0
0.75∶1	33	1.62	647	1273	97	24.3	26.0	55.4	112.7
1∶1	18	1.49	896	1467	85	20.0	24.0	24.2	89.0
1.5∶1	17	1.37	1012	2087	67	20.4	23.3	17.8	22.2
2∶1	16	1.30	1027	2895	56	16.6	25.6	21.0	28.0

为了克服纯水泥浆的缺陷，可采取掺适量外加剂的方法：

①掺塑化剂（食糖、硫化钠、纸浆废液等），可提高浆液的流动性和可灌性；

②掺悬浮剂（钠基膨润土、高塑黏土），不但能节省水泥，而且能使水泥颗粒较长时间悬浮于水中；

③为加快水泥浆的凝固速率，可掺氯化钙或水玻璃、石膏等速凝剂；

④为降低工程成本，较大孔洞、裂隙注浆时可掺适量砂石；

⑤裂隙涌水封堵，可掺复合速凝早强剂（水玻璃、三乙醇胺加氯化钠、三异丙醇胺加氯化钠、二水石膏加氯化钙等）。

外加剂掺量多少，应根据施工需要，通过试验确定。

单液改性水泥浆的性能如表2-28所示。

表 2-28 单液改性水泥浆的基本性能

附加剂		初凝时间	终凝时间	抗压强度（MPa）			
名称	用量（%）			1d	2d	7d	36d
0	0	14h15min	25h	0.8	1.6	5.9	9.2
水玻璃	3	7h20min	14h30min	1.0	1.8	5.5	—
氯化钙	2	7h10min	15h4min	1.0	1.9	6.1	9.5
氯化钙	3	6h50min	13h4min	1.1	2.0	6.5	9.8

注：表中浆液的水灰比均为 1∶1，普通硅酸盐水泥。

（2）超细水泥注浆材料

超细水泥注浆材料简称 Mc，是以极细的磨细水泥颗粒组成的无机注浆材料，最大粒径 $d_{90} \leqslant 20\mu m$，平均粒径 $d_{50} \leqslant 6\mu m$，最小粒径小于 $2\mu m$。

纯超细水泥的物理特性见表 2-29，化学组成见表 2-30，几种水泥结石强度对比见表 2-31。

表 2-29 超细水泥的物理特性

项目	指标	项目		指标
外观	浅灰色粉末	味		无
相对密度	3.00±0.1	细度	比表面积（cm^2/g）	约 8000
单位体积的质量（kg/L）	1.00±0.1		50%颗粒粒径（μm）	约 4

表 2-30 超细水泥的化学组成（%）

烧失量	SiO_2	Al_2O_3	Fe_2O_3	CaO	MgO	SO_2	总量
0.4	30.6	12.4	1.1	48.4	5.8	0.8	99.5

表 2-31 几种水泥结石强度对比

项目	抗折强度（MPa）				抗压强度（MPa）			
龄期（d）	3	7	28	91	3	7	28	91
超细水泥	5.1	6.4	8.3	8.8	25.6	39.8	54	62.3
胶体水泥	2.9	4.4	7.1	7.4	12.8	20.5	44.8	51.6
高早强硅酸盐水泥	5.5	6.5	8.1	8.3	24.5	33.9	46.6	49.8
普通硅酸盐水泥	3.4	4.9	7.0	7.3	13.7	23.4	41.2	49.1

单一超细水泥浆液配合比见表 2-32。

表 2-32 单液超细水泥浆液组成

项目 \ 水灰比	2∶1	3∶1	5∶1	备注
水（L）	200	180	200	胶凝时间为 4～5h，NS-200 为分散剂萘磺酸盐
NS-200（L）	1.0	0.6	0.4	
Mc（kg）	100	60	40	
总量（L）	234	200	213	

双液注浆是采用超细水泥和硅酸钠溶液两种浆液在灌注点进行混合，灌入后可迅速凝固，其配合比见表 2-33。

表 2-33　双液注浆材料配合比

项目 \ 水灰比		2∶1	3∶1	5∶1	备注
Mc 桶	水（L）	160	180	160	凝胶时间为 1～3min
	NS-200（L）	0.8	0.6	0.4	
	Mc（kg）	80	60	40	
硅酸钠桶	水（L）	120	120	120	
	硅酸钠（L）	80	80	80	
总量（L）		386	400	373	

Mc 浆液的流动性、可靠性、稳定性、耐久性等性能十分优良，且对环境无污染，是一种良好的注浆防水材料。它可以作为土坝基础截水加固，也可用于隧洞防水和土体的稳定。在日本、美国等经济发达国家被广泛应用，我国的应用工程也日益增多，效果良好。

2. 黏土水泥注浆材料

黏土水泥浆液简称 CL-C 浆液，是以黏土为主，掺入部分水泥和化学添加剂，加水拌匀成黏土水泥浆。具有比水泥浆更好的可灌性，浆液稳定性好，塑性强度高，抗渗性强，堵水率高，材料价格便宜，环保无污染。主要用于立井、坑池预注浆及涌水封堵。

CL-C 浆液主要成分为种植土以下的黏土（要求没有太多的粉细砂），32.5 强度等级以上的普通硅酸盐水泥及无机盐水溶液（水玻璃）。黏土含量一般为 80%～90%，水泥含量一般为 8%～15%，添加剂（水玻璃）含量一般为 1%～2%。

黏土浆密度与黏度关系如表 2-34 所示，黏土浆与黏土水泥浆比重的关系如表 2-35 所示。

表 2-34　黏土浆密度与黏度关系表

黏土浆密度（$g \cdot cm^{-3}$）	1.15	1.18	1.21	1.24	1.27	1.30
黏土浆黏度（s）	16	17	18	18.30	20	22

表 2-35　黏土浆与黏土水泥浆密度关系表

黏土浆密度（$g \cdot cm^{-3}$）	1.15	1.18	1.21	1.24	1.27	1.30
黏土水泥浆密度（$g \cdot cm^{-3}$）	1.21	1.24	1.27	1.30	1.33	1.36

黏土水泥浆应根据使用功能与工况水文地质条件及施工作业条件，通过试验合理选取配方及施工工法。宾斌、孟旗帜、孙朝、赵铁等科技人员在常德某大型石灰岩矿区对强岩溶地区帷幕注浆用黏土水泥浆的配比如下：①对空溶洞进行充填时，以石粉黏土水泥膏浆为主，配比是：100kg 水泥＋200L 黏土浆（1.23g/m^3）＋3kg 早强剂＋0.5kgHY-1 外加剂＋100～200L 石粉，流体坍落度 70～100mm。②对有充填物的溶洞起压密作用时，注浆材料以黏土水泥膏浆为主，配比是：150kg 水泥＋300L 黏土浆＋5～8kg 早强剂＋1kgHY-1 外加剂，流动度 60～70mm。③对密实基体时，必须以稳定性黏土水泥浆液进行灌注，配比是：100kg 水泥＋200L 黏土浆＋0～100kg 水。

中国水利水电科学研究院赵卫全、张金接与中国铁建大桥工程局解登科、闫发桥工程技术人员在处理隧道涌水中采用“洞外膏浆灌注联合洞内化学灌浆”的注浆技术，成功解决了九景衢铁路隧道的涌水和渗水问题，涌水处灌注的水泥膏浆配比如表 2-36 所示，黏土用量对浆液性能的影响，如表 2-37 所示，水玻璃用量对水泥黏土浆性能的影响，如表 2-38 所示。

表 2-36 水泥膏浆配比

	水泥（kg）	外加剂（增黏剂）（kg）	水（L）	初凝时间（min）
1 号	200	1	150	90
2 号	200	2	100	70
3 号	200	4	100	45
4 号	200	6	100	20

表 2-37 黏土用量对浆液性能的影响

黏土用量（占水泥质量）（%）	黏度（$\times10^{-3}$ Pa·s）	密度（g/cm^3）	凝胶时间		结石率（%）	抗压强度（MPa）			
			初凝	终凝		3d	9d	14d	28d
5	滴流	1.84	2h42min	5h52min	99	11.85	—	33.2	13.6
5	40	1.65	7h50min	13h1min	93	4.05	6.96	7.94	7.89
5	19	1.52	8h30min	14h30min	87	2.41	5.17	4.28	8.12
5	16.5	1.37	11h5min	23h50min	66	1.29	3.45	3.24	7.30
5	15.8	—	13h53min	51h52min	57	1.25	2.58	2.58	7.85
10	65	1.68	5h15min	9h38min	99	2.93	6.96	5.12	—
10	21	1.56	7h24min	14h10min	91	1.68	4.55	2.88	—
10	17	1.43	8h12min	20h25min	79	1.56	2.79	3.30	—
10	16	1.32	9h16min	30h24min	58	1.25	1.58	2.52	—
15	—	—	—	—	—	—	—	—	—
15	71	1.70	4h35min	8h50min	99	0.4	2.40	2.95	—
15	23	1.62	6h20min	14h13min	95	1.30	1.56	2.18	—
15	19	1.51	7h45min	24h5min	80	0.85	0.97	1.40	—
15	16	1.34	9h50min	29h16min	60	0.73	1.13	2.24	—

表 2-38　水玻璃用量对水泥黏土浆性能的影响

黏土用量（占水泥质量）（%）	水玻璃用量（占水泥质量）（%）	凝胶时间		抗压强度（MPa）		
		初凝	终凝	3d	7d	14d
50	10	6h30min	26h40min	0.31	0.71	0.85
50	15	4h6min	11h52min	0.86	1.47	1.70
50	20	3h18min	6h36min	1.55	1.94	2.19
50	25	2h55min	5h	1.77	1.97	2.64
50	30	1h43min	3h42min	2.04	3.12	3.76

3. 水玻璃注浆材料

水玻璃是一种能溶于水的硅酸盐胶体溶液，由不同比例的碱金属和二氧化硅所组成。常用的是硅酸钠水玻璃（$Na_2O \cdot nSiO_2$）与硅酸钾水玻璃（$K_2O \cdot nSiO_2$）。

以水玻璃为甲液，选用另一种材料作乙液，采取双液注浆方式构成溶液型注浆材料，称为水玻璃类浆液，如水玻璃铝酸钠浆液、水玻璃乙二醛浆液等。

除了液体水玻璃外，尚有固体块状、粒状与粉状水玻璃。

（1）水玻璃的性质

①液体水玻璃呈青灰色或黄绿色，常用水玻璃的相对密度为 1.5 左右，注浆时一般使用相对密度为 1.26～1.45 的水玻璃。

②水玻璃能溶于水，对环境无毒害。

③水玻璃有良好的粘结力，不燃烧，碱性强，有高度的耐酸能力。

④水玻璃的模数：氧化硅和氧化钠的物质的量之比称为水玻璃的模数，即 $n=\frac{SiO_2}{Na_2O}$。注浆用的水玻璃模数一般以 2.4～3.4 为宜。低模数水玻璃粘结力差，其浓度一般使用 30°～45°Bé（波美度）的水玻璃。

⑤黏度：水玻璃的黏度与模数、密度随温度而变。黏度随模数或密度的增高而增高，随温度的升高而降低。

出厂水玻璃密度通常为 1.530～1.634g/cm³，注浆时一般使用密度为 1.262～1.453 g/cm³ 的水玻璃。因此，注浆前必须稀释或溶解水玻璃，其计算公式如下：

$$V_{原} d_{原} + V_{水} d_{水} = V_{配} d_{配}$$

式中　$V_{原}$——原水玻璃体积；

$d_{原}$——原水玻璃密度；

$V_{水}$——加水的体积；

$d_{水}$——水的密度，通常取 1.0g/cm³；

$V_{配}$——配好的水玻璃的体积；

$d_{配}$——配好的水玻璃的密度。

常用水玻璃的情况简介如下：

①$Na_2O \cdot 2.4SiO_2$溶液：浓度有40°、51°、56°波美度三种，模数波动幅度为2.2～2.5。

②$Na_2O \cdot 2.8SiO_2$及$K_2O \cdot Na_2O \cdot 28SiO_2$溶液，浓度为45°波美度，模数波动于2.6～2.9。

③$Na_2O \cdot 3.3SiO_2$溶液，浓度为40°波美度，模数波动于3.0～3.4。

④$Na_2O \cdot 3.6SiO_2$溶液，浓度为35°波美度，模数波动于3.5～3.7。

同一模数的液体水玻璃，其浓度越稠，则相对密度越大，粘结力越强。当水玻璃浓度太小或太大时，可用加热浓缩或加水稀释的方法来调节。

（2）水玻璃注浆堵漏的机理

水玻璃溶液和胶凝剂（$CaCl_2$、H_3PO_4、乙二醛等）同时灌入地层或混凝土中，混合后产生化学反应生成凝胶，填充基体的孔隙、裂隙、小孔微洞，生成固结体，达到防渗堵漏或加固补强的目的。

（3）水玻璃溶液浓度与黏度的关系见表2-39；水玻璃溶液的浓度对凝胶时间的影响见表2-40；水玻璃溶液模数对固砂体强度的影响见表2-41。

表2-39 水玻璃溶液浓度与黏度的关系

波美度	6	13	20	25	30	35	40	45	50
密度（g/cm^3）	1.038	1.100	1.160	1.210	1.260	1.320	1.380	1.450	1.510
黏度（$\times 10^{-3}Pa \cdot s$）	2.7	3.1	3.7	5.0	7.7	16.0	46.0	194.0	1074.0

表2-40 水玻璃溶液的浓度对凝胶时间的影响

水玻璃溶液浓度（Be′）	混合浆液温度（℃）	胶凝时间（min：s）	备注
45	36	1：11	①水玻璃模数为2.44，温度为27℃ ②铝酸钠溶液含Al_2O_3（60g/L），温度为28℃ ③水玻璃与铝酸体积比为1：1
40	37	1：0.4	
37	36	1：0.3	
35	36	1：0.2	
32	36	1：00	
30	36	0：59	

表2-41 水玻璃溶液模数对固砂体强度的影响

水玻璃溶液	模数	2.06	2.5	2.75	3.06	3.43	3.66	3.9
	波美度（°Be′）	36	36	36	36	36	36	36
抗压强度（MPa）	24h	1	3.4	4.0	4.0	3.63	2.46	1.51
	15d	2.2	4.85	5.35	5.2	4.3	2.72	2.0
	30d	3.0	5.5	6.55	6.7	5.0	2.92	1.72

注：水玻璃溶液的模数在2.75～3.06，固砂体的强度最高。

（4）水玻璃在建筑工程中有多种用途

①涂刷建筑材料表面，可提高抗风化能力；用浸渍法处理多孔材料时，可使其密实度和强度提高；用水将液体水玻璃稀释至相对密度为1.35左右的溶液，对黏土砖、硅酸盐制品、水泥混凝土和石灰石多次涂刷或浸渍均有良好的防侵蚀作用。但不能涂刷或浸渍石膏制品，否则引起膨胀破坏。

②用于土壤加固。将模数为2.5～3的液体水玻璃和氯化钙溶液注入地层，两种液体发生化学反应，析出硅酸胶体，将土壤颗粒包裹并填实其空隙。同时硅酸胶体吸收地下水而经常处于膨胀状态，阻止水分的渗透和使土壤固结。

③配制水玻璃砂浆，修补砌体裂缝与水泥制品裂缝。

④将水玻璃与胶凝材料混合配成水泥-水玻璃复合注浆堵漏材料，治理混凝土基体渗漏。

4. 水泥-水玻璃类注浆材料

水泥作为注浆材料有许多优势，但凝结时间较长，时间不易控制，且结石率低。我国在几十年前，自行开发了水泥-水玻璃类注浆材料，称为C-S浆料，C表示水泥浆，S表示水玻璃浆。两种浆液按一定的体积比例，通过双液注浆系统，经混合器混合后注入地层中，经过一段反应时间后，由液体变成固体，达到堵水或加固的目的。

C-S浆凝液胶速度快，可从几秒到几十分钟内进行控制，结石率一般为100%，可灌性好，除了能在岩基裂隙堵水外，还可在中砂层和砾石层内进行堵水或加固。C-S注浆已成为我国广泛采用的注浆材料之一。

（1）C-S注浆料的组成与配比

①水泥：强度等级为32.5、42.5的普通硅酸盐水泥。

②水玻璃：应控制模数 n 和浓度Be′，要求模数为2.4～3.4，浓度为30～45°Be′。

③化学助剂：速凝剂（如白灰）、缓凝剂（如磷酸盐），调节凝胶时间。

水泥-水玻璃注浆料的配比如表2-42所示，实用水泥-水玻璃复合浆液配方如表2-43所示。

表2-42　水泥-水玻璃浆液常用配方

<table>
<tr><th>原材料</th><th>规格</th><th>作用</th><th>用量</th><th>备注</th></tr>
<tr><td>水泥</td><td>32.5级或42.5级硅酸盐水泥或矿渣硅酸盐水泥</td><td>主剂</td><td>1</td><td rowspan="4">①凝胶时间可控制在几秒到几十分钟之间；
②抗压强度可达5.0～20MPa</td></tr>
<tr><td>水玻璃</td><td>模数2.4～2.8，密度1.26～1.45g/cm³</td><td>主剂</td><td>0.5～1</td></tr>
<tr><td>氢氧化钙</td><td>工业品</td><td>速凝剂</td><td>0.05～0.20</td></tr>
<tr><td>磷酸氢二钠</td><td>工业品</td><td>缓凝剂</td><td>0.01～0.03</td></tr>
</table>

注：（1）表中主剂配比为体积比；（2）助剂为质量分数。

表 2-43 实用水泥-水玻璃复合浆液配方

浆液名称	材料和配方	地质条件	加固目的	应用效果
水玻璃 + 水泥浆	水玻璃 1.45kg/cm³ 水泥浆 $W/C=1:1$ 两者体积比 1∶1.3	土粒组成： 0.25mm，60.1%～61.5% 0.25～0.1mm，29.5%～32.2% 0.01～0.05mm，6.3%～9.8%	提高承载力	桥墩原下沉量达 4～5mm，加固后停止下沉
	水玻璃 1.38kg/cm³ 水泥浆 $W/C=1:1$ 两者体积比 1∶1	泥石流	堵水	隧道注浆堵漏效果良好
水玻璃 + 水泥浆	水玻璃 1.34kg/cm³ 水泥浆 $W/C=1:1$ 两者体积比 1∶0.5～1∶1	粗砂卵石孔隙率 40%	防冲刷及抗侧压	桥墩沿沉井周围加了 3～5m 深加固体，整体性良好，抗压强度为 5.41MPa
	水玻璃 1.38kg/cm³ 水泥浆 $W/C=1:1$ 两者体积比 1∶0.5	砂夹卵石层含泥	纠正沉井倾斜工程中防止钢板柱围堰漏水	桥墩钢板桩围堰筑岛，堵水效果显著
水玻璃 + 水泥浆 + 氯化钙	水玻璃∶水泥浆∶氯化钙=1∶1.3∶1.0 水泥浆 $W/C=1:1$	土粒组成：0.6mm 以上 75% 0.25～0.6mm 占 25%	防冲刷，提高承载力	大桥墩沉井底部加固体具有良好的均匀性、整体性，抗压强度为 4～6MPa
	水玻璃∶水泥浆∶氯化钙=1∶1.3∶1.0 （水玻璃 1.45kg/cm³ 水泥浆 $W/C=1:1$）	中砂（大于 0.25mm 颗粒占 50%以上）	防冲刷	整体性好，桥墩基础防冲刷性试验良好

在配制水泥水玻璃浆液时，应分别进行水泥浆的配制和水玻璃稀释，特别在使用缓凝剂时，必须注意加料顺序和搅拌及放置时间。加料顺序为：水→缓凝剂溶液→水泥，搅拌时间应不少于 5min，放置时间不宜超过 3min。

在注浆施工中，根据裂缝的尺寸、形状变化，水泥浆的浓度和进浆量也应有所不同，一般稠度较低的浆液水灰比为 2∶1、1.5∶1、1∶1，而稠度较高的浆液水灰比应为 0.8∶1、0.75∶1、0.6∶1、0.5∶1 等。

根据施工需要，在浆液中适当掺入速凝剂或缓凝剂，以缩短或延长胶凝时间。

（2）C-S 浆液的特性

①胶凝时间：从十几秒到几十分钟可调节。浆液浓度是影响胶凝时间的重要因素。浆液中水玻璃含量越多，则胶凝时间越短。

②抗压强度：结石体抗压强度较高，高至 10MPa 以上，7d 左右几乎达到终期强度的 70%～90%。

（3）调节水泥浆配比的有关计算式

①任意水灰比条件下，配制一定水泥浆所需水泥和水量的计算公式如下：

$$W_c=\frac{d_c V_q}{1+d_c P}$$

$$W_w=PW_c$$

式中 W_c——水泥用量（kg）；

W_w——水的用量（kg）；

P——水灰比；

V_q——欲配浆液的体积（L）；

d_c——水泥的相对密度，通常为2.7～3。

②由稀变浓，需加入的水泥量计算公式如下：

$$\Delta W_c=\frac{P_1-P_2}{P_2}W_c$$

式中 ΔW_c——应加入的水泥量（kg）；

W_c——原浆中所含的水泥量（kg）；

P_1——原浆液的水灰比；

P_2——浓浆液的水灰比。

③由浓变稀，须加入的水量，计算公式如下：

$$\Delta W_w=\frac{P_2-P_1}{P_1}W_w$$

式中 ΔW_w——应加入的水量（kg）；

W_w——原浆液中所含的水泥量（kg）；

P_1——原浆液的水灰比；

P_2——稀释后浆液的水灰比。

5. 聚氨酯注浆材料

聚氨酯灌浆材料分为油溶性聚氨酯注浆材料、水溶性聚氨酯注浆材料和弹性聚氨酯注浆材料三类产品。产品执行《聚氨酯灌浆材料》（JC/T 2041—2020）标准。

（1）油溶性聚氨酯（OPU）注浆材料

该产品是以多异氰酸酯与多羟基化合物聚合反应生成的预聚体，再与增塑剂、溶剂、催化剂、表面活性剂、泡沫稳定剂、填充剂等配制而成的一种高分子注浆材料，双组分，以往俗称氰凝，可作注浆使用，更多地用于地坪涂层，起耐磨与抗冲击作用。21世纪初，单组分油溶性聚氨酯注浆材料问世。由于施工方便，很快得到同行的好评，占油溶性聚氨酯注浆市场90%以上。

聚氨酯浆液遇水发生化学反应而放出气体（CO_2），使材料发泡膨胀，渗入构筑物或地基裂隙中形成凝胶，最终固化成韧性物，体积增大，有一定强度，封堵孔洞裂隙，形成阻水屏障。异氰酸酯与水反应方程式如下：

$$2R-NCO+H_2O\longrightarrow RNHCONHR+CO_2$$

当聚氨酯浆液注入基体后，遇水即发生膨胀反应，分子链两端的—NCO基团与分子中的氨基甲酸酯发生支化和交联反应，使得分子不断增大，并生成空间网状结构的高分子物质，从而与基体结合成坚固、密实的固结体，形成堵水屏障。

单组分油溶性聚氨酯注浆材料一般由组合多元醇与多亚甲基多苯基异氰酸酯合成预聚体，注入基体后与水反应生成的固结体遇潮气2～3min就开始发泡。在基体裂缝中挤压出水，从而起到防水、堵漏、加固、补强作用。单组分油溶性聚氨酯注浆材料的性能如表2-44所示。

表2-44 单组分油溶性聚氨酯注浆材料的性能

项目	指标
密度（g/cm^3）	≥1.05
黏度（mPa·s）	≤1000
凝固时间（s）	≤800
不挥发物含量（%）	≥80
发泡率（%）	≥1000
抗压强度（MPa）	≥15

由于单组分油溶性聚氨酯具有无须现场配料，直接施工，操作便捷、形成韧性体等特点，因此受人欢迎，应用普遍。油溶性聚氨酯浆液与固结体基本性能，如表2-45所示。

表2-45 油溶性聚氨酯浆液与固结体基本性能

序号	项目	单位	指标
1	相对密度		1.057～1.125
2	黏度	Pa·s	0.02～0.09
3	凝聚时间	s～min	几秒到几分钟
4	固结体的体积膨胀		6～9
5	固结体的抗压强度	MPa	3～7
6	固结体的抗拉强度	MPa	0.56～1.2
7	与混凝土的粘结强度	MPa	0.2～0.7
8	抗渗压力	MPa	>0.4

双组分油溶性聚氨酯注浆材料品种较多，有氰凝、硅酸盐改性双组分聚氨酯油溶性注浆材料和双组分油溶性纯聚氨酯注浆材料（又分为阻燃型和非阻燃型两种）。

①双组分油溶性聚氨酯注浆材料（氰凝）：氰凝有T7-1、T7-2、TP-1、TM-2多种型号，在灌浆方面用得很少，也有用作地下工程墙体涂膜防水，但用作地坪涂层较多，具有防渗、耐磨与抗冲击效果。

②硅酸盐改性双组分油溶性聚氨酯注浆材料：一部分是多元异氰酸酯或合成的预聚体，另一部分是含有硅酸盐及助剂的固化剂。其是有机物与无机物相结合，固含量100%，不含挥发性物质，形成的固结体抗压强度达40～50MPa，并且具有良好的阻燃性能，材料成本不高，常用于矿井行业，起加固补强作用，但不宜用于酸性环境中。

③双组分纯油溶性纯聚氨酯注浆材料：通常白料组成为组合多元醇90～98份，助剂1～3份。理论固含量100%，不产生挥发物，安全环保。两个组分的配制都是在常温常压下进行的，注浆时采用双管气动注浆泵及空缩机配合灌注。可以用于防水堵漏与加固补强，但价格相对较高。

（2）水溶性聚氨酯（LW/WPU）堵漏剂

WPU是由环氧乙烷或环氧乙烷及环氧丙烷开环共聚的聚醚与异氰酸酯合成的单组分注浆材料。

WPU浆液遇水立即发泡膨胀，阻止水的流动，是优良的注浆堵漏止水材料，但无水时干缩，与基体粘结性较差，不能长期独立形成堵漏屏障，且固结体抗压强度较低。故在很多情况下，PU与WPU混合使用，有很强的止水性能、较好的堵漏效果。

①预制体的组分与参考配方见表2-46。

表2-46　预聚体组分与参考配方

材料名称	用量（g）
聚环氧乙烷（PEG）	100
甲苯二异氰酸酯（TDI）	98.3
二丁酯	75
二甲苯	75

注：以上为华东勘测设计院科研所研发的配方。

②WPU型浆液的参考配方见表2-47。

表2-47　WPU型浆液的参考配方

材料名称	用量（质量比）
预聚体	1
邻苯二甲酸二丁酯	0.15～0.5
丙酮	0.5～1
水	5～10

③WPU 浆液的特点

a. 浆液能均匀地分散或溶解在大量水中，胶凝后形成包有水的弹性体；

b. 结石体的抗渗性能好，一般在 10^{-6}～10^{-8}cm/s；

c. 胶凝时间在数秒至数十分钟之间调节；

d. WPU 与水混合后黏度低，可灌性好；

e. 结石体呈弹性状态；

f. 适用范围：适用于地下室、水池、水塔、人防工事、隧洞及矿井止水堵漏工程。

（3）弹性聚氨酯注浆材料

弹性聚氨酯主要由多异氰酸酯和多元醇反应而成的室温即可固化成弹性体的浆液，是固化后弹性好、强度高、粘结力强的柔性注浆材料。

弹性聚氨酯注浆材料的主要性能见表 2-48。

表 2-48　弹性聚氨酯注浆材料的主要性能

性能		1号	2号	3号
相对密度（34℃时）		1.021～1.029	1.027	1.04～1.05
黏度（20℃）（Pa·s）		0.078～0.114	0.054～0.083	1.012
拉断伸长率（%）		230～300	113～200	150
扯断拉伸强度（MPa）		11.7	0.5～7.6	6.2～7.5
扯断永久变形（%）		3～5	2～3	基本不变
压缩一半压缩强度（MPa）		3.8	—	—
压缩破裂强度（MPa）		>70	3.5～4.0	3.5～3.7
8字形试件粘结强度（MPa）	粘结面干燥	2.1～3.2	1.0左右	1.5～2.0
	粘结面潮湿	2.1～3.0	1.0左右	1.5～2.0
	粘结面有油污	2.1～3.0	1.0左右	1.0左右

弹性聚氨酯注浆材料主要用于变形缝与反复变形情况下的混凝土裂缝渗漏治理，效果比较理想。

6. 环氧树脂类注浆材料

环氧树脂作为注浆材料，始于 1962 年美国用环氧树脂修复混凝土裂缝，随后一些国家对这种注浆料展开了研究与应用探索，其应用范围越来越广。从混凝土裂缝修补，到基岩断层破碎带及泥化夹层的处理，以及软弱基础的加固补强等。

我国叶作舟先生于 20 世纪 80 年代初系统研究了环氧树脂注浆材料“中化—298 浆材”，经几年的探索开发，成功地应用于青海龙羊峡水电站、四川二滩前期开发工地与安徽陈村等地“泥化夹层”化灌浸透加固改造工程。其后中国科学院广州分院与长江科学院等单位的科技人员进一步深化研究了环氧注浆材料，促使我国环氧注浆料与施工工艺工法提升到新的发展水平，并扩大了材料的应用范围。环氧树脂注浆材料已成为我国防水堵漏行业普遍采用的新材料之一。

（1）材料组成及常用浆材品种

①主剂：环氧树脂 E-44（6101）、E-51。

②固化剂：多为脂肪胺、脂环胺、芳香胺、聚酰胺、酚醛胺（T-31）。

③稀释剂：常用丙酮、醛酮、糠酮。

④增韧剂：常用邻苯二甲酸二丁酯/二辛酯；大分子增韧剂聚硫橡胶/聚酰胺树脂。

⑤环氧促进剂（酚类）及填充剂。

环氧注浆材料按其稀释剂的不同，可分为非活性稀释剂体系、活性稀释剂体系和糠醛丙酮稀释剂体系三大类，现今使用广泛的是糠醛丙酮系环氧树脂注浆材料。

（2）环氧树脂浆材的配比见表 2-49。

表 2-49　环氧糠酮主液常用配比（质量份）

环氧树脂（E-44）	糠醛（工业用）	苯酚（工业用）
100	30	5
100	50	10
100	30	15

环氧糠酮浆液现场配制用量见表 2-50。

表 2-50　环氧糠酮浆液现场配制用量

浆液编号	主液（mL）	丙酮（mL）	过苯三酚（g）	半酮亚胺（mL）	黏度（Pa·s）
1 号	1000	68～58	0～30	288～308	0.2082
2 号	1000	138～125	0～30	260～286	33.4×10^{-3}
3 号	1000	192～178	0～30	266～294	18.1×10^{-3}
4 号	1000	260	0～30	316	

（3）环氧糠酮浆材的基本性能见表 2-51。

表 2-51　环氧糠酮浆材的基本性能

项目	性能	项目		性能
外观	棕黄色透明液体	固结体压缩强度（MPa）		58～80
相对密度	1.60	固结体拉伸强度（MPa）		8～16
黏度（Pa·s）	（10～20）$\times10^{-3}$	与混凝土粘结强度（MPa）	干粘	1.9～2.8
固化时间（h）	24-48		湿粘	1.0～2.0

环氧树脂牌号、固化剂品种、稀释剂用量、增塑剂品种用量等都会影响固结体的力学性能。

（4）湿固化环氧浆液

①基本原料组成

a. 混合树脂：由双酚A型环氧树脂、三聚氰酸环氧树脂与乙二醇缩水甘油醚按一定比例组成。

b. 潜伏性固化剂：酮亚胺。

c. 稀释剂、增塑剂、填料等。

②湿固化性环氧浆料的配方及其性能参见表2-52，环氧浆液固化后的性能见表2-53，湿固性环氧浆液的性能见表2-54。

表2-52 湿固化环氧浆液的配方（质量份）

混合树脂	丙酮	糠醛	二甲苯	酮亚胺	DMP-30	乙醇	水泥
100	30	30	—	30	10	1	3
100	—	—	30	30	10	1	3
100	—	—	30	30	10	1	3

表2-53 环氧浆液固化后的性能（单位：MPa）

压缩强度	抗伸强度	抗剪强度	与混凝土的粘结强度	弹性模量 MPa	混凝土的抗渗强度
40～60	20～40	8以上	4	2.2～3.0	0.8
15～25	—	—	3.5	—	—
35～50	15～20	—	3	—	—

表2-54 湿固性环氧浆液的性能

密度（g/cm³）	体积收缩率（%）	使用期（h，室温）	固化期（h，室温）	初始黏度（mPa·s）	压缩强度（MPa）	水泥抗拉粘结强度（MPa）	混凝土抗拉粘结强度（MPa）	混凝土抗渗性（MPa）
—	—	1	＜24	—	25	2.77	＞1.1	1.2
1.089	＜6	2	＜18	107.2	40	2.97	＞1.5	1.2
1.027	＜6	2	＜14	66.2	37.5	2.6	＞1.2	＞1.2

近一二十年来，我国科技工作者在降低浆材的黏度、提高湿粘强度、提升固结体的性能与耐久性及环保性能方面做了大量有益工作，开发出更为理想的非糠醛-丙酮体系注浆料，合成改性糠醛环氧注浆料与非芳香醛-丙酮环氧浆料和自乳化环氧注浆料。尤其是2006年后中科院广州化灌所在叶林宏教授的带领下研发出高渗透环氧注浆系列新产品，有效提升了环氧树脂注浆料及固结体的综合性能。人们在实践中，为了降低成本与提升性能，在浆液中掺混适量水泥、粉煤灰、膨润土或净砂，获得堵漏效果，是一种有益的探索。

7. 丙烯酸盐注浆材料

长江水利科学院、华东水利电力设计研究院、中铁第四设计研究院有关技术人员对这类材料有系统的研究，并成功解决了水电大坝、隧洞堵漏一些老大难问题。

上海东大化学有限公司开发的丙烯酸盐注浆材料是一种以丙烯酸单体为主剂，以水为稀释剂，在一定的引发剂与促进剂的作用下形成的一种高分子弹性体，不含有毒、有害成分，属环保型注浆材料。该材料黏度低、渗透力强、凝胶体具有很好的抗渗性、黏弹性及耐老化性能，可广泛应用于大坝水库、帷幕注浆，固结疏松土壤，用于隧洞及地下工程防渗堵漏。

该材料可单液灌注或双液灌注，灌注压力可采用 0.2～0.6MPa，固化时间可在 30s～10min 调节。

北京郎巍时代科技公司与上海隧道盾构工程公司研发了 AC-VE 化学灌浆材料，它是一种基于丙烯酸衍生物的双组分注浆材料，A 组分包括丙烯酸盐溶液、促进剂等，B 组分包括引发剂、调节剂等。浆液比例为 1：1，黏度低，像水一样，可灌性好，渗透力强，因此胶凝后形成不溶于水的柔弹性体。AC-VE 注浆材料的主要性能指标如表 2-55 所示。

表 2-55　AC-VE 注浆材料的主要性能指标

序号	项目		性能指标	实测标准
1	浆液	外观	微黄色透明液体	目测
2		密度（g/cm³）	约 1.4	GB/T 4472—2011
3		黏度（mPa·s）	<45	GB/T 10247—2008
4		pH 值	8～9	SL/T 352—2020
5		胶凝时间	可调控	可调控
6	固化物	断裂伸长率（%）	<400	GB/T 528—2009
7		渗透系数（cm/s）	3.01（±1）$\times10^{-9}$	GB/T 50123—2009
8		遇水膨胀率（%）	约 150	GB/T 18173—2012
9		施工温度（℃）	5～40	

南方某商场地下车库底板 600 多条裂缝渗漏水，长度约 1500m，采用 GASF 丙烯酸盐柔弹性凝胶体修缮。该材料的技术指标如表 2-56 所示。

表 2-56　GASF 丙烯酸盐的技术性能

项目	数值	参照标准
Gclacylsuperflcx		
密度	约 1.17kg/dm³	ASTM　1）-1638
黏度	15～20mPa·s（25℃）	ASTM　1）-1638
固含量	约 45%	ASTM　1）1010

续表

项目	数值	参照标准
沸点	100℃	DNC
水中溶解度	100%	DNC
催化剂 TE300		
浓度	约 85%	DNC
引发剂 SP200		
密度	约 1.9kg/dm^3	ASTM D-1638
水中溶解度	约 79%	DNC
缓凝剂 KF500		
浓度	约 10%	DNC
稀释液	清洁的自来水	
树脂凝胶固结后（在固含量为 22%的情况下）		
断裂延伸率	300%	ASTM638
遇水膨胀率	约 150%	DNC

丙烯酸盐是双组分注浆材料，适用于水利电力工程，隧洞工程和混凝土建（构）筑物的变形缝、施工缝、微细裂缝、裂隙、蜂窝缺陷的注浆处理，形成一种橡胶状、高延伸、不透水且遇水膨胀的水合凝胶，止水堵漏效果良好。

8. 丙烯酸·丁腈注浆材料

丙烯酸·丁腈注浆材料是丙烯酸丁腈共聚水胶体，原北京科技大学的科研成果，经过二三十年的深入研究，佛山伯马 PMA 胶液已在内蒙古、广东、湖南等地数百项工程注浆应用取得成功，深受用户青睐。湖南朱和平、叶天洪等技术人员在注浆实践中取得新的突破，他们无破损或微创快速治理厨卫间，当天施工当天竣工使用，主要秘诀就是灌注 PMA 水溶胶堵漏。

丙烯腈通过催化水合法或硫酸水解法，合成为固含量为 10%左右的丙烯酰胺水溶液，称为丙烯酰胺水胶体。催化水合法反应式为：

$$\underset{\substack{|\\ CN}}{CH_2=CH}+H_2O \xrightarrow{\text{骨架铜催化}} CH_2=CH-\overset{\substack{O\\ \|}}{C}-NH_2$$

$$nCH_2=CH\cdot CO\cdot NH_2 \xrightarrow[\text{聚合}]{\text{引发剂}} \left[\underset{\substack{|\\ CONH_2}}{CH_2-CH}\right]_n$$

聚丙烯酰胺是水溶性的高分子化合物，根据制造工艺与要求不同，有完全水解的聚丙烯酰胺，简称 PAM；有部分水解的聚丙烯酰胺，简称 PHP。

PAM 的分子式为$[CH_2CHCONH_2]_n$，相对分子质量为 150 万以上。

PAM固含量低，稠度高，相对分子质量大，具有低浓高黏的特性。PAM有一定的吸湿性，吸湿以后会产生再粘现象。PAM易溶于水，不溶于有机溶剂，在水中遇到无机离子（如Ca^{2+}、Mg^{2+}等）会产生絮凝沉降作用。PAM在日光下会自然聚合，久放曝晒使聚丙烯酰胺增稠降黏。PAM含有较活泼的酰胺基，呈线状旋曲排列，聚合后的链越长，相对分子质量越大。

原北京化工大学彭仕响先生等人，将PAM与丁腈共聚创新开发了新型化工材料，称为PMA，改善了分子团的结构，形成了三维网状体，从而提升了PAM的性能与质量，扩大了应用领域。

（1）PMA胶液的应用范围

PMA胶液的应用范围较广，用途是多方面的：

①20世纪70年代应用于纺织物上浆；

②20世纪80年代用作水中混凝土抗分散剂；

③21世纪防水行业用于注浆堵漏及渗漏工程维修治理。

（2）PMA胶液防渗堵漏机理

PMA胶液易溶于水，且有一定的吸湿性，遇水后增稠胶凝，阻挡水分子的通过。PMA在潮湿水泥基体中遇到无机离子Ca^{2+}、Mg^{2+}等会产生絮凝沉降作用，充盈堵塞水泥制品中的微孔小洞、细微裂纹及毛细管通道，促使建筑物构（部）件进一步密实。PMA中酰胺基团比较活泼，其分子链在凝胶物与沉降物中相互缠绕，形成枝蔓网状防水屏障，长久起着抗渗堵漏作用。

（3）PMA在防水行业的其他用途

PMA胶液掺混适量水泥与化学助剂，可配成界面剂、防水胶泥、防水砂浆，还可配成水下不分散的砂浆与不分散混凝土。

9. 丙烯酰胺类注浆材料（丙凝）

丙烯酰胺类注浆材料是以丙烯酰胺为主剂，添加交联剂、促进剂、引发剂按一定比例加水配制而成的。丙凝浆液分甲、乙两液，施工时分别用两种等量容积同时等压、等量喷射混合，合成丙凝浆液，注入渗漏部位，经引发、聚合、交联反应后，形成富有弹性且不溶于水及一般溶剂的高分子硬性凝胶。

（1）丙凝的组成

①主剂：丙烯酰胺，白色晶体，易溶于水，熔点86℃。

②交联剂：常用N，N′-亚甲基双丙烯酰胺。

③促进剂：三乙醇胺、硫酸亚铁。

④缓凝剂：常用铁氰化钾。

⑤引发剂：常用过硫酸铵。

⑥pH值为中性的水。

（2）丙凝溶液配合比见表2-57。

表 2-57 丙凝溶液配合比

溶液	名称与简称	作用	相对密度	用量			性质
				1号	2号	3号	
甲液	丙烯酰胺 AAm	主剂	0.6	11.4%	10%	9.5%	易吸湿，易聚合
	亚甲基双丙烯酰胺 MAMB 或甲醛溶液	交联剂	0.6	0.6%	1%	0.5%	与主剂交联
				—	—	1%	
	β二甲氨基丙腈 DMAPN 或三乙醇胺	促进剂	0.87	—	—	0.4%	稍有腐蚀性
				0.6%～1.2%	1%	0.4%	
	氯化亚铁或硫酸亚铁	强促进剂	1.93	—	0.4%	0.06%	易吸湿，易氯化
				—	—	0.06%	
	铁氰化钾	缓凝剂	1.89	—	—	0.06%	少水溶液会徐徐分解
	水		1	37.4%	37.6%	39%	
乙液	过硫酸铵 Ap	引发剂	1.98	0.6%	0.5%	0.5%	易吸湿，易分解
	水		1	49.4%	49.5%	49.5%	

注：①丙烯酰胺常用浓度为12%；②甲、乙两液按比例配制，以100L计量。甲液和乙液按1∶1等体积混合，常温下胶凝时间约3min。
实际使用时，丙烯酰胺：交联剂＝95∶5（质量比）。

（3）丙凝特性及应用范围

①浆液黏度低，渗透性好，能注入0.1mm以下的细微裂缝中，可在水压和潮湿的环境中凝聚。

②胶凝时间可在数分钟至几小时内调节，可在水速大、水量多的情况下迅速凝结。

③胶凝的抗渗系数为2×10^{-10}cm/s，几乎是不透水的。凝胶形成后，在水中还稍有膨胀（膨胀率为5%～8%），干缩后遇水还可以膨胀，能长期保持良好的堵水性能。

④丙凝胶不溶于水和煤油、汽油等有机溶剂，能耐酸、碱、细菌的侵蚀。

⑤具有一定的强度和较好的弹性与可变性。

适用于帷幕注浆及防渗处理工程。

丙凝有一定的毒性，配制与施工时工作人员应采取有效的防护措施。如已沾上粉末或溶液，应立即用水和肥皂洗涤。从环保与安全角度考虑，丙凝应慎用、限用。

纯丙凝其凝胶强度很低，平均压缩强度为0.35～0.45MPa。如果在丙凝中掺入适量水泥配成丙凝水泥浆，则可极大地改善其性能，可灌性与强度均可提升，如液灰比为0.6，3个月抗压强度可达10MPa；如液灰比为1，则28d抗压强度可达10.2MPa，一年可达12.3MPa。这种材料可用于堵漏补强工程。

10. 创新型注浆堵漏材料

(1) 水性聚氨酯-环氧互穿网络超细水泥复合注浆材料

中科院广州化灌工程有限公司杨云龙、陈绪港、曾娟娟、张文超、于方、吴龙梅等技术人员，创新将一种水性聚氨酯-环氧互穿网络超细水泥制成复合注浆材料。

该注浆材料的特点：①物理力学性能优良，且不含挥发性溶剂；②存储稳定性好，耐水性佳；③渗透性强，可灌性好；④相对纯化学注浆材料，性价比高。该材料浆液性能如表2-58所示。

表2-58 水性聚氨酯-环氧互穿网络超细水泥复合注浆材料性能

项目	标准值	实测值
浆液密度（g/cm^3）	≥1.00	1.05
初始黏度（mPa·s）	≤150	130
可操作时间（min）	≥30	45

该材料固结体性能如表2-59所示。

表2-59 水性聚氨酯-环氧互穿网络超细水泥复合注浆材料固化物性能

项目		标准值	实测值
抗压强度（MPa）		≥30	54
拉伸剪切强度（MPa）		≥5.0	7.6
抗拉强度（MPa）		≥10	23
粘结强度（MPa）	干粘结	≥3.0	3.2
	湿粘结	≥2.0	2.4
抗渗压力（MPa）		≥1.0	1.2
渗透性比（%）		≥300	400

测试试件龄期为28d。

该材料是一种优良的堵漏防渗注浆材料，可广泛应用于地上地下建（构）筑物裂缝渗漏的修复工程，也可用于帷幕注浆加固补强。

（2）无机注浆材料的创新与发展

无机灌浆材料包括水泥类、水泥-水玻璃类、水泥黏土类、水泥矿渣类、水泥粉煤灰类等，应用广泛，造价较低。我国工程技术人员在设计与工程实践中不断地创新，满足了工程需要，节省了工程造价。这方面的研究与应用趋势简介如下。

①土壤聚合物注浆材料：采用高岭石的黏土，经600～800℃煅烧后，形成具有一定反应活性的偏高岭土，内含有足量的可溶出 Al_2O_3，通过与硅酸钠搅拌均匀制成具有一定强度与较好性能的材料，用于路基加固和土体固结工程，使土路基承载能力大幅度提高。

②碱-高钛水渣-磷矿渣基胶凝材料：将矿渣粉磨至一定细度，加入一定量的水玻璃和氢氧化钠形成胶浆，灌注于岩土工程可形成强度高于62.5MPa的高性能结石体。

③碱激发矿渣注浆材料：将工业硅酸钠、碳酸盐矿、粒化高炉矿渣粉碎到一定细度配成浆液，黏度低，流动性好，稳定性好，渗透力强，单液注浆后结石体强度和固砂强度能达1～2MPa。

这方面的创新正朝着变废为宝、提高性能、降低成本方向发展。

（3）环保型聚氨酯灌注胶

环保型聚氨酯灌注胶：是端基为硅氧烷改性聚氨酯，施工时掺入20％～30％的橡胶颗粒，灌注后通过少量湿气固化形成良好的弹性网状结构。该灌注胶的主要性能指标如表2-60所示。

表2-60　新型环保型聚氨酯灌注胶性能表

项目		技术指标
密度（g/cm³）		≤1.5
表干时间（min）		≤150
不透水性		不透水
拉伸强度（MPa）		≥0.6
拉断伸延率（％）		≥190
耐老化性能（60℃，相对湿度80％，360h）	拉伸强度保持率（％）	95
	拉断伸长率保持率（％）	95
耐水浸泡性能（3级蒸馏水，23℃，7d）	拉伸强度保持率（％）	95
	拉断伸长率保持率（％）	95
耐臭氧老化（臭氧分压101MPa，40℃，相对湿度≤65％，含臭氧空气流速为12～16mm/s，168h）		无龟裂

该灌注胶不仅具有聚胺酯优良的耐磨性、粘结性、耐油性、形变适应性，还具备有机硅的无毒、无污染、使用寿命长等特点，还可降低注浆材料的成本。2016年成功应用于汉中龙岗大桥副塔上端锚室的密封防护施工中，收到良好效果。

（4）线性聚丙烯酸酯水性复合材料

为了解决现今注浆材料的缺陷，彭仕响先生研发了一种线性聚丙烯酸酯水性复合材料，解决了材料的施工时初始黏度高、在阴暗潮湿环境易氧化的问题。并提升了材料的自愈性、粘结力和附着力。

①材料组分

该材料由组分A和组分B组成，组分A、B按质量比（1～2）：1比例添加。组分A包括：聚丙烯酸酯乳液35%～45%；单水氢氧化锂0.1%～1%；氟碳表面活性剂0.1%～0.9%；二氧化硅溶液10%～20%；N-羟甲基丙烯酰胺20%～30%；阻聚剂0.01%～0.1%；余量为水。组分B包括：聚丙烯酸酯乳液40%～90%；过硫酸铵0.01%～0.1%；丙腈类助聚剂0.8%～1.5%；余量为水。本产品通过双组分氧化还原引发产生凝胶，灌注于缝隙和伸缩缝中，从而堵漏止水。

目前，建筑防水注浆堵漏材料有10余种，不少工程注浆后仍然出现大量重复渗漏，都是因为材料固化后缺乏可塑性，不能随着季节性建筑物裂缝、基体漏水环境等变化而变化，给施工方和业主造成重大损失和浪费。原因是这些材料大多是相对分子质量大、黏度高、可灌性差、堵漏性差。此外，现有不少注浆材料长期在阴暗潮湿处极易氧化，性能衰退很快。

②材料的制备

制备组分A

a. 二氧化硅加热至所需温度在锂化物的作用下产生电离子层并得到可交联的二氧化硅水溶液。

b. 将自制聚丙烯酸酯乳液加入反应器，将混合液搅拌4h。

c. 将混合液冷却至40℃以下，加入N-羟甲基丙烯酰胺继续搅拌直至完全溶解。

d. 搅拌熟化2h，加入阻聚剂并搅拌20min即得到组分A。

制备组分B

将聚丙烯酸酯乳液及全部的过硫酸铵和助聚剂溶解即成组分B。

将组分A与组分B按质量比为1：0.5～1比例添加，即得线性聚丙烯酸酯水性复合材料，固化时间可根据需要进行调整。

③线性聚丙烯酸酯的性能（表 2-61）。

表 2-61 线性聚丙烯酸酯的性能

项目	实施例 1	实施例 2	实施例 3
组分 A 与 B 混合比例	1∶1	2∶1	3∶1
7d 延伸率（%）	200	350	650
7d 抗渗压力（MPa）	0.6	1.2	2.4
初始黏度（涂-4）（s）	50	35	20
水浸泡 7d 膨胀率（%）	500	320	150
水浸泡 7d 试件外观	未水解	未水解	未水解

④应用范围

线性聚丙烯酸酯复合材料的主要用途：本产品遇水膨胀增稠，阻挡水的通过。主要用于建（构）筑物变形缝隙与水利电力堤坝工程及基础工程的缝隙注浆堵漏，起密实、加固与补强作用。

（5）增韧改性环氧裂缝灌注结构胶

为改进环氧注浆固结体的脆性，目前有不少人员进行了探究，也有很多文献报道，其中刚性粒子增韧是环氧树脂增韧主题中的重要一类。常用于环氧树脂增韧的无机刚性粒子主要有 SiO_2、$CaCO_3$、Al_2O_3、TiO_2、ZnO 和纳米黏土等。目前使用种类较多的主要有石英粉、碳酸钙、滑石粉、氧化铝等。

江苏苏博特新材料股份有限公司孙德文等技术人员，采用有机硅烷偶联剂氨丙基三乙氧基硅烷（KH550）对 800 目石英粉进行湿法处理表面化学修饰，再用表面化学修饰后的石英粉对环氧树脂进行改性，进而制备得到综合性能良好的环氧灌注结构胶，能使延伸率增大，弯曲强度、弯曲模量明显上升，提升材料的抗冲击性能和良好的抗渗性能，制备的结构胶综合性能最为优异，可用于裂缝的灌注。

环氧树脂增韧的方法一般有三种，一是物理改性，即在环氧树脂中添加橡胶弹性体、热塑性树脂、刚性粒子均匀混合形成复合材料；二是化学改性，在分子结构上引入柔性链段将环氧树脂或固化剂引入固化物网络中，降低交联密度，提高韧性；三是利用石墨烯（纳米碳材料）实现物理、化学双重改性环氧树脂，获得石墨烯/环氧树脂复合材料，较为明显地提升了环氧树脂的拉伸强度、抗剪强度、抗冲击剥离能力和抗压强度。

（6）环保型高渗透环氧树脂 YK-3H 化学灌浆材料

广州永科新材料科技有限公司与华南理工大学合作，本着绿色环保的理念，经过几年努力，于 2019 年研究成功去糠醛的高强度环保型环氧注浆新一代材料。

近几年中国水利水电科学院的科技人员，在精心研发去糠醛环保型环氧注浆料的基础上，掺加碳纳管，显著提高了固结体的强度和韧性，28d 抗压强度可达 90MPa 以上。

此外，甲凝类、木质素类、酚醛树脂类、呋喃树脂类、硅酮类等都可作注浆材料，但因多种原因在实际工程中应用很少，在此不再赘述。

2.4 保温隔热材料

——减少建（构）筑体热交换的功能材料

保温隔热材料一般为轻质、疏松、多孔或纤维状，品种繁多，按性质可分为有机保温材料、无机保温材料与复合保温材料；按形状可分为松散保温、板状保温和整体保温材料；按作用可分为屋面保温材料、墙体保温材料、楼（地）面保温材料和管（筒）保温材料等。常用的保温材料有膨胀珍珠岩、膨胀蛭石、石棉、岩棉、矿棉、玻璃棉、泡沫板、纤维板、泡沫混凝土、保温砂浆及聚氨酯硬泡体等。现今几种常用的品种如下。

2.4.1 聚苯乙烯泡沫板

聚苯乙烯泡沫板按加工方法与表观密度不同可分为模塑聚苯乙烯泡沫板（EPS）与挤塑聚苯乙烯泡沫板（XPS）。

EPS 板按密度不同分为Ⅰ类、Ⅱ类、Ⅲ类、Ⅳ类、Ⅴ类、Ⅵ类，长度、宽度为 1000～4000mm，厚度为 40～100mm。多数为白色。阻燃型为掺白颜色的颗粒。物理机械性能应符合表 2-62 的要求。

表 2-62　EPS 板物理机械性能（GB/T 10801—2002）

<table>
<tr><th colspan="2" rowspan="2">项目</th><th rowspan="2">单位</th><th colspan="6">性能指标</th></tr>
<tr><th>Ⅰ</th><th>Ⅱ</th><th>Ⅲ</th><th>Ⅳ</th><th>Ⅴ</th><th>Ⅵ</th></tr>
<tr><td colspan="2">表观密度　≥</td><td>kg/m³</td><td>15.0</td><td>20.0</td><td>30.0</td><td>40.0</td><td>50.0</td><td>60.0</td></tr>
<tr><td colspan="2">抗压强度　≥</td><td>kPa</td><td>60</td><td>100</td><td>150</td><td>200</td><td>300</td><td>400</td></tr>
<tr><td colspan="2">导热系数　≤</td><td>W/（m·K）</td><td colspan="2">0.041</td><td colspan="4">0.039</td></tr>
<tr><td colspan="2">尺寸稳定性　≤</td><td>%</td><td>4</td><td>3</td><td>2</td><td>2</td><td>2</td><td>1</td></tr>
<tr><td colspan="2">水蒸气透过系数　≤</td><td>ng/（Pa·m·s）</td><td>6</td><td>4.5</td><td>4.5</td><td>4</td><td>3</td><td>2</td></tr>
<tr><td colspan="2">吸水率（体积分数）　不大于</td><td>%</td><td>6</td><td>4</td><td colspan="4">2</td></tr>
<tr><td rowspan="2">熔结性[1]</td><td>断裂弯曲负荷　≥</td><td>N</td><td>15</td><td>25</td><td>35</td><td>60</td><td>90</td><td>120</td></tr>
<tr><td>弯曲变形　≥</td><td>mm</td><td colspan="3">20</td><td colspan="3">—</td></tr>
<tr><td rowspan="2">燃烧性能[2]</td><td>氧指数　≥</td><td>%</td><td colspan="6">30</td></tr>
<tr><td>燃烧分级</td><td colspan="7">达到 B_2 级</td></tr>
</table>

注：1）断裂弯曲负荷或弯曲变形有一项能符合指标要求即为合格。
2）普通型聚苯乙烯泡沫塑料板材不要求。

XPS板长度为1200mm、1250mm、2450mm、2500mm，宽度为600mm、900mm、1200mm，厚度为20mm、25mm、30mm、40mm、50mm、75mm、100mm。颜色多为蓝、绿、红、黄色。物理机械性能应符合表2-63的要求。

表2-63 XPS板物理机械性能（GB/T 10801.2—2002）

<table>
<tr><th colspan="3" rowspan="3">项目</th><th rowspan="3">单位</th><th colspan="10">性能指标</th></tr>
<tr><th colspan="8">带表皮</th><th colspan="2">不带表皮</th></tr>
<tr><th>X150</th><th>X200</th><th>X250</th><th>X300</th><th>X350</th><th>X400</th><th>X450</th><th>X500</th><th>W200</th><th>W300</th></tr>
<tr><td colspan="3">抗压强度</td><td>kPa</td><td>≥150</td><td>≥200</td><td>≥250</td><td>≥300</td><td>≥350</td><td>≥400</td><td>≥450</td><td>≥500</td><td>≥200</td><td>≥300</td></tr>
<tr><td colspan="3">吸水率
（浸水96h）</td><td>%（体积分数）</td><td colspan="2">≤1.5</td><td colspan="6">≤1.0</td><td>≤2.0</td><td>≤1.5</td></tr>
<tr><td colspan="3">透湿系数［(23±1)℃，相对湿度50%±5%］</td><td>ng/(m·s·Pa)</td><td colspan="2">≤3.5</td><td colspan="3">≤3.0</td><td colspan="3">≤2.0</td><td>≤3.5</td><td>≤3.0</td></tr>
<tr><td rowspan="2">绝热性能</td><td>热阻</td><td>厚度25mm时平均温度：
10℃
25℃</td><td>m²·K/W</td><td colspan="5">≥0.89
≥0.83</td><td colspan="3">≥0.93
≥0.86</td><td>≥0.76
≥0.71</td><td>≥0.83
≥0.78</td></tr>
<tr><td>导热系数</td><td>平均温度：
10℃
25℃</td><td>W/(m·K)</td><td colspan="5">≤0.89
≤0.83</td><td colspan="3">≤0.027
≤0.029</td><td>≤0.033
≤0.035</td><td>≤0.030
≤0.032</td></tr>
<tr><td colspan="3">尺寸稳定性
［(70±2)℃，48h］</td><td>%</td><td colspan="2">≤2.0</td><td colspan="3">≤1.5</td><td colspan="3">≤1.0</td><td>≤2.0</td><td>≤1.5</td></tr>
</table>

EPS板与XPS板均为闭孔结构，性能良好，适用温度不超过75℃，大量用于屋面与墙体保温隔热。

2.4.2 膨胀珍珠岩、膨胀蛭石及其制品

这类产品大量用于屋面找坡，南方多用膨胀珍珠岩，北方多用膨胀蛭石，它们不但质轻价廉，而且具有一定的保温隔热、吸声功能。其产品多数为松散颗粒/粉状，也有块体状制品。

珍珠岩是一种酸性火山玻璃质岩石，具有黄白、灰白、淡绿、褐棕、灰、黑等颜色。珍珠岩类内含结合水，当受高温作用时，玻璃质即由固态软化为黏稠状态，内部水由液态变为高压水蒸气向外扩散，使黏稠的玻璃质不断膨胀。膨胀的玻璃质如迅速冷却到软化温度以下时，则珍珠岩就变成了一种多孔构造的膨胀珍珠岩。

膨胀珍珠岩是珍珠矿石经过破碎、筛分、预热，在高温（1260℃左右）中悬

浮瞬间焙烧，体积骤然膨胀而成的一种白色或灰白色的中性砂状材料。颗粒呈蜂窝泡沫状，质量特轻。主要有保温、绝热、吸声、无毒、不燃、无臭等特性，其化学成分如表 2-64 所示。

表 2-64 膨胀珍珠岩的化学成分（%）

SiO_2	Al_2O_3	Fe_2O_3+FeO	CaO	MgO	K_2O	Na_2O	H_2O
70 左右	11～14	<1	2 左右	少量	4 左右	3 左右	4～6

膨胀珍珠岩的理化性能如表 2-65 所示。

表 2-65 膨胀珍珠岩的理化性能

项目		性能及指标	备注
表观密度（kg/m³）		40～300	
导热系数［W/（m·K）］	常温下	表观密度<180 时 <0.047	室温下，导热系数小。 50℃时，珍珠岩为<0.047
	高温下	0.058～0.17	
	低温（398～77°K）常压下	0.028～0.036	
耐火度（℃）		1280～1360	
安全使用温度（℃）		800	
吸水率（%） 15～30min		质量吸水率 400 体积吸水率 29～30	
耐酸、碱性		耐酸较强，耐碱较弱	
电阻率 （Ω·cm）		$1.95\times10^{9}\sim2.3\times10^{10}$	属绝缘材料
抗冻性 （干燥状态下）		－20℃时，经 15 次冻融， 颗粒粒质不变	

膨胀珍珠岩的用途很广：

（1）建筑物围护结构（如屋面、墙体）的保温隔热；

（2）工业管道及热设备的保温绝热，如锅炉管道的保温；

（3）工业设备耐高温材料，如窑炉耐火保温；

（4）低温及超低温保冷，如冷库保冷、钢铁塔低温混凝土保温；

（5）烟囱烟道内的保温、绝热防火；

（6）吸声板；

（7）憎水型膨胀珍珠岩制品。

膨胀珍珠岩绝热制品，执行《膨胀珍珠岩绝热制品》（GB/T 10303—2015），物理性能要求如表 2-66 所示。

表 2-66 物理性能要求（GB/T 10303—2015）

项目		指标	
		200 号	250 号
密度（kg/m^3）		≤200	≤250
导热系数［W/（m·K)］	(25±2)℃	≤0.065	≤0.070
	(350±5)℃	≤0.11	≤0.12
抗压强度（MPa）		≥0.35	≥0.45
抗折强度（MPa）		≥0.20	≥0.25
质量含水率（%）		≤4	

蛭石及其制品：

蛭石是一种复杂的铁、镁含水硅铝酸盐类矿物，是水铝云母类矿物中的一种矿石。蛭石经过晾干、破碎、筛选、煅烧、膨胀而成为膨胀蛭石。蛭石在850～1000℃温度下煅烧时，其颗粒单片体积膨胀20倍以上，许多颗粒的总的体积膨胀为5～7倍。膨胀后的蛭石，形成许多薄片组成的层状碎片（也可称颗粒），在碎片内部具有无数细小的薄层空隙，其中充满空气，因此表观密度极低，导热系数很小，耐火防腐，是一种很好的保温隔热、吸声材料。其物理性能如表2-67所示。

表 2-67 膨胀蛭石的物理性能

项目	指标或说明
表观密度	80～200（kg/m^3）
导热系数	0.047～0.07［W/（m·K)］
吸声系数	0.53～0.63（频率为512Hz）
隔声性能	当表观密度≤200kg/m^{3}时，$N=13.5\lg P+13$，当表观密度>200kg/m^{3}时，$N=23\lg P$，式中：N为隔声能力（dB）；P为蛭石表观密度（kg/m^3）
耐热耐冻性能	在−20～100℃温度下，本身质量不变
电绝缘性能	电阻率一般为（7～12）×10^4（Ω·mm^2/m），故不宜作为电绝缘材料
吸水性	很强，与表观密度呈反比，膨胀蛭石在相对湿度95%～100%环境下，24h后吸湿率为1.1%
变形性	膨胀蛭石压实后，有的弹性好，有的则被压紧一团。一般好的膨胀蛭石，应在300kPa压力下，弹力恢复仍有10%～15%
脆性	膨胀蛭石煅烧时，如超过恰当的膨胀温度，即行变脆，不宜使用
抗菌性	膨胀蛭石为无机物，因此不受菌类侵蚀，不腐烂、不变质、不易被虫蛀、鼠咬
耐腐蚀性	耐碱不耐酸，不宜用于有酸性侵蚀处

蛭石可与水泥、石灰和水拌和现浇成保温隔热隔声层。也可在工厂加工成水泥膨胀蛭石板/砖、水泥水玻璃膨胀蛭石板/砖、石棉硅藻土水玻璃蛭石制品、石棉蛭石制品、沥青蛭石制品等。以上制品可应用于屋面、墙体的保温、隔热、阻燃、隔声。

2.4.3 聚氨酯硬质泡沫塑料

聚氨酯类泡沫塑料用于建筑绝热方面的有两大类产品，一是喷涂聚氨酯硬泡体保温材料，二是工厂加工制成的柔性板材。

1. 喷涂聚氨酯硬泡体保温材料（SPF）

SPF是以异氰酸酯、多元醇（组合聚醚或聚酯）为主要原料，加入外加剂组成的双组分浆料，现场使用机械喷涂于基面发泡而成整体无缝硬质泡沫塑料层。质量轻，闭孔率92%～95%，有一定强度与延伸率。导热系数小，是一种有一定阻水功能的优良的保温隔热材料。材料执行《喷涂聚氨酸硬泡体保温材料》（JC/T 998—2006），产品的物理力学性能如表2-68所示。

表2-68 物理力学性能（JC/T 998—2006）

项次	项目		指标		
			Ⅰ	Ⅱ-A	Ⅱ-B
1	密度（kg/m^3）	≥	30	35	50
2	导热系数［W/（m·K）］	≤	0.024		
3	粘结强度（kPa）	≥	100		
4	尺寸变化率（70℃，48h，%）	≤	1		
5	抗压强度（kPa）	≥	150	200	300
6	拉伸强度（kPa）	≥	250	—	—
7	断裂伸长率（%）	≥	10		
8	闭孔率（%）	≥	92		95
9	吸水率（%）	≤	3		
10	水蒸气透过率［ng/（Pa·m·s）］	≤	5		
11	抗渗性（mm，1000mmH_2O，24h，静水压）	≤	5		

注：Ⅰ型用于墙体，Ⅱ-A型用于非上人屋面，Ⅱ-B型用于上人屋面。

SPF面层涂布一定厚度的耐候防水涂料，便成为保温防水一体化的防水保温屋面。

2. 工厂预制的硬质聚氨酯泡沫塑料板

在工厂利用异氰酸酯、多元醇与化学助剂经特种工艺制成的硬泡塑料板材称为硬质聚氨酯泡沫塑料板。它质量轻，导热系数低，是一种新型保温板材。产品按其用途分为两类，Ⅰ类适用于无承载要求的场合，Ⅱ类适用于有一定承载要求和压缩蠕变要求的场合。产品按燃烧性能分为B级、C级、D级、E级、F级，产品执行《建筑绝缘用硬质聚氨酯泡沫塑料泡沫》（GB/T 21558—2008），物理力学性能如表2-69所示。

表 2-69 板材产品物理力学性能

项目	单位	性能指标		
		Ⅰ类	Ⅱ类	Ⅲ类
芯密度 ≥	kg/m³	25	30	35
压缩强度或形变 10%的抗压强度≥	kPa	80	120	180
初期导热系数 平均温度（10℃，28d） ≤ 平均温度（23℃，28d） ≤ 长期热阻（180d） ≥	 W/（m·K） W/（m·K） m²·K/W	 0.026 供需双方协商	 0.022 0.024 供需双方协商	 0.022 0.024 供需双方协商
尺寸（长、宽、高）稳定性 高温（70℃，48d） ≤ 低温（-30℃，48d） ≤	%	 3.0 2.5	 2.0 1.5	 2.0 1.5
压缩蠕变 80℃，20kPa，48h ≤ 70℃，40kPa，7d ≤	%	—	5	5
水蒸气透过系数 （23℃，相对湿度梯度 0%～50%） ≤	ng/（Pa·m·s）	6.5	6.5	6.5
吸水率 ≤	%	4	4	3

产品主要用于屋面、墙体、冷库保温保冷。

2.4.4 金属面绝热夹芯板

夹芯板是指由双金属面和粘于两金属面之间的绝热芯材组成的自支撑的一类复合板材。主要适用于工业和民用建筑屋面、天花板，也可用于外墙/隔墙。产品执行《建筑用金属面绝热夹心板》（GB/T 23932—2009）。

金属面材：①彩色涂层钢板，公称厚度不得小于 0.5mm；②压制钢板，公称厚度不得小于 0.5mm；③其他金属面材应符合设计要求。

芯材：①EPS 板材应符合 GB/T 10801.1 的规定，阻燃型的密度不得低于 18kg/m³，导热系数不得大于 0.038W/（m·K）；XPS 板材应符合 GB/T 10801.2 的规定；②硬质聚氨酯泡沫塑料应符合 GB/T 21558 的规定，密度不得低于 38kg/m³，力学性能应符合Ⅱ类的规定；③岩棉、矿渣棉除热荷载收缩温度外，应符合 GB/T 11835 的规定，密度≥100kg/m³；④玻璃棉除热荷载收缩温度外，应符合 GB/T 13350 的规定，并且密度不得低于 64kg/m³。

金属夹芯板的防火性能：①燃烧性能规定按照 GB 8624—2008 分级；②耐火极限：岩棉、矿棉夹芯板，当夹芯板厚度≤80mm 时，耐火极限应大于 30min；当夹芯板厚度大于 80mm 时，耐火极限应≥60min。

金属夹芯板主要规格尺寸见表2-70。

表2-70 规格尺寸（mm）GB/T 23932—2009

项目	聚苯乙烯夹芯板		硬质聚氨酯夹芯板	岩棉、矿渣棉夹芯板	玻璃棉夹芯板
	EPS	XPS			
厚度	50	50	50	50	50
	75	75	75	80	80
	100	100	100	100	100
	150			120	120
	200			150	150
宽度	900～1200				
长度	≤12000				

金属夹芯板的传热系数见表2-71。

表2-71 传热系数 GB/T 23932—2009

名称		标称厚度（mm）	传热系数 U［W/（m^2·K)］
聚苯乙烯夹芯板	EPS	50	0.68
		75	0.47
		100	0.36
		150	0.24
		200	0.18
	XPS	50	0.63
		75	0.44
		100	0.33
硬质聚氨酯夹芯板	SPF	50	0.45
		75	0.30
		100	0.23
岩棉、矿渣棉夹芯板	RW/SW	50	0.85
		80	0.56
		100	0.46
		120	0.38
		150	0.31

续表

名称		标称厚度（mm）	传热系数 U［W/（m^2·K）］
玻璃棉夹芯板	GW	50	0.90
		80	0.59
		100	0.48
		120	0.41
		150	0.33

金属夹芯板主要应用范围：①公共廊道屋顶支撑、保温、防水三合一构件；②非上人屋面基层部件；③墙体外保温避水构件；④临时建筑屋顶承重、保温、防水三合一构件；⑤顶层隔热、保温吊顶板代用品。

2.4.5 岩棉、矿棉、玻璃棉及其制品

1. 岩棉及岩棉制品

岩棉是以精选的玄武岩为主要原料，经高温熔化加工制成的人造无机纤维。其具有质轻、导热系数小、不燃，化学稳定性好等特点。在岩棉中加入特制的胶粘剂，经过加工，即可制成岩棉板、岩棉缝板、岩棉保温带等多种岩棉制品，它是一种保温、隔热、吸声材料，还具有一定的强度与工作温度高的优点。广泛应用于建筑、石化、冶金、电力等行业。

建筑用岩棉绝热制品执行《建筑用岩棉绝热制品》（GB/T 19686—2015），基本物理性能要求如表2-72所示。

表2-72 岩棉制品基本物理性能要求（GB/T 19686—2015）

纤维平均直径（μm）	渣球含量（粒径大于0.25mm）（%）	酸度系数	导热系数（平均温度25℃）［W/（m·K）］		燃烧性能	质量吸湿率（%）	憎水率（%）	放射性核素	
			板	条				I_{Ra}	I_r
≤6.0	≤7.0	≥1.6	≤0.040	≤0.048	A级	≤0.5	≥98.0	≤1.0	≤1.0

2. 矿渣棉及矿棉制品

矿渣棉又称矿棉，是利用工业废料矿渣为主要原料，经熔化、高速离心或喷吹等工序制成的一种棉丝状的无机纤维材料，具有质轻、导热系数低、不燃、防蛀、耐腐蚀、化学稳定性强、吸声性能好等特点。但粗纤维对人体皮肤有刺痒的缺点，矿棉及其制品已被逐步淘汰。

3. 玻璃棉及制品

玻璃棉是一种定长玻璃纤维，一般纤维较短，在150mm以下或更短。一般

将玻璃棉加工制成玻璃棉毡与玻璃棉板。产品执行《建筑绝热用玻璃棉制品》(GB/T 17795—2008)，其导热系数、热阻、密度如表2-73所示。

表 2-73　建筑绝热用玻璃棉制品的导热系数、热阻、密度表

产品名称	常用厚度(mm)	导热系数［试验平均温度(25±5)℃］［W/(m·K)］不大于	热阻 R［试验平均温度(25±5)℃］(m²·K/W) 不小于	密度(kg/m³)
毡	50 75 100	0.050	0.95 1.43 1.90	10 12
	50 75 100	0.045	1.06 1.58 2.11	14 16
	25 40 50	0.043	0.55 0.88 1.10	20 24
	25 40 50	0.040	0.59 0.95 1.19	32
	25 40 50	0.037	0.64 1.03 1.28	40
	25 40 50	0.034	0.70 1.12 1.40	48
板	25 40 50	0.043	0.55 0.88 1.10	24
	25 40 50	0.040	0.59 0.95 0.19	32
	25 40 50	0.037	0.64 1.03 1.28	40
板	25 40 50	0.034	0.70 1.12 1.40	48
	25	0.033	0.72	64 80 96

2.4.6 泡沫混凝土、泡沫玻璃、泡沫塑料及其制品

1. 泡沫混凝土及其制品

将泡沫剂水溶液制成泡沫，再将泡沫加入水泥基混凝土混合料中，经混合搅拌、浇筑成的多孔轻质混凝土。其分为现浇泡沫混凝土与泡沫混凝土砌块/板材。工程中常用泡沫砌块砌筑围护墙、隔墙及屋面找坡隔热保温材料。砌块长度一般为400mm、600mm，宽度为100mm、150mm、200mm、250mm，厚度为200mm、300mm。砌块执行《泡沫混凝土砌块》（JC/T 1062—2007），对外观质量、抗压强度、密度、收缩值、导热系数及抗冻性均做出了明确规定。

2. 泡沫玻璃及制品

泡沫玻璃是指由熔化的玻璃粉或玻璃岩粉制成的，以封闭孔结构为主的一类硬质绝热材料，使用温度范围为－200～500℃。

工业绝热、建筑绝对领域使用的泡沫玻璃制品的外形分为平板、管壳、弧形板。产品执行《泡沫玻璃绝热制品》（JC/T 647—2014），建筑用泡沫玻璃制品的物理性能如表2-74所示。

表2-74 建筑用泡沫玻璃制品物理性能

项目		性能指标			
		Ⅰ型	Ⅱ型	Ⅲ型	Ⅳ型
密度允许偏差（%）		±5			
导热系数［平均温度（25±5)℃］/［［W/（m·K)］		≤0.045	≤0.058	≤0.062	≤0.068
抗压强度（MPa）		≥0.50	≥0.50	≥0.60	≥0.80
抗折强度（MPa）		≥0.40	≥0.50	≥0.60	≥0.80
透湿系数［ng/（Pa·m·s)］		≤0.007		≤0.050	
垂直于板面方向的抗拉强度（MPa）		≥0.12			
尺寸稳定性（70±2)℃，48h（%）	长度方向	≤0.3			
	宽度方向				
	厚度方向				
吸水量（kg/m^2）		≤0.3			
耐碱性（kg/m^2）		≤0.5			

3. 泡沫塑料

泡沫塑料是以树脂为基料，加入一定量的发泡剂、催化剂、稳定剂等辅材，经加热发泡而制成的一种新型轻质保温、隔热、吸声、防振材料。它的品类很多，均以所用树脂取名，如聚苯乙烯泡沫塑料、聚乙烯泡沫塑料、聚氯乙烯泡沫塑料、聚氨酯泡沫塑料、脲醛泡沫塑料、酚醛泡沫塑料、有机硅泡沫塑料、环氧树脂泡沫塑料等，其性能虽然有差异，但质轻，具有较好的保温、隔热、吸声特性，在工业生产、建筑行业及人们日常生活中应用较为广泛。

2.4.7 保温灰浆与保温砂浆

墙体外保温优越性很多，采用的保温材料也多种多样，但常出现开裂、剥离、掉落缺陷，修缮困难，人们盼望有一种墙体内保温方式。近 10 多年不少科技人员研发内保温灰浆与内保温砂浆，取得不少成果，但工程应用案例很少。鉴于外墙保温做法存在这样或那样的缺陷，而且维修困难，尤其是高层与超高层建筑的外墙保温隔热，人们存在很多顾虑，故很多人正在寻找外墙内保温隔热的新材料与新工艺工法。因此，期盼外墙内保温技术有新的突破与创新。

2.5 修缮材料选用的原则及应注意的问题

（1）性能可靠与耐久，应满足工程需要与设计要求。

技术性能指标应达到现有产品标准要求，非标产品不允许用于工程。材料必须经久耐用，使用寿命应与工程合理使用年限相适应，最低要求也必须达到工程质保期的承诺。

（2）绿色环保。

材料的生产、施工与使用中不对环境与人体产生伤害或毒害。

①防水卷材产品中不得添加持续性有机污染物，如多溴联苯（PBB）、多溴联苯醚（PBDE）等。

②产品中可溶性重金属的含量应符合表 2-75 的要求。

表 2-75 防水卷材产品中可溶性重金属的含量限值（HJ 455—2009）

重金属种类	mg/kg
可溶性铅（Pb） ⩽	10
可溶性镉（Cd） ⩽	10
可溶性铬（Cr） ⩽	10
可溶性汞（Hg） ⩽	10

③防水涂料产品中不得人为添加表 2-76 中所列的物质。

表 2-76　涂料产品中不得人为添加的物质（HJ 457—2009）

名称	物质
乙二醇醚及其酯类	乙二醇甲醛、乙二醇甲醚醋酸酯、乙二醇乙醚、乙二醇乙醚醋酸酯、二乙二醇丁醚醋酸酯
邻苯二甲酸酯类	邻苯二甲酸、二辛酯（DOP）、邻苯二甲酸二丁酯（DBP）
二元胺	乙二胺、丙二胺、丁二胺、己二胺
表面活性剂	烷基酚聚氧乙烯醚（APEO）、支链十二烷基苯磺酸钠（ABS）
酮类	3.5.5-三甲基-二环乙烯基-1-酮（异佛尔酮）
有机溶剂	二氯甲烷、二氯乙烷、三氯甲烷、三氯乙烷、四氯化碳、正已烷

④水性建筑防水涂料中有害物质含量应符合表 2-77 的要求。

表 2-77　水性建筑防水涂料中有害物质含量（JC 1066—2008）

序号	项目		含量	
			A	B
1	挥发性有机化合物（VOC）（g/L）	≤	80	120
2	游离甲醇（mg/kg）	≤	100	200
3	苯、甲苯、乙苯和二甲苯总和（mg/kg）	≤	300	
4	氨（mg/kg）	≤	500	1000
5	可溶性重金属（mg/kg）	铅（Pb）	90	
		镉（Cd）	75	
		铬（Cr）	60	
		汞（Hg）	60	

（3）材料要有一定的厚度。

众所周知，防水层的耐久性与防水材料的厚度呈正比关系。国家相关规范/规程对地下工程与地上工程按防水等级要求，对防水材料的厚度做出了规定。笔者认为某些规定不符合工程实际需要，笔者结合 47 年的所见所闻与实践，认为合适的厚度如表 2-78 所示。

表 2-78　柔性防水材料厚度（mm）参考表

防水材料品种	地下工程		地上屋面工程		
	Ⅰ级设防	Ⅱ级设防	Ⅰ级设防	Ⅱ级设防	临时设施（5 年内）
热熔改性沥青卷材	总厚≥7.0	总厚≥6.0	总厚≥8.0	总厚≥7.0	总厚≥4.0
自粘改性沥青卷材	有胎总厚≥7.0 无胎总厚≥4.0	有胎总厚≥6.0 无胎总厚≥3.5	有胎总厚≥7.0 无胎总厚≥4.0	有胎总厚≥6.0 无胎总厚≥3.5	总厚≥3.0

续表

防水材料品种	地下工程		地上屋面工程		
	Ⅰ级设防	Ⅱ级设防	Ⅰ级设防	Ⅱ级设防	临时设施（5年内）
高分子胶粘卷材	总厚≥3.5	总厚≥3.0	总厚≥3.5	总厚≥3.0	总厚≥1.5
高分子自粘卷材	总厚≥3.5	总厚≥3.0	总厚≥3.5	总厚≥3.0	总厚≥1.5
聚氨酯/聚脲涂膜	总厚≥3.0	总厚≥2.5	总厚≥3.0	总厚≥2.5	总厚≥2.0
高分子乳液涂膜	—	—	总厚≥3.0	总厚≥2.5	总厚≥2.0
非固化橡胶沥青涂膜	总厚≥4.0	总厚≥3.5	总厚≥3.5（二布四涂）	总厚≥3.0（二布四涂）	总厚≥2.0
喷涂速凝橡胶涂膜	总厚≥3.0	总厚≥2.5	总厚≥3.0	总厚≥2.5	总厚≥2.0
JS涂膜	—	—	总厚≥4.0	总厚≥3.5	总厚≥2.0

说明：①地上外墙采用丙烯酸酯涂膜1.5mm+防水砂浆。
②卫浴间地面采用聚氨酯涂膜≥2.5mm，墙面采用JS涂膜2mm+饰面瓷砖。
③防水层耐用年限应≥30年。

(4) 材料要有较好的阻燃性，耐火等级不低于B2级。

(5) 施工性好，不影响施工操作正常进行。

(6) 多采用地方性达标材料，节省长途运输费用。

(7) 选用材料应与原防水材料相容性好。

(8) 刚性、柔性防水材料宜复合使用，达到刚柔相济、优势互补的要求。

3

建筑缺陷常见症状及危害

地上、地下钢筋混凝土都是刚性体，有较好的抗压强度，有一定的抗拉、抗裂性能。但因多方面的原因存在无数微孔、小洞，孔隙率高达25%～40%。多种因素导致混凝土开裂，存在或多或少的裂缝，尤其在受力变形的环境下，裂缝日趋扩大与增多。混凝土的微孔与裂缝其直径大于4×10^{-10}m（水分子直径）时，能透过水分子，这就是混凝土发生渗漏的内在原因。

砖砌体、混凝土砌块、预制混凝土构件拼装、瓦屋面铺设、金属屋面安装都有拼接缝，这些缝隙是雨水的通道。如果密实密封不严，就导致渗漏。

建设工程发生渗漏，不同程度地影响生产经营与人们的工作和生活，严重时危及结构安全。

如何提高结构部件的密实性与抗裂功能，是建筑行业共同的责任。如何消除建筑缺陷导致渗漏，是建筑防水行业的责任所在。

人们所见的建筑缺陷是一些表观现象，透过现象看本质。应由表入里，分析缺陷产生的根源，探究消除缺陷的创新措施，是渗漏修缮部门的努力方向。

3.1 建（构）筑物普遍存在不同程度的渗漏及其危害

10多年前人民日报披露：我国屋面渗漏率达80%居高不下。

2013年北京零点调查公司公布：我国屋面渗漏率高达95.33%，地下工程渗漏57.51%。

有资料显示：我国隧道工程渗漏达六七成。

10年前有人揭示了“三个65%”，即65%的新建房屋二三年内发生渗漏，65%的屋面六七年需要翻修，建筑工程缺陷投诉65%是工程渗漏。

上述数据说明：我国建（构）筑物渗漏是比较严重的。建筑渗漏已成为社会六大公害之一。近几年经过努力渗漏率有所下降，但并未彻底根除渗漏。

建筑渗漏的危害是多方面的：

（1）工程渗漏，有些不能按时验收交房，影响工作与生活。2020年11月18日

《潇湘晨报》披露：长沙市雄海花园小区，已建房近20年，该小区770户有116户发生渗漏，渗漏面最小的为3m²，最大的为30m²。有屋面、阳台、外墙、卫浴间渗漏。雷女士家里有发霉的味道，去阳台要穿雨鞋，床头、天花板雨后晴天滴水。下雨的晚上在被子上放一个接水盆。有时雨水渗进电器插座，烧坏了几台洗衣机。10多年得不到解决，无奈之下搬去另一个小区居住，但没有彻底摆脱烦恼，其原因是物业管理规定：动用维修资金要征得2/3的住户同意。难也！苦也！

（2）影响邻里关系。

（3）20世纪70年代后期，海南石碌铁矿26个厂房屋面有24个渗漏。其中金工车间因渗漏停产，一年损失加工费达7万多元；大托铺机场修理车间因渗漏烧毁了电机而停产；安源二七纪念馆因渗漏导致暂停开放。

（4）有些地下室因渗漏而停用。中南电力勘测设计院地下室长期积水60～70cm深，无奈停用。

（5）工程渗漏损伤结构安全，危及使用寿命。

（6）渗漏造成重大经济损失：

美国每年花费90亿美元，用于解决渗漏造成的问题。

武汉长江三桥，10年中维修了24次。造成一定的经济损失。

我国某机部20世纪80年代，估计因屋面渗漏修缮每年耗资2亿元以上。

3.2 建（构）筑物常出现表面析白现象

析白现象俗称泛碱或起霜，是建筑物混凝土、砂浆与砌体表面常发生的现象。甘肃省定西地区建设工程质监站陈利清与甘肃省定西地区建筑勘察设计院赵启雄于1993—1996年研究了这类问题。他们检查的488项工程中，建筑表面发生析白现象的高达36.48%。

泛碱析白的原因：析白物质主要成分为$CaCO_3$、$Ca(OH)_2$、Na_2SO_4、$CaSO_4$、Na_2CO_3、K_2CO_3等。其原因有六个：①施工搅拌用水含有可溶性盐类，或原材料中可溶性成分溶于搅拌水中，随着硬化体的干燥硬化而产生析白现象。材料干燥硬化后，由于养护用水中含有可溶性盐类或养护水、雨水、地下水的浸入，使材料中的可溶性成分再溶解，再干燥析出；②当集料中含有可溶性氧化物，或空气中的SO_2、CO_2等溶于搅拌用水，养护用水、地下水或雨水浸渍建筑物内或表面时，则会生成$CaCO_3$、$CaSO_4$等而产生析白；③水泥中的游离CaO与水反应及水泥中主要矿物成分硅酸盐水化后，均产生$Ca(OH)_2$，继而与空气中的CO_2作用，即生成$CaCO_3$。另外，水泥中的Na_2O、K_2O与水反应生成NaOH、KOH，再与空气中的CO_2作用则产生Na_2CO_3、K_2CO_3而产生析白现象；④可溶性的无机类外加剂，如钠盐、钾盐等，大多易引起析白现象的发生，因为无机盐类外加剂溶解于水生成弱碱，并与空气中的酸性氧化物反应，会产生 Na_2CO_3、Na_2SO_4、K_2CO_3 和 K_2SO_4 等析白物质；⑤潮湿环境容易发生析白现象：楼梯口、过道口及施工洞口等地方由于空气流动产生的风较大，以及阳光照不到的背阴位置，特别在 5℃以上低温、严寒的冬季最易产生，在温度较高的季节或冬季日照面，由于气温较高（在 5℃以上），水分在材料内发生蒸发，可溶性成分大部分未及时带出表面便在材料内部析出，所以较少发生。因此，析白现象虽然一年四季均存在着发生的可能性，但以冬季低温风大时在比较潮湿的背阴面最为常见；⑥与砌块的烧成温度低（1000℃以下）且吸水率大（>5%），抗冻融性差的砖砌体时易发生析白现象；内部多孔、抗渗性差，可溶性成分极易迁移，均容易发生析白现象。

建筑物表面析白，有损于外表的外观，影响工程观感质量，影响基层与装修的粘结质量，甚至还会造成质量事故，延长交工时间，如 488 项工程，影响观感质量的占 20.9%，延长交工时间占 11.47%，还有 4.92%的进行返工修补。因此，应重视建筑析白的缺陷消除。

3.3 建筑部件、构件缺棱掉角，建筑物表面疏松起砂

构部件缺棱掉角，多数是构件脱模、搬运或吊装时的碰撞造成的损伤。一般清理干净后，刷一道界面处理剂，再涂抹环氧树脂砂浆修补规整，并保养到位。必要时粘贴碳纤维增强。

建筑物表面酥松起砂的原因基本上归纳为两种，一是高温炎热时段粉抹找平的水泥砂浆标号偏低与养护不当或根本没有湿养造成，因炎热时段，砂浆未固结以前，水分蒸发过快，影响胶粘剂与基面粘牢和自身砂浆缺胶抱团，彼此粘结强度不高，加上缺水养护，导致砂浆层强度低，砂粒松散，多相分子之间范特力薄弱，故砂浆层酥松起砂。二是寒冷地区或严寒地区，在 5℃以下环境中拌制水泥砂浆与粉抹水泥砂浆，水泥水化反应偏慢，一遇寒霜冷气或风雪便结冰肿胀，体积增大 7～10 倍，导致砂浆层冻伤而酥松起砂。

表面酥松起砂时，不允许在此基面上做防水卷材或涂膜防水，因为酥松砂浆变成了隔离层，防水卷材与涂膜没有与坚实结构层黏附、啮合。必须铲除酥松层再做防水层，也可用强力胶水固结砂浆后再做防水层。

3.4 碱-集料反应

水泥中碱性氧化物与活性氧化硅之间发生化学反应，在集料表面生成了复杂的碱-硅酸凝胶体，称为碱-集料反应。生成的凝胶体是无限膨胀性的，由于凝胶体为水泥石所包围，当凝胶体吸水不断肿胀时，会把水泥石胀裂，对混凝土十分有害。

因此，应选择碱含量小于0.6%的水泥，采用含量低的活性氧化硅集料或在混凝土中掺加某些产生气体的外加剂（如铝粉、加气剂、塑化剂）来降低膨胀。

3.5 混凝土的碳化

混凝土碱度降低的过程称为混凝土碳化。

混凝土的碳化作用是二氧化碳与水泥石中的氢氧化钙作用，生成碳酸钙和水，反应式如下：

$$Ca(OH)_2 + CO_2 = CaCO_3 + H_2O$$

碳化过程是CO_2由表及里向混凝土内部逐渐扩散的过程。碳化对混凝土性能既有有利的影响，也有不利的影响。碳化使混凝土碱度降低，减弱了对钢筋的保护作用，可能导致钢筋锈蚀。碳化将显著增加混凝土的收缩。碳化使混凝土的抗压强度增大，抗拉、抗折强度降低。

3.6 混凝土的冻胀破坏

混凝土在寒冷地区，特别是在接触水又受冻的环境下，混凝土内部的孔隙和毛细管充水结冰，体积可膨胀9%左右，产生相当大的压力作用在孔隙、毛细管内壁，使混凝土发生破坏，反复冻融，造成混凝土内部细微裂缝，并逐渐增长、扩大，混凝土强度逐渐降低，表面开始剥落、疏松，失去抗渗功能。

3.7 “壁癌”的危害与治理

“壁癌”是由于墙体受潮后，水分子与水泥硅酸盐发生化学反应，生成白色结晶盐，或与内墙腻子结合出现粉化或体积膨胀，撑开墙面涂膜或壁纸的现象，往往伴随霉菌孢子滋生，会反复发作，工程界无法找出一劳永逸的防治方法，故称为“壁癌”。

“壁癌”破坏建筑物美观，引起内墙乳胶漆发霉并滋生霉菌；侵蚀墙体，腐蚀钢筋，严重时导致水泥砂浆局部塌陷塌落。海南红杉科创实业有限公司科技人员经多年努力，研发出一种独具特色的防潮涂料——环氧树脂改性天然大豆油。从室内涂抹潮湿部位，阻隔水分子通过，形成致密的阻水防腐涂膜，根治壁癌。

4

建筑修缮必备机具及工装设备

4.1 常用工具机具

（1）榔头（有些地方称锤子）：常用6～8磅，如图4-1所示。

（2）钢錾：有圆形尖錾与扁形钢錾，如图4-2所示。

（3）小平铲（油灰刀）：刃口宽度有25mm、35mm、45mm、50mm、65mm、75mm、90mm、100mm，刃口厚0.4mm（软性）与0.6mm（硬性）之分，如图4-3所示。

图4-1 榔头

图4-2　钢錾

图4-3　小平铲

（4）拖布（有些地方称洗把、拖把），如图4-4所示。

（5）扫帚：有棕帚、竹帚、尼龙塑料帚，如图4-5所示。

（6）钢丝刷，如图4-6所示。

（7）钢抹子，如图4-7所示。

（8）铁桶、橡塑桶，如图4-8所示。

（9）油漆刷、滚刷，如图4-9所示。

图4-4　拖布

图4-5　扫帚

图4-6　钢丝刷

图 4-7 钢抹子

图 4-8 铁桶、橡塑桶

图 4-9 油漆刷、滚刷

（10）小压辊，如图 4-10 所示。

（11）手动打胶枪，如图 4-11 所示。

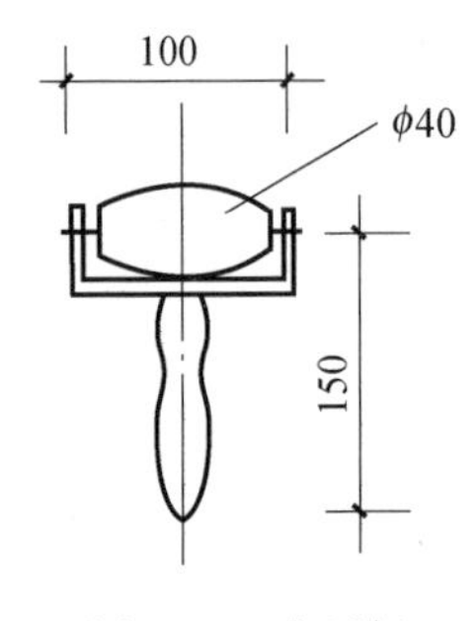

图 4-10 小压辊

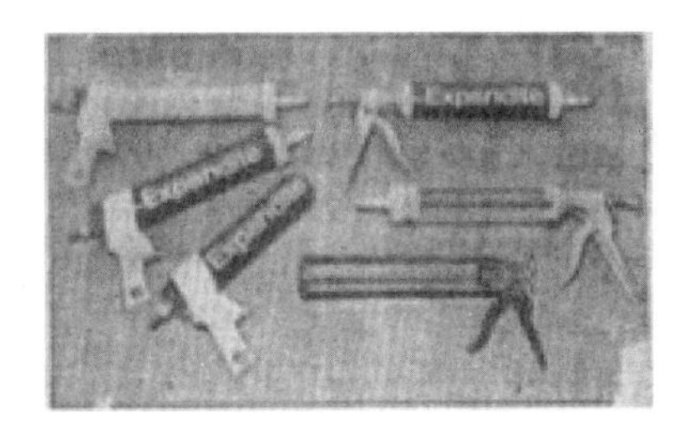

图 4-11 手动打胶枪

（12）胶皮刮板、铁皮刮板，如图 4-12 所示。

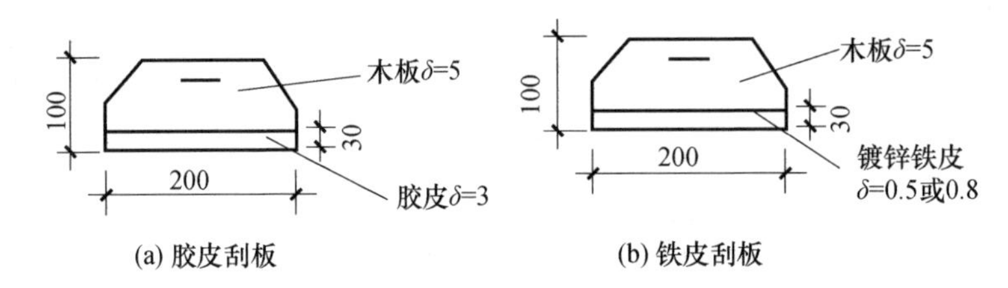

图 4-12 胶皮（铁皮）刮板

（13）长柄刷，如图 4-13 所示。

（14）镏子，如图 4-14 所示。

（15）气动挤胶枪，如图 4-15 所示。

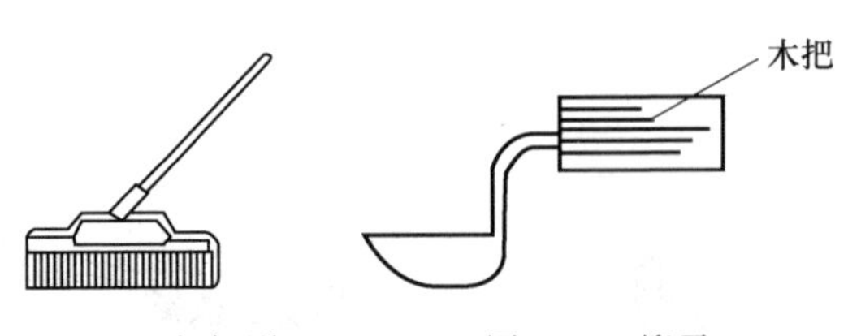

图 4-13 长柄刷

图 4-14 镏子

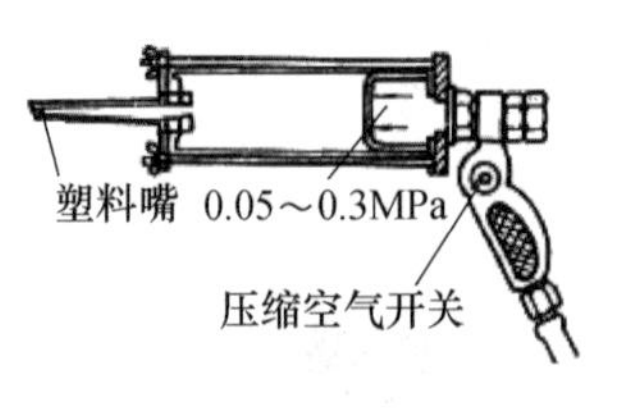

图 4-15 气动挤胶枪

(16) 磅秤：15～50kg，如图 4-16 所示。

(17) 电子秤，如图 4-17 所示。

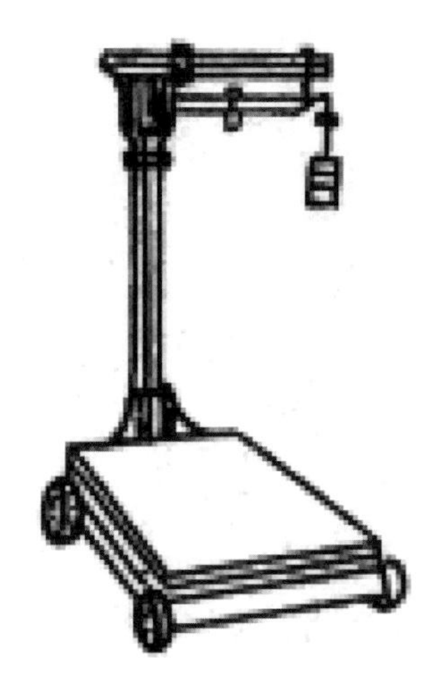

图 4-16 磅秤

图 4-17 电子秤

(18) 皮卷尺：50m，如图 4-18 所示。

(19) 钢卷尺：2000mm，如图 4-19 所示。

(20) 手动电钻，如图 4-20 所示。

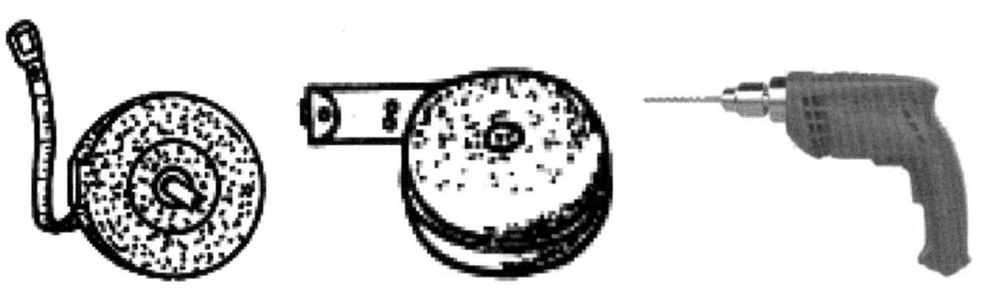

图 4-18 皮卷尺　图 4-19 钢卷尺　图 4-20 手动电钻

(21) 电动吹尘器、吸尘除湿器，如图 4-21、图 4-22 所示。

图 4-21 电动吹尘器

图 4-22　吸尘吸湿器

以上工具机具数量视工程量大小与进度要求及劳力多少决定。

4.2　常用注浆机械设备

1. 手掀泵（图 4-23）

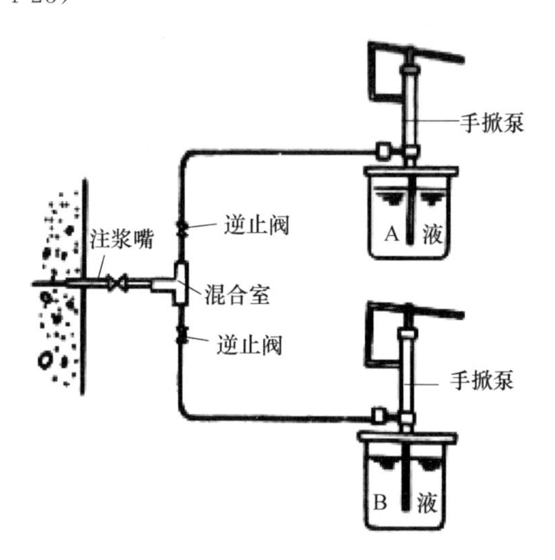

图 4-23　手掀泵注浆示意

2. 风压注浆设备（图 4-24）

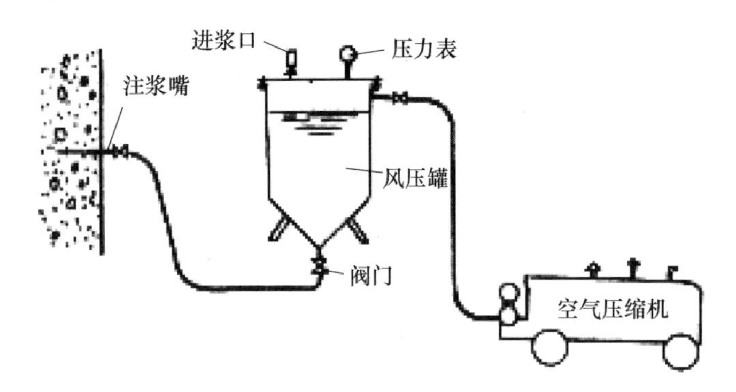

图 4-24 风压注浆系统示意

3. 气动注浆设备（图 4-25）

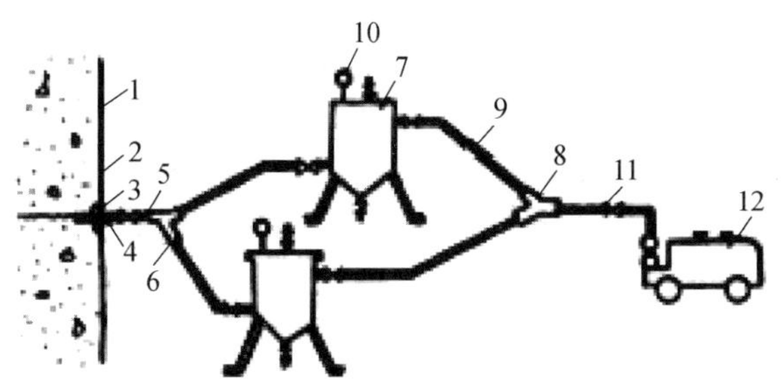

图 4-25 气动注浆设备

1—结构物；2—环氧胶泥封闭；3—活接头；4—注浆嘴；5—高压塑料透明管；6—连接管；7—密封贮浆罐；8—三通；9—高压风管；10—压力表；11—阀门；12—空气压缩机

4. 电动注浆设备（图 4-26）

图 4-26 电动注浆机

5. 意大利注浆机（图 4-27）

图 4-27　意大利注浆机

6. 广东某公司使用的堵漏注浆设备（图 4-28）

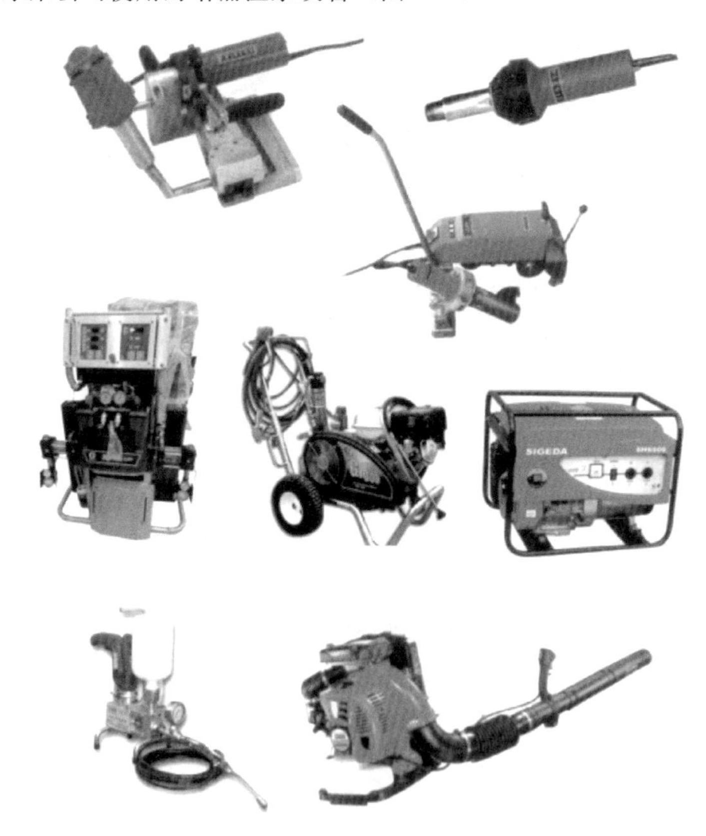

图 4-28　堵漏注浆设备

7. 重庆华式泵系列设备

（1）HS-GJ300 高速制浆机（水灰比 0.4），如图 4-29 所示。

（2）HS-GJ300W 高速制浆机（新桥规，水灰比 0.25），如图 4-30 所示。

图 4-29 HS-GJ300 高速制浆机

图 4-30 HS-GJ300W 高速制浆机

（3）HS-WB2 型卧式注浆泵：锚杆、锚索注浆，固结、回填注浆，如图 4-31 所示。

（4）HS-JB2 型带搅拌注浆泵：搅拌灌注一体化，如图 4-32 所示。

（5）HS-B5 型注浆泵：锚索、锚筋桩注浆，固结、回填注浆，如图 4-33 所示。

图 4-31 HS-WB2 型卧式注浆泵

图 4-32 HS-JB2 型带搅拌注浆泵

图 4-33 HS-B5 型注浆泵

(6) HS-BP2 型喷浆泵：预拌砂浆及现场搅拌砂浆喷涂，如图 4-34 所示。

(7) HS-BP5 型喷浆泵：预拌砂浆及现场搅拌砂浆输送和喷涂，如图 4-35 所示。

(8) HS-B02 型注浆泵：防水加固、化学注浆，如图 4-36 所示。

图 4-34　HS-BP2 型喷浆泵

图 4-35　HS-BP5 型喷浆泵

图 4-36　HS-B02 型注浆泵

(9) HS-B03 型注浆泵：防水加固，化学注浆，防盗门注浆，如图 4-37 所示。

(10) HS-B1 型注浆泵：土钉、锚杆注浆，小型固结、回填注浆，如图 4-38 所示。

图 4-37　HS-B03 型注浆泵

图 4-38　HS-B1 型注浆泵

(11) HS-B2 型注浆泵：锚杆、管棚注浆，固结、回填注浆，如图 4-39 所示。

(12) HS-XB5 型自吸式灌浆泵：基础灌浆、桥梁压浆、污水污泥输送，如图 4-40 所示。

图 4-39　HS-B2 型注浆泵

图 4-40　HS-XB5 型自吸式灌浆泵

(13) HS-XB8 型自吸式灌浆泵：基础灌浆、桥梁压浆、污水污泥输送，如图 4-41 所示。

图 4-41 HS-XB8 型自吸式灌浆泵

4.3 JHPU-111B235 型聚氨酯喷涂与浇注设备

JHPU-111B235 型聚氨酯喷涂与浇注设备如图 4-42 所示。

图 4-42 JHPU-111B235 型聚氨酯喷涂与浇注设备

4.4 浙江省永康市步帆防水灌注喷涂设备厂创新发展的注浆喷涂设备

浙江省永康市步帆防水灌注喷涂设备厂创新发展的注浆喷涂设备如图 4-43 所示。

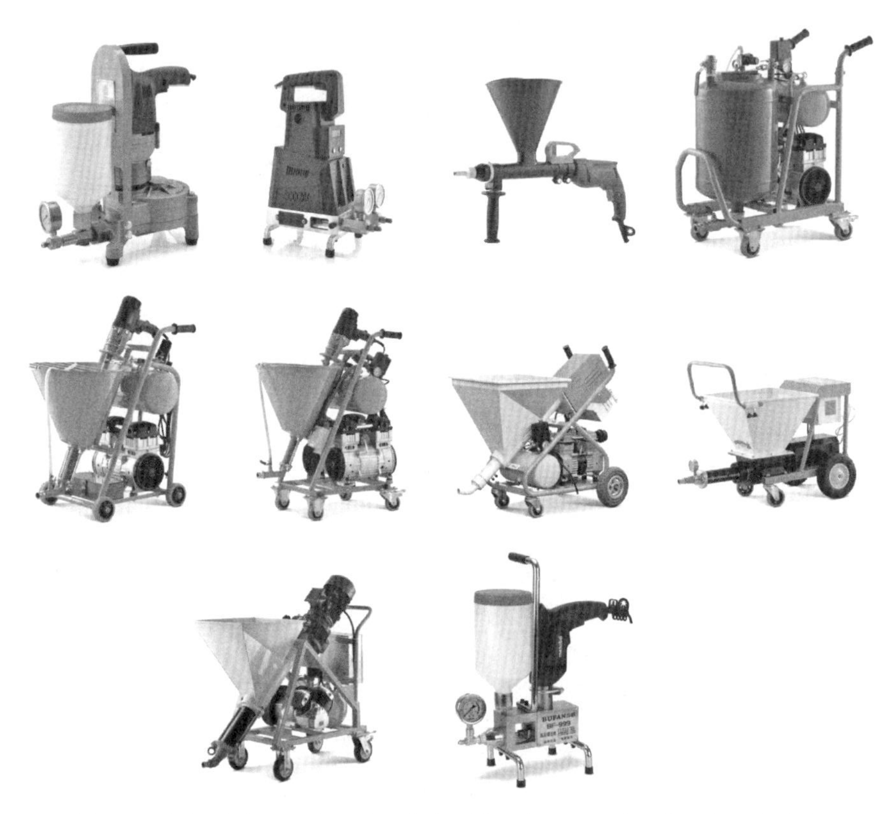

图 4-43 浙江省永康市步帆防水灌注喷涂设备厂创新发展的注浆喷涂设备

4.5 其他防水修缮机械设备

1. 切割分格缝机械

切割分格缝机械如图 4-44 所示。

2. 密封膏嵌缝机械

密封膏嵌缝机械如图 4-45 所示。

图 4-44 切割分格缝机械

图 4-45 密封膏嵌缝机械

3. 沥青橡胶油膏气动灌注机

沥青橡胶油膏气动灌注机如图 4-46 所示。

图 4-46 沥青橡胶油膏气动灌注机

4. 热熔改性沥青卷材多头喷枪

热熔改性沥青卷材多头喷枪如图 4-47 所示。

5. 东方雨虹科技公司研发的改性沥青卷材轻型自动摊铺机

东方雨虹科技公司研发的改性沥青卷材轻型自动摊铺机如图 4-48 所示。

图 4-47 多头喷枪

图 4-48 改性沥青卷材轻型自动摊铺机

（重 170kg，施工效率 3～10m/min）

5

建筑缺陷检测方法与设备

5.1 危房鉴定

房屋偏斜、梁柱受力构件出现严重破损、墙体多处明显开裂、屋架出现明显破损等缺陷，影响正常生产与生活。应该请危房鉴定专业公司进行勘查、检测，编制治理方案，并通过专家论证，然后采取有效措施治理缺陷。湖南建筑科学院、湖南大学土木学院设有专人专门机构承担此项任务。防水保温防腐装饰公司可配合修缮。

5.2 渗漏检测

5.2.1 渗漏检测主要内容

屋面渗漏现场踏勘，先从室内观察顶板、墙面渗漏状况，并做标志与记录。然后登上屋顶，观察防水层的破损状况与排水情况，并做记录。在明显缺陷处做出标志；地下工程渗漏主要从地下空间观察顶板、墙柱、地面的渗水状况，做好记录并做标志，并观察排水沟、集水坑的排水状况；桥梁、道路、隧洞渗漏主要观察结构体的开裂情况、节点渗漏情况、拉筋头根部锈蚀或渗水情况、变形缝的渗漏状况及排水沟现状；水库、湖池渗漏主要了解渗水部位与渗水量，并做勘查记录。

5.2.2 渗漏量的测定方法

1. 基面含水率不大于 9%的检测方法

$1m^2$ 左右基面，清扫杂物后，空铺一层改性沥青卷材或塑料薄膜，常温下静置

2～3h，揭开后基面无湿渍，铺盖物内表面无水珠，即可认为基层含水率不大于9%。

2. 地下工程底板表面渗水裂缝的检测方法

基面清扫干净后，肉眼看不到渗水裂缝准确位置，则撒干粉（水泥或石灰），静置10min以上，出现湿痕处则是渗水缝隙。

3. 渗漏基面的识别

将基面清扫干净，撒铺一层水泥或石灰，静置10min以上，出现湿痕面，可断定面渗范围。

4. 渗漏水量规定

德国STUVA规定：关于100m区间的渗漏水量是10m区间的1/2和1m区间的1/4；我国规定：地下工程采用任意100m^{2}防水面积上的渗漏水量为整个工程渗水量的2倍。

5. 隧道渗漏量

（1）设临时围堰储水检测。

（2）隧道上半部的滴漏和连续渗漏，可直接用有刻度的容器收集量测，或用有密封缘口的规定尺寸方框，安装在规定量测的隧道内表面，将渗漏水导入量测容器，然后计算24h的渗漏水量。

（3）隧道上半部若登高或检测器具有困难时，可通过目测计取每分钟或数分钟内的滴落数目，计算该点的渗漏水量。通常当滴流速度为3～4滴/min时，24h的渗水量就是1L。当滴落速度大于300滴/min时，则形成连续线流，用接水容器收集计算渗水量。

6. 不间段流水量

可安装水表检测。

7. 水压检测

（1）安装水压计检测。

（2）根据水头计算水压。

两者比对后确定水压。

8. 喷射水的水速、水量的检测

喷射水的水流速度与水量，采用水工检测仪测定。

5.3　保温功能衰减检测

（1）干燥新保温层在实验室标准条件下，检定导热系数。

（2）同一保温层吸水饱和时检测导热系数。

（3）同一保温层在自然条件下使用，每季末检测一次导热系数。

（4）将三年每季度导热系数制成图表进行对比分析。

5.4 湿区探测方法

（1）红外线检测仪成像分析，可销定湿区范围。

（2）超声波探测仪波动脉冲图分析，可销定湿区范围及深度。

6

建筑修缮方案的确定及施工工艺

6.1 做好现场勘查

现场勘查的主要内容和要求如下：

（1）工程所在位置周围的环境：100m 以内的河流、湖泊、池塘的蓄水状况及对工程抗渗防水的影响；交通运输条件，材料垂直输送与水平输送条件；当地的气候特点，夏热冬冷情况及天然雨、雪、风状况；地下水的有害成分等。

（2）屋面防水层、保温层、保护层的破损情况。

（3）渗漏水发生的部位、现状、细部防水构造现状。

（4）防水卷材、涂膜、密封胶的拉裂、剥离、翘边、龟裂、腐烂与积水情况及老化状态。

（5）地下工程的积水、通风、排水情况，屋面排水情况。

（6）防水层表面龟裂、开裂、鼓泡及粉化状况。

（7）变形缝、施工缝、拼接缝、分格缝的渗漏水情况及缝距合理性的判断。

（8）屋面渗漏宜在雨后进行查看，地下工程宜在丰水时段查看。卫浴间、楼面可淋水、蓄水后勘查。

（9）穿墙管（洞）、模板拉筋根部渗水、锈蚀的观察。

（10）所有勘查均应做好记录、摄像、标记，绘制图表。

6.2 维修方案的设计

6.2.1 设计前应收集与分析下列资料

（1）原防水设计方案、施工方案、施工检查记录及验收资料。

（2）现场勘查记录、摄像、图表。

（3）防水、防腐、保温材料筛选与乡土资源调研分析。

（4）施工队伍的物质、技术条件。

（5）业主的要求及经济条件。

（6）编制修缮方案初稿。

（7）邀请相关管理人员、技术人员与专家进行座谈、审改，并论证设计方案的可行性与可靠性。

（8）正式编制工程修缮方案，报业主与原设计单位同意后，做出施工组织设计（施工方案），业主同意后实施。

6.2.2 编制渗漏修缮方案的主要内容

（1）确定工程防水等级，明确工程合理耐用年限。

（2）明确认定工程属局部维修或整体翻修。

（3）细部修缮措施及施工详图。

（4）选用材料的主要理化性能要求。

（5）防水层的构造及大样图。

（6）基层处理措施。

（7）施工工艺及注意事项。

（8）综合考虑工程防水、保温、防腐及装饰多方面因素的协调。

（9）修缮中的安全措施、文明施工措施及环保措施。

（10）工程修缮的造价概算。

6.2.3 施工队伍的选择

10万元以下造价的工程，由业主自行选定可信的施工公司或有一定经验的专业工人承担防水修缮施工；大于10万元造价的修缮工程，应向社会公开招标，公平公正优选有资质的专业公司承担其修缮施工任务。严防弄虚作假、低价恶性竞争。

6.3 混凝土屋面渗漏修缮工艺工法

6.3.1 现浇钢筋混凝土屋面的修缮

（1）局部渗漏采取局部修缮的做法，其方法有两种：一是以漏点为中心，向周边扩大20～30cm，呈梅花状垂直钻孔（孔距150mm左右），深至结构板面（穿过砂浆找平层），安装注浆嘴，低压慢灌油溶性聚氨酯注浆堵漏液或锢水止漏胶，每孔注浆2～3次，间歇时间为1h左右。10h后注水检查，若无渗漏，则用聚合物防水砂浆封孔，表面周边扩大20～30cm涂刷一布三涂涂膜覆盖面层增强即可。二是沿渗漏点、线或面向周边扩大10mm，挖掉原有结构板上各层次，干净后，做二布四涂3mm厚以上的弹性涂膜，24h淋水检查无渗漏后，回填复原，并注意将新做的防水层与原防水层连接加强。

（2）大面渗漏修缮，也有两种做法，一是掀掉原有防水层以上各构造层次，清理干净，修补原防水层缺陷后，重做防水层，试水无渗漏后，再按原样复原。此做法不但有大量垃圾需要处理，而且施工时间长、造价高。二是不拆除（不开挖），纵横适当开设排水排气沟，排除屋面积水后，安装花管（钻孔包扎无纺布的管道），并用保温浆料回填沟槽，此花管长期承担屋面防水层下面的排气排水任务。其他部位呈梅花状垂直钻孔，孔径ϕ10mm，孔距1500mm左右，安装注浆嘴，低压慢灌油溶性聚氨酯注浆堵漏剂或改性聚脲注浆液，24h后注水检查，无渗漏后用防水砂浆封孔，再做大面防水层。

（3）渗漏严重的裂缝：采用双面灌注油溶性聚氨酯注浆堵漏工法修缮。具体工法是：在裂缝背水面打孔，ϕ10mm，孔距250mm，安装注浆嘴，低压慢灌注浆液，在板的迎水面再造防水层，然后拔管封口，并做涂料夹贴玻璃纤维布200mm宽增强层。为慎重起见，在裂缝迎水面钻孔ϕ10mm，孔距250mm，安装注浆嘴，低压慢灌环氧注浆液，无渗漏后切管封堵管口即可（图6-1）。

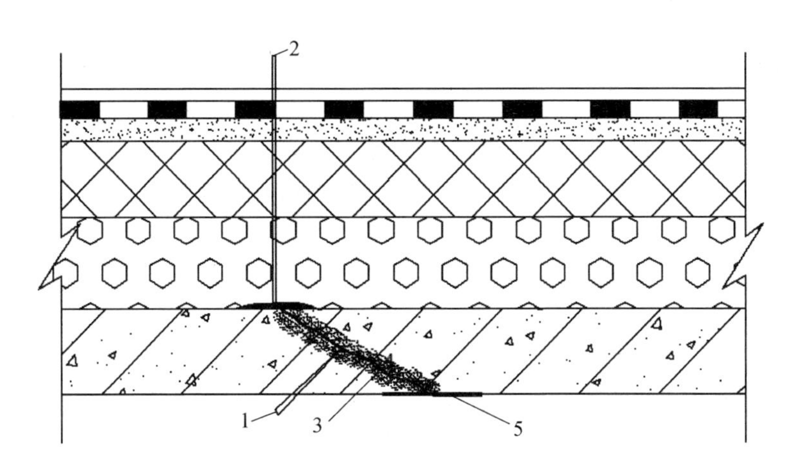

图6-1 屋面裂缝双面注浆示意图

1—逆向灌注油溶性聚氨酯注浆液；2—迎水面灌注环氧注浆液；
3—裂缝；4—再造防水层；5—涂膜加强层

6.3.2 预制混凝土板拼装屋面渗漏修缮

(1) 无保温隔热层的屋面修缮做法：20 世纪 70～90 年代，我国多数工业厂房、公共建筑与部分民用住宅屋面，在屋架上铺设预制板后，用水泥砂浆找平，再在找平层上做二毡三油一砂（沥青玛琋脂热粘贴油毛毡）或三毡四油一砂（北方寒冷地区与严寒地区）防水层。这类屋面多数是拼接缝漏水与油毡老化失效渗漏。这种屋面应全面铲除原有防水层，清理干净后，渗漏拼接缝开凿凹槽，干净后嵌填 SBS 改性沥青弹性密封膏，面层可做外露型卷材或涂膜防水层即可。

那时有些屋面先用弹性塑料油膏嵌填拼接缝，板面做涂膜防水。这样的屋面无窜水界面，哪一点漏或哪一条线漏，可直接凿开缝槽上面 3cm，直接用相容性好的密封膏嵌填点、缝，板面采用相容性好的卷材或涂料做外露型防水层即可。相对而言，这类屋面修缮，工法简单，其效果立竿见影。

20 世纪 90 年代初，我国开始大量推广改性沥青卷材防水。对既有屋面维修时，也多数是热熔焊铺改性沥青卷材。有些人在塑料油膏防水屋面上直接铺贴改性沥青卷材，结果出现炎热时段流油现象，广州、南宁、襄阳、九江、武汉等，均出现过屋面漏油不漏水的怪状。经分析是塑料油膏中的苯类溶剂溶解石油沥青所致，它告诫人们煤焦油与石油沥青相容性差，两者不能混用。

(2) 预制拼装正置式构造屋面渗漏，修缮难度大，造价高。一般修缮做法是：①渗漏拼接缝迎水面与背水面，分别灌注油溶性聚氨酯堵漏剂或改性聚脲注浆料，背水面加做附加增强层；②开槽埋装花管排汽排水；③原保温层晾干；④修补保温层上水泥砂浆找平层的缺陷；⑤做卷材防水或涂膜防水；⑥做保护层。

有人直接在原保护层上，加做一层防水层，有一定的防渗漏效果，但无法根治屋面渗漏，因结构板拼缝、节点缝隙与周边渗水通道没有截断，下大雨、暴雨或久雨不晴，这种屋面依然渗水。

6.3.3 变形缝渗漏修缮做法

无论是整体现浇或预制拼装混凝土屋面，只要纵向长度在 60m 以上的屋顶，一般都设有等高变形缝，宽 30～50mm。这类缝隙往往是水平伸缩缝、沉降缝、抗震缝三合一功能，变形量较大，变形复杂，容易出现拉裂、剥离缺陷。修缮方法：①内嵌密封膏拉裂、剥离的，切割已损坏部分，清理干净，重新嵌填相容性好的低模量弹性密封胶；②覆盖的 Ω 形卷材破裂，应更换重铺双层 Ω 形卷材；③两侧矮墙泛水处损坏，清理干净，应重新做好泛水处理，截断渗水通道；④盖缝板出现缺陷，应对症修好，必要时更换新盖板。

6.3.4 天沟、檐沟渗漏修缮做法

重点抓三项工作：①排水口必须低于沟底3～5mm，能顺畅排水；②檐边防水层必须延伸至内沟壁50mm以上；③天沟保证向落水口放坡0.5%～1%，确保排水畅通。如果沟槽原防水层年久失修，材料老化严重，应翻新。

6.3.5 穿屋面管根渗漏修缮做法

沿管根周边300mm范围凿洞至屋面板表面，拆除挖掉洞内所有杂物，干净干燥后，刮涂5mm厚非固化橡胶沥青涂料，并沿管向上延伸至屋顶表面150mm以上，然后铺贴一层1.5mm厚高分子自粘卷材覆盖涂料层，并与原防水层连接良好，再回填复原。

6.4 金属屋面缺陷的修缮

6.4.1 金属屋面常出现的缺陷

（1）普通彩钢板容易出现薄板锈蚀、锚固钉锈蚀导致局部渗水。

（2）长型彩钢板一般长12～18m，宽0.6m，常出现纵向搭接缝渗水与锚固钉头渗水。

（3）双面金属夹心板，起保温隔热与防水双重作用。这种板的拼接缝容易出现渗漏。

6.4.2 金属板渗水修缮做法

（1）锈蚀处应清除氧化皮，涂刷转锈防腐涂料2～3遍。

（2）钉头渗水，清理干净后，挤注耐候硅酮密封胶密封严实。钉头锚固方法推荐360℃旋转包裹工艺。

（3）纵向搭接采用密封胶封缝＋丁基胶带做附加防水增强层。

（4）较长的彩钢板安装时，应按设计要求布置合理的主次梁间距，适当提高刚度。

（5）大面严重渗漏的钢板屋面，在做好节点防锈防漏的基础上，满面喷涂1.5mm厚耐候性好的丙烯酸酯防水涂料或喷涂1.5mm厚速凝橡胶沥青防水涂料。

（6）压型金属板屋面山墙渗漏修缮做法：按图 6-2 处理。

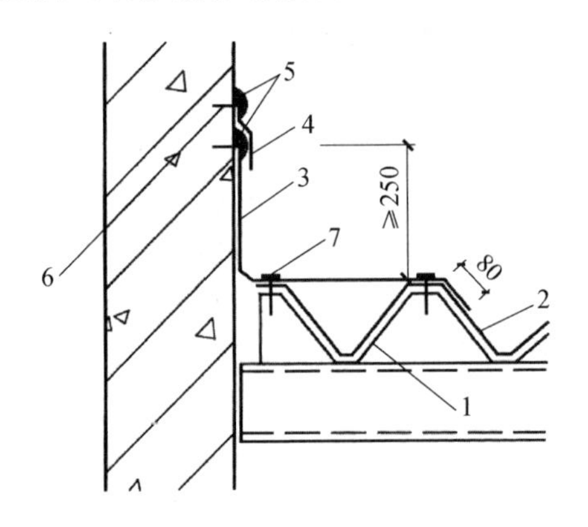

图 6-2　压型金属板屋面山墙

1—固定支架；2—压型金属板；3—金属泛水板；4—金属盖板；5—密封材料；6—水泥钉；7—拉铆钉

6.5　瓦屋面缺陷的修缮

瓦屋面是指烧结青瓦、烧结红瓦、彩色水泥瓦与彩陶瓦，做暴露型外防水装饰的屋面。其不包括玻璃纤维油毡瓦。

（1）屋面瓦与山墙交接部位渗漏时，先清理干净，然后刮压与原防水层相容性好的弹性涂料二遍，再贴一层玻纤布或聚酯无纺布，面层再涂刷二遍防水涂料做附加防水层，厚不小于 2mm，平立面各 250mm 宽以上。最后再按图 6-3 用聚合物防水砂浆将山墙与瓦材相连部位抹压成排水坡面。

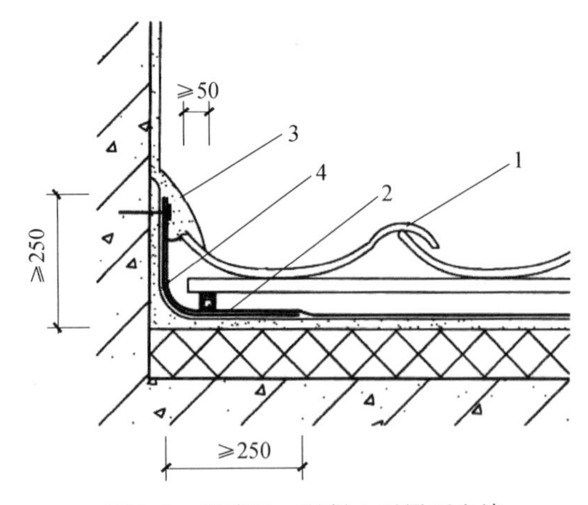

图 6-3　烧结瓦、混凝土瓦屋面山墙

1—烧结瓦或混凝土瓦；2—防水层或防水垫层；3—聚合物水泥砂浆；4—附加层

女儿墙压顶渗漏，清理干净后，先用聚合物防水砂浆或K11灰浆修缮密实规整，再铺贴防水卷材，卷材应铺至滴水线以下2cm。女儿墙内表面应满涂2mm厚以上的防水涂料，外表面也应做密实防渗处理。

(2) 少量瓦件产生裂纹、缺角、破碎、风化时，应拆除破损瓦件，并选用同一规格的瓦件予以更换；瓦件松动时，应拆除松动瓦件，重新铺挂瓦件；块瓦大面积破损时，应清除全部瓦件，整体翻修。

(3) 瓦屋面混凝土结构的天沟、檐沟局部渗漏时，应拆除破损处已失效的防水材料，重做防水处理，修缮后应与原防水层连接形成整体；严重渗漏时，应彻底铲除原有防水材料，并清理干净，涂刷2～3mm厚防水涂料。

(4) 彩陶瓦屋面局部渗漏，应局部扩大面积拆除彩陶瓦，将水泥砂浆层的裂缝、孔洞修补密实平整，然后涂刷2mm厚以上的防水涂料，再铺盖彩陶瓦复原。

(5) 瓦屋面基层贯穿裂缝产生的渗漏，应在背水面先压力灌注环氧树脂注浆液，然后骑缝加宽100mm，干净后用环氧树脂防水涂料加筋做一布三涂附加防水层。平立面涂刷2mm厚500mm宽防水涂料，并夹贴一层聚酯无纺布（50～60g/m^2）做附加防水层，如图6-4所示。

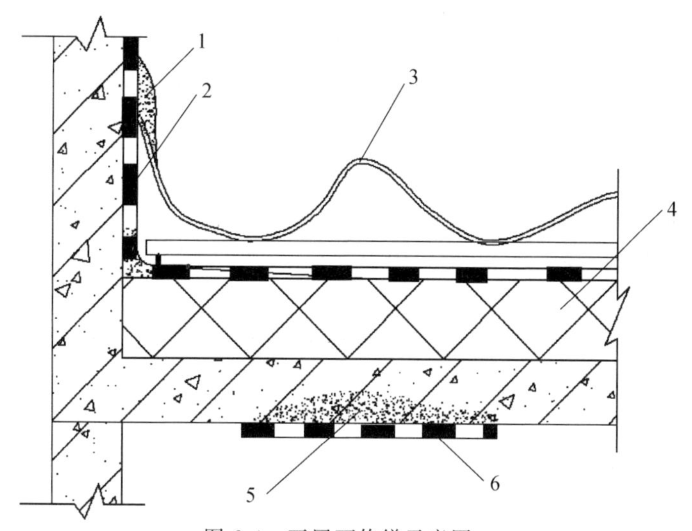

图6-4 瓦屋面修缮示意图

1—砂浆；2—附加层；3—瓦材；4—保温；5—灌注环氧；6—500mm宽一布四涂环氧涂膜增强

(6) 混凝土结构阳台、雨篷、遮阳板根部（平立面交接处）渗漏，应沿裂缝剔槽，干净后嵌填弹性密封胶，再用聚合物防水涂料与聚酯无纺布做2mm厚、300mm宽一布三涂附加防水层增强。

(7) 女儿墙根部外侧水平裂缝渗漏，应沿裂缝切割宽度为20mm，深至构造层内5mm，干净后再在凹槽内嵌填弹性密封胶，表面再用环氧树脂防水涂料与聚酯无纺布做2mm厚、500mm宽一布三涂防水附加层（图6-5）。

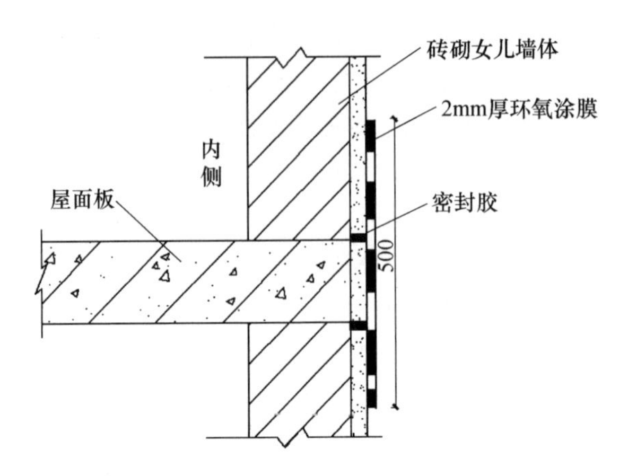

图 6-5　女儿墙水平裂缝修补示意图

6.6　地上外墙缺陷的修缮

外墙常出现裂缝渗漏、饰面层风化酥松、装饰涂层褪色、块材掉落等缺陷，应视实际情况进行治理，使之长期保护结构墙体与美化环境，确保不渗不漏，使人们安居乐业。

外墙渗漏是外墙缺陷的主要内容，是治理缺陷的重点。外墙渗漏修缮宜遵循"外排内治""外排内防""外病内治"的原则。选用材料的材质、色泽、外观宜与原外墙装饰材料一致，并要求粘结力强，耐水、耐老化，冷施工与无毒害的绿色环保材料。

外墙缺陷治理，应挑选有经验的经过培训的专业人员进行操作，并高度重视安全防护与监管。

6.6.1　抹灰墙面的修缮

（1）抹灰墙面龟裂，清理干净后，先洒水湿润基面，然后刮涂颜色与原涂层一致的丙烯酸酯弹性防水涂料 1.5～2.0mm 厚即可。

（2）深长裂缝，应沿缝切 20mm×30mm 凹槽，清理干净后，浇水湿润，嵌填韧性聚合物防水砂浆修补平整，然后扩大面积涂刷与原涂层颜色一致的丙烯酸酯或有机硅防水涂料。

（3）抹灰墙面龟裂严重或颜色普遍花白，清理干净后，在局部修好裂缝、孔洞的基础上，全面涂刷丙烯酸或有机硅防水装饰涂料 1.5～2.0mm 厚。

（4）外墙外保温墙面维修时，应根据渗漏程度采取治理措施，一是局部维修，二是全面翻修。对于少许裂缝渗漏，可不拆除保温层，采取局部用聚合物防水砂浆、涂料与密封胶配合密实密封，截断渗水通道。大面积严重渗漏，则应进行翻修，剔除原有各构造层次，清理干净，对基层进行补强处理后，再采用2mm厚涂布外墙防水饰面涂料或防水砂浆粘贴面砖的方法进行饰面处理。

（5）抹灰墙面分格缝渗漏维修，先嵌填改性沥青节点密封膏，表面刷涂丙烯酸防水涂料1mm厚，并形成凹形排水槽。

6.6.2 面砖与板材墙面渗漏翻修

（1）拼缝渗漏，清理干净后，刮涂聚合环氧乳液处理界面，然后指压速凝环氧灰浆修补。

（2）面砖局部损坏，先拆除损坏的面砖，修补基层后，再用聚合物水泥防水砂浆粘贴新的同颜色同规格的面砖，并勾缝严密。

（3）严重渗漏的面砖、板材饰面层渗漏的修缮：一是剔除原有各构造层次，干净后，涂布2mm厚以上的丙烯酸弹性防水涂料或有机硅防水装饰涂料。二是抹压聚合物防水砂浆粘贴面砖或板材。

（4）马赛克、玻璃马赛克墙面的修缮：清理干净，个别剥落的补贴，然后满刷透明防水胶1mm厚。

6.6.3 清水砖砌墙面渗漏修缮

（1）灰缝渗漏时，多遍涂刷K11灰浆或剔凹槽抹压聚合物防水砂浆。

（2）墙面局部风化、冻伤、碱蚀时，清理干净，浇水湿润，再抹涂韧性环氧树脂砂浆修补规整。

（3）严重渗漏时，先对基层缺陷进行修补，再涂刷或喷涂多彩丙烯酸或环氧树脂防水涂料1.2～1.5mm。

6.6.4 墙体变形缝渗漏维修

（1）挖掉清理缝内已失效或老化的填充料、密封材，并清理干净。

（2）重新充填泡沫塑料，并条贴隔离卷材一层。

（3）挤注聚氨酯泡沫密实剂。

（4）槽口两侧刮涂聚氨酯涂料2mm厚、100mm宽。

（5）安装300mm宽⌐\/⌐形1mm厚镀锌盖缝板，两侧用螺栓锚定，锚钉间距500mm左右。

以上做法如图6-6所示。

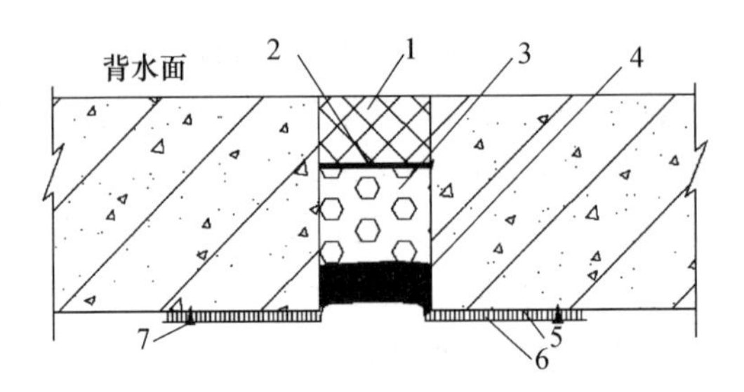

图 6-6 外墙变形缝渗漏维修示意图

1—挤塑聚苯板；2—隔离层卷材；3—聚氨酯泡沫剂；4—聚氨酯密封胶 20mm 厚；5—2mm 厚聚氨酯防水涂料；6—1mm 厚镀锌╲╱形板；7—水泥钉锚固@500mm

6.6.5 穿墙管根部渗漏维修

用聚合物细石混凝土或聚合物防水砂浆固定穿墙管，外墙外侧周边预留 20mm×20mm 的凹槽，嵌填聚氨酯或聚硫密封胶，然后管根板面，加宽 150mm 清理干净，先对凹槽嵌填耐候硅酮建筑密封胶，然后沿管根外缘 150mm 满刮丙烯酸防水涂料 2mm 厚。如图 6-7 所示。

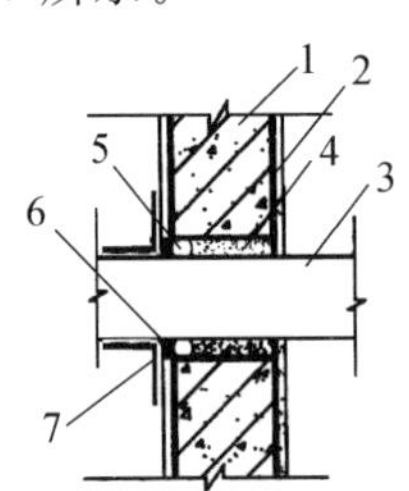

图 6-7 穿墙管根部渗漏维修

1—墙体；2—外墙背水面；3—穿墙管；4—细石混凝土或水泥砂浆；5—新嵌背衬材料；6—新嵌密封材料；7—2mm 厚涂膜附加层

6.6.6 混凝土结构阳台、雨篷、遮阳板根部（平立面交接处）渗漏

应沿裂缝剔槽，干净后嵌填弹性密封胶，再用聚合物防水涂料与聚酯地纺布做 2mm 厚 300mm 宽一布三涂附加防水层增强。

（1）女儿墙根部外侧水平裂缝渗漏，应沿裂缝切割宽度为 20mm、深至构造层，干净后再在凹槽内嵌填弹性密封胶，表面再用聚合物防水涂料与聚酯无纺布做 2mm 厚、300mm 宽一布三涂防水附加层。

（2）窗框周边渗漏，沿框边剔槽 20mm 宽，深至结构。内嵌耐候硅酮胶，再做涂膜附加层。

（3）地上外墙外排水管箍环锚固点渗漏，清理干净后，先刷防水涂料，再用聚合物防水砂浆抹压密实平整。

（4）现浇混凝土墙体施工缝渗漏，应沿缝剔槽30mm宽、40mm深，干净后，先嵌填15mm深的耐候硅酮胶或聚氨酯、聚硫密封胶，再嵌填聚合物防水砂浆刮平，表面骑缝做2mm厚、150mm宽一布三涂涂膜附加防水层。

6.7 厕浴间、有水房和厨房缺陷的修缮

（1）厕浴间、水房和厨房墙体面砖出现破损、空鼓、松动、开裂等现象，应拆除这些部位的面砖，清理干净并洒水湿润后，用聚合物水泥防水砂浆粘贴与原有面砖同规格、同颜色的新面砖，并做好勾缝处理。

（2）地面渗漏，不开挖，注浆堵漏。具体做法如下：

①沿四周墙根打斜孔，孔径 ϕ10mm，孔距500～700mm，安装止水针头，低压慢灌油溶性聚氨酯堵漏剂或改性聚脲固水止漏胶；

②地面在拼缝处垂直钻孔 ϕ10mm，深至楼板表面，孔距500～700mm，安装止水针头，低压慢灌油溶性聚氨酯堵漏剂或改性聚脲注浆堵漏液；

③墙面渗漏，面砖墙用硅酮胶密实密封接缝，灰砂墙或涂膜墙面渗漏，涂刷与原涂层相容性好的防水涂料修缮，涂层厚不少于1.5mm，高离地面1800mm以上。

（3）管根、地漏渗漏应清理干净，满刷2.5mm厚聚氨酯防水涂料密实密封缝隙、裂缝。

（4）地面与墙面交接处渗漏，应在相交处嵌填密封胶，并做 ϕ300mm涂膜附加防水层。

6.8 地下工程渗漏的修缮

地下工程包括地铁车站、地铁隧道、地下矿井、地中过水槽及工民建地下室等的建筑物与构筑物工程。因多种原因导致仰拱、卧拱，墙体不同部位不同程度的渗漏水。如不及时治理，将对营运带来麻烦，结构主体受到威胁。

（1）地下工程渗漏治理，以堵为主，堵排结合，多道设防，综合治理。渗漏修缮宜按“大漏变小漏，缝漏变点漏，片漏变孔漏”的顺序，逐步缩小渗漏水范围。并宜先止水后引水再采取其他措施。

（2）地下工程应长期重视排水。将空间内的渗漏水、冷凝水引入分仓缝，再排入排水沟，汇入集水井（坑），最后通过管道与市政排水网络连接排至江河。为保证排水畅通，底板应合理设置分仓缝（分厢缝、分格缝），缝距4～6m，缝

深至结构板与垫层接触界面。排水沟的间距以18m左右为宜，沟底应低于垫层表面，沟槽放坡0.5%～1%。集水井（坑）应安装自控排水泵。地下工程排水不畅，有可能造成积水，影响人们工作与生活。

（3）地下工程渗漏治理应重视地下空间的长期通风排气。因为地下空间内部与室外总是存在温差，炎夏室外温度高于地下温度，寒冬地下空间温度高于室外，当热空气碰到冷端便凝结成冷凝水，地下空间顶板、墙体冷凝水滴落侵入地面，增加地面潮湿与积水量。以往地下室多数设计了通风道与排气系统，但很少有人常开通风机，导致室内空气难以输送室外。

（4）地下工程宜采用结构自防水的设计方案，使混凝土既密实又抗裂，提高混凝土的密实度，抗渗性与抗裂功能，这是治本的工法。

抹面材料宜采用掺水泥基渗透结晶型防水材料、聚合物防水砂浆。

（5）局部渗漏局部修缮

①涌水点：宜适当凿洞，用速凝材料封堵止水，止水后平面扩大200mm范围用丙液涂料夹贴聚酯无纺布做2mm厚涂膜增强层。拱顶及立面用环氧树脂涂料与无纺布做2mm厚、200mm宽涂膜加强层。

如果水压较大，扩洞后埋管引流，待管外材料硬固后，打入木棒或铁杆止住引水管的流水，再做表面ϕ300mm涂膜加强层。

轻微渗漏或有湿痕的部位，周边扩大150mm范围，清理干净后，直接刷涂速凝型水泥基Ⅱ型防水涂料或速凝环氧涂料，厚不小于2mm，宽不小于ϕ200mm，并夹贴一层无纺布增强。

②渗漏水较大的深长裂缝，采用注浆与涂膜加强复合工艺修缮：先注水溶性聚氨酯堵漏液止水，4h后再注油溶性聚氨酯堵漏剂补强（注浆深度应大于结构层1/2厚度），然后表面清理干净后，骑缝用速凝型环氧水泥涂料做2mm厚、300mm宽一布三涂加强层。压力注浆应打斜孔，孔径ϕ10mm，孔距300mm左右，注浆压力宜为0.2～0.4MPa，低压慢注。

③施工缝渗漏修缮：应先剔槽30mm宽、80～100mm深，清理干净后，先垂直安装注浆嘴，压力灌注油溶性聚氨酯堵漏剂，4h后再复灌一次，24h后无渗漏时拆除注浆嘴，彻底清理干净嵌填20～30mm厚聚氨酯密封胶，随即嵌填聚合物防水砂浆，槽口骑缝用环氧树脂防水涂料与无纺布做2mm厚、300mm宽一布四涂防水加强层。预制构件拼接缝渗漏也可参考此工法修缮。

④变形缝渗漏修缮做法：

a. 剔槽至中埋止水带表面；

b. 安装止水针头穿过止水带40mm，用速凝“堵漏王”锚固止水针头；

c. 以0.2～0.3MPa压力，灌注水溶性聚氨酯堵漏剂止水，4h后灌注油溶性聚氨酯补强；

d. 挤注发泡聚氨酯填充空腔至内侧槽口留30mm凹槽；

e. 干燥干净后，嵌填非下垂型聚氨酯或聚硫弹性密封胶，并压实；

f. 制安╱╲形镀锌薄板（1mm 厚）盖缝，盖缝时先在槽口两侧刷涂 2mm 厚聚氨酯涂料各 120mm 宽，固化后再用钢钉（间距 300mm）锚固镀锌板。如图 6-8 所示。

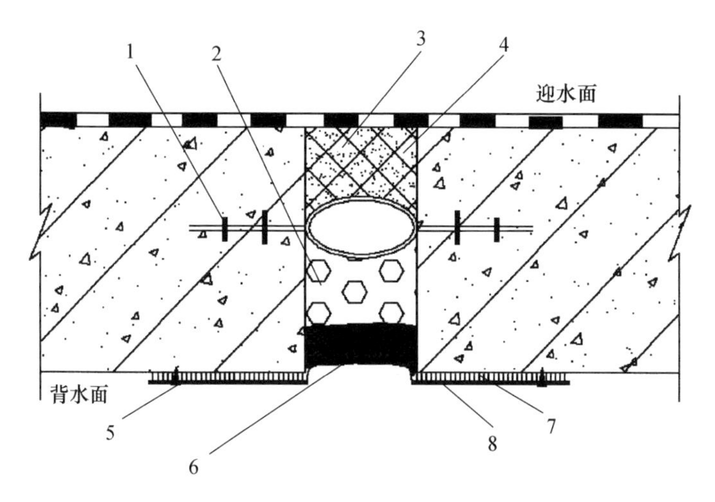

图 6-8 变形缝渗漏修缮示意图

1—中埋止水带；2—挤注聚氨酯发泡剂；3—挤塑泡沫板；4—注浆固结体；5—锚固钉；6—弹性密封胶；7—聚氨酯防水涂料 2mm 厚；8—1mm 厚╱╲形镀锌盖缝板

修缮变形缝，在注浆止水后，也可安装阿拉丁、弹性橡胶体，再在背水面槽口嵌填弹性密封胶 20～30mm 厚，最后用能伸缩的钢板盖缝。

修补变形缝，还可采用张道真教授与吴兆圣先生倡导的新工艺新工法。

（6）穿墙管根部渗漏，参考图 6-7 工艺工法处理。

（7）模板拉筋或螺杆根部渗漏修缮做法：

①已松动或破损的拉筋、螺杆，应割除伸出内墙面部分；

②沿根部剔槽 20mm 深，除去氧化锈皮，清理干净，对拉筋、螺杆做防锈处理后，再嵌填环氧砂浆压实；

③以根部为基点中心，骑根部 ϕ100mm 宽用环氧树脂涂料与无纺布做 2mm 厚附加增强层。

（8）墙面、柱基潮湿，剔除根部 250mm 高水泥砂浆找平层至结构基面，清理干净后，喷涂二遍 M1500/DPS 渗透结晶液，再刷涂防潮防结露“三防”专用涂料处理。

（9）进出口斜道及两侧导墙渗漏，清理干净后，先注浆止水堵漏，再粉抹聚合物防水砂浆 15mm 厚左右，并应重视斜道上端截水、挡水处理和斜道两侧开沟排水。

6.9 隧道渗漏的修缮

隧道有地上隧道与地下隧道两类。地上如穿山交通隧道、穿山人行隧道、穿越铁路桥梁的地下通道；地下有地铁区间隧道、穿山过水或电缆隧道、矿井通道、人防通道及地下综合管廊等。它们有许多共同之处，结构方面都有仰拱、卧拱及侧墙部件；不同用途的隧道也有其独特的个性。防水装饰防腐行业主要职责是确保隧道不渗不漏，构造规整及部件、构件不腐损、坍塌，能正常运营。

(1) 底板两侧开设排水沟，宽 50～100mm，并沿出水方向放坡 0.5%～1%，深度必须低于墙根 50mm 以上。要求经常保持排水畅通，将底板面上的雨水、积水引入集水井或隧洞外。

隧道墙壁迎水面宜设置引水排水层（粘贴聚酯无纺布），引水层应在墙根安装直通排水沟的导水管，把山体、围岩的积水引入排水沟。

(2) 隧道拱顶、墙壁、底板出现孔流、线流时，先适当剔槽凿洞，清理干净后，用速凝“堵漏王”刮填密实，若再出现渗水，应打孔注浆，无渗漏后，扩大面积，刮抹 2mm 厚环氧砂浆修补。

(3) 施工缝渗漏参照本章第 8 节 (5) 的工艺修补；变形缝渗漏参考本章第 8 节 (5) 的工艺修补；模板拉筋根部渗漏，参照本章第 8 节 (7) 的工艺修补。

(4) 大面出现湿渍或慢渗，清理干净后，先喷涂 M1500/DPS 无机渗透剂 2～3 遍，再用 1/2 速凝堵漏王与 1/2 水泥基渗透结晶型粉料混合浆料刮涂 2～3mm 涂层，然后用铁抹子压实抹光。

6.10 交通桥梁缺陷的修缮

交通桥梁有钢筋混凝土厢体桥梁与金属桥梁两类。混凝土厢体桥梁常易出现开裂、风化、起砂等缺陷；金属桥梁常见金属锈蚀、沥青混凝土开裂、鼓起等缺陷。我们应做好防渗防护保养，确保交通正常运行。

(1) 混凝土桥面开裂，迎水面剔槽嵌填韧性聚合物防水砂浆，并喷涂 M1500/DPS 无机渗透液两遍再修复沥青路面；背水面粘贴自粘丁基橡胶带修补裂缝。厢体梁柱清理干净后涂刷聚脲防水防腐涂料，厚不小于 1.5mm。

(2) 金属桥梁重在防锈防腐，一般刷涂防锈底漆、中涂层与重防腐层。桥面做好防腐层后，铺设甲基丙烯酸甲基酯（MMA）防水抗震层，再铺设沥青混凝土面层。

6.11 预制钢筋混凝土农用水利渡槽缺陷修缮

预制混凝土水利渡槽常出现拼缝漏水、槽体局部渗漏及风化起砂、缺棱掉角等缺陷，修缮做法一般如下：

（1）渡槽接缝漏水维修做法：

①剔除迎水面接缝内的老化填缝料及所有杂质，深至 50～60mm，清理干净；

②嵌填水泥、石灰混合砂浆 30mm 厚；

③涂刷沥青质基层处理剂一道，嵌填 20mm 厚改性沥青弹性防水密封膏与缝口平齐；

④骑缝用 JS 涂料Ⅱ型产品与玻璃纤维布做 2mm 厚、150mm 宽的涂膜防水层增强拼缝抗渗功能。

（2）缺棱掉角，清理干净后，刮抹聚合物防水砂浆修补规整。

（3）风化起砂部位，剔除风化层与酥松部位，清理干净后，刮抹 JS 水泥基Ⅲ型灰浆，厚不小于 2mm。

6.12 水库渗漏修补做法

（1）迎水面可见孔漏、缝漏，清除松散砂浆，灌注速凝聚合物防水砂浆或水泥一水玻璃胶浆；

（2）砂浆、胶浆固化后，表面扩大面积，抹压水中不分散防水砂浆 30～50mm 厚，中间夹铺密格钢丝网增强；

（3）堤坝内部空虚漏水、喷水，应在迎水面压力灌注水中不分散豆石混凝土或水中不分散防水砂浆；

（4）堤坝迎水面抹灰层存在微孔、小洞、裂纹渗漏，清理干净后，抹压 20～30mm 厚钠质膨润土与黏土、水泥混合砂浆，压实抹光；

（5）排水涵洞不密实漏水，让潜水人员带着水中不分散混凝土或砂浆直接潜水封堵，并覆盖泥土保护层；

（6）深泥浆迎水面堤坝渗漏修补，若泥浆深 1m 以内，通过吊绳拉住操作人员进入泥浆中作业，用水中不分散混凝土或砂浆封堵漏水点。若泥浆超过 1m 深，则排水后搭设排架操作；

（7）若水库底板、侧板普遍存在砂眼渗漏，则多次干撒钠质膨润土，让其吸水成浆，靠重力落入界面。

6.13 人防工事缺陷与渗漏修缮做法

既有地下人防工事常出现通道不亮，通风不良及潮湿渗漏等缺陷，应采取有效措施进行修缮，以备应急需要。

（1）人防办应指派专人对地下人防工事进行巡检，发现问题报上级部门并派人进行维护、修缮，确保人防工事能正常运营与使用。

（2）通道不亮是照明系统出现故障或损坏，应派人检查、修缮照明线路、灯具及控制部件，确保需要时能正常照明。

（3）通风不良对人群与环境有不良影响，应检查、修复、完善通风系统，使之能正常运营。

（4）人防工事潮湿是通风不良与工事渗水造成的，应采取措施治理渗漏与改进通风。

（5）人防工事渗漏治理措施：①疏通排水沟，及时将洞内的积水与渗漏水排出，与市政公共排水系统连通；②点漏、线漏、基面清理干净后，扩大面积，刮涂缓凝型“堵漏王”与CCCW粉料混合物胶浆，厚不小于2mm，若再发生渗漏，打孔压力灌注油溶性聚氨酯堵漏剂，密实结构体内部，截断水源；③拱顶、洞壁或底板流水、喷水，则应凿槽扩洞40～50mm深U形槽，先用速凝“堵漏王”填充20～30mm厚止水，再粉抹聚合物水泥防水砂浆抹压刮平，表面扩大面积用环氧防水涂料与聚酯无纺布做一布三涂加强层；④人防指挥室渗漏，参照地下室渗漏修缮的办法处理。

7

建筑修缮经典工程案例

7.1 环保型高渗透环氧及堵水环氧浆材的研究与应用

广州永科新材料科技有限公司 刘宇[①] 叶强 叶林宏

高渗透环氧化学灌浆材料与混凝土防水防腐涂料是刘宇与研发团队共同研发的属国内外首创的高性能功能材料。前者荣获中科院和广东省科技进步一等奖、第二届国际发明展专利金奖、中国专利优秀奖。后者获得中国发明专利。这两项发明的产品均已在水利水电、高铁、地铁、桥梁、隧道、军港码头、污水处理、文物保护及民用工程中广泛应用并获得一致赞誉。

高渗透环氧是指能灌入大坝基础低渗性（渗透系数 $k=10^{-6}\sim10^{-8}$cm/s）泥化夹层的环氧化学灌浆，以及在混凝土表面涂刷后能渗入混凝土 2mm 以上的环氧防水防腐涂料。由于它的性能优越，目前市面上已相继出现冠以高渗透之名而实际上却无渗透性的同类环氧产品，欺骗用户。

为什么要追求材料的高渗透性？对于化学灌浆领域，只有具有高渗透性的化学灌浆材料才能灌入含水的泥化夹层中使之由“土”质变为“岩”质，从而才能避免开挖后再回填钢筋混凝土的传统办法，为建坝节省大量的投资和工期。而对于混凝土防水防腐领域，只有具有高渗透性的防水防腐涂料才能在混凝土表面涂刷后由外而内渗入 2mm 以上，这 2mm 以内的所有毛细管道和孔隙及微裂纹均被涂料所充填，涂料固化后不仅这一固结渗入层的密实度得以极大提高，使水和空气中的有害气体难以进入，使之具有优异的防水防腐功能；还因为材料固结后的固结体强度远高于混凝土自身的强度，因而造就了这一渗入

① 第一作者简介：刘宇，华南理工大学材料学硕士研究生毕业，十余年来从事高渗透环氧灌浆材料和高渗透环氧防腐防水材料的研究与应用研究，开发出环保型高渗透环氧材料、无溶剂环氧材料等多个系列的配方和产品，并申请多篇发明专利和实用新型专利。相关产品应用于水利水电、高铁、地铁、桥梁、隧道、军港码头、污水处理、文物保护及民用工程中广泛应用并获得一致赞誉。曾任广州科化新材料技术有限公司研发部主任，现任广州永科新材料科技有限公司总经理。

固结层的强度比原混凝土提高 34%以上，故称这一层为渗入固结增强层。这犹如一层盔甲，其作用是使混凝土实现防水、防腐、抗开裂、抗穿刺、抗冲磨、抗冻融、消除界面应力集中这 7 大功能（图 7-1）。而这些功能对混凝土的防护作用最终还体现在防护的耐久性上。1987 年，国内外第一个大规模应用高渗透环氧化灌浆材加固的青海龙羊峡大坝在 G4 劈理带的工程，已使用了 37 年，即使经历了 6.9 级地震，也依然稳定安全。屋面渗漏治理方面，最早用于屋面严重渗漏治理的案例已经 29 年，至今仍无渗漏。地铁渗漏治理方面，据地铁记录资料，聚氨酯治理地段 2 年 3 个月后出现复漏，一般环氧 5 年半后出现复漏，而使用高渗透环氧浆材地段现已 23 年仍无渗漏，大量工程应用案例充分证明了其优异的耐久性。这就是我们几十年坚持研发和应用高渗透环氧化灌浆材和高渗透性环氧防水防腐涂料系列产品的原因。

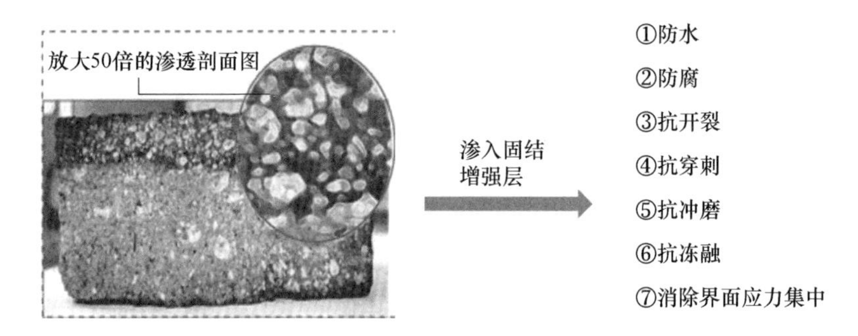

图 7-1　渗入固结增强层示意图

7.1.1　环保型高渗透环氧防腐、防水及灌浆补强材料

目前，国内常用的高渗透环氧类材料，多为糠醛-丙酮体系的材料，该体系的材料是源于刘宇在中国科学院广化所课题组发明的“中化-798”专利，使用的都是糠醛-丙酮体系，从而实现高渗透性及高力学强度。

直到 2008 年，欧洲的研究发现糠醛具有中等神经毒性，产生的气体会毒害人体、动物、水生物，即使小量产品渗入地下，也会对饮用水造成危害。

我们与华南理工大学合作的研发团队运用我们原来历经数年研究的理论成果——浆材的渗透机理与反应机理研究成果，经过几年努力，终于研制出去除糠醛化的高强度的环保型高渗透环氧材料，即 YK-1H 高渗透改性环氧防腐防水涂料和 YK-3H 高渗透改性环氧化学灌浆材料，该材料使用新的稀释剂经活化反应连接于环氧的固化体系中，从而大幅提升了新体系的固结体力学性能，超过了 JC/T 2217—2014 以及 JC/T 1041—2007 中Ⅱ型标准的全部指标，从而实现了产品的更新换代，成为新一代的环保型高渗透环氧防腐防水涂料和灌浆补强材料，并已在部分工程中应用。更新换代材料具有以下几大特点：

1. 优异的高渗透性

对于防腐与防水工程，材料的渗入深度为1～10mm（C30～C50混凝土结构）；对于化灌工程，能灌入渗透系数$k \leqslant 10^{-6} \sim 10^{-8}$cm/s的低渗透性软弱含泥地层、软弱岩体和泥化夹层，使其原位加固。

这一特性不仅使材料可轻易渗入混凝土结构的细微缝隙，而且能在缝隙之中渗透植根，使填充缝隙的涂料固结体与结构铸成一体，没有分界线，等效于缝隙消失，使结构密实度和强度大大提高。

2. 优异的综合性能

作为涂料使用，与其他涂料相比，改变了单一的涂层外防模式，形成了渗入固结增强层与外层涂膜的内外联防的立体防护模式，从而使水与SO_2、CO_2及其他腐蚀介质均难以渗入，使混凝土的防水防腐能力大幅提升；因此，具备优异的抗冻融、抗拉、抗剪、抗渗、抗开裂、抗穿刺、抗冲磨、耐腐蚀性能。

作为灌浆使用，各项力学性能指标均超过《混凝土裂缝用环氧树脂灌浆材料》Ⅱ型指标的要求，特别是湿粘结强度、抗拉强度和抗压强度远高于同类型材料。

3. 长效的耐久性

采用了先进的稀释剂活化技术，使非活性稀释转化为活性稀释剂，参加体系的反应而连接到固结体的三维网络结构中，因而不仅减少了固结体的收缩性，也提高了固结体的柔韧性，最终结果是提高了固结体的耐久性。

4. 起到界面剂的作用

渗入固结层外面形成的涂膜层在完全固化之前还具有界面剂的粘结功能，在上面再涂刷柔性涂料或贴卷材或批荡砂浆，还可提高这些材料与混凝土基层的粘结强度。

5. 具有局部的亲水性和整体的排水性

该材料能将含水泥层中的水排走而取而代之，能用于有水的基岩裂缝和混凝土裂缝的灌浆止水补强。

6. 优异的施工性能

根据现场施工等方面的要求，材料的固化时间在一定条件下连续可调，并可在潮湿基面施工，具有较强的施工适应性和湿粘结强度。

7. 环保性

高渗透环氧体系完全摒弃了有毒致癌性的糠醛丙酮体系，采用了绿色环保的稀释剂，并将其活化，保护了施工人员的身体健康和施工环境，符合毒性低、刺激性低的环保要求。

8. 性价比优良

本产品渗透性、湿粘结性能均高于国内外产品，价格仅为国外同品质产品价格的1/2。

YK-1H高渗透改性环氧防腐防水涂料性能指标，见表7-1；

YK-3H高渗透改性环氧化学灌浆材料性能指标，见表7-2；

青海龙羊峡、李家峡等大坝泄洪洞维修，如图 7-2 所示；
深圳市政污水池综合处理，如图 7-3 所示。

表 7-1　YK-1H 高渗透改性环氧防腐防水涂料性能指标

序号	试验项目	性能指标
1	固体含量	69%
2	初始黏度	≤30mPa·s
3	柔韧性	涂层无开裂
4	粘结强度（干基面）	5.0MPa
5	粘结强度（潮湿基面）	3.5MPa
6	粘结强度（浸水处理）	4.2MPa
7	粘结强度（热处理）	4.7MPa
8	涂层抗渗压力	1.1MPa
9	抗冻性	涂层无开裂、起皮、剥落
10	耐酸性	涂层无开裂、起皮、剥落
11	耐碱性	涂层无开裂、起皮、剥落
12	耐盐性	涂层无开裂、起皮、剥落
13	抗冲击性（落球法）	涂层无开裂、脱落
14	渗透性	＞2mm
检验标准：《环氧树脂防水涂料》（JC/T 2217—2014）		

表 7-2　YK-3H 高渗透改性环氧化学灌浆材料性能指标

序号	试验项目	性能指标
1	浆液密度	1.13
2	初始黏度	≤30mPa·s
3	可操作时间	330min
4	抗压强度	85MPa
5	拉伸剪切强度	13MPa
6	抗拉强度	20MPa
7	粘结强度（干粘结）	4.5MPa
8	粘结强度（湿粘结）	3.6MPa
9	抗渗压力	1.3MPa
10	抗渗压力比	433%
检验标准：《混凝土裂缝用环氧树脂灌浆材料》（JC/T 1041—2007）		

图 7-2 青海龙羊峡、李家峡等大坝泄洪洞维修

图 7-3 深圳市政污水池综合处理

7.1.2 无溶剂环氧防腐、防水涂料

传统的溶剂型涂料存在着诸多缺点，如在涂刷过程中伴随大量溶剂的挥发，这不仅影响施工人员的身体健康，污染大气环境；而且挥发的溶剂在涂层表面容易留下针孔，成为涂层中的薄弱环节，致使腐蚀因子通过针孔渗入基材中，对基材直接造成腐蚀。

YK-2 无溶剂环氧树脂防腐防水涂料在制备过程中采用难挥发的反应型溶剂作为树脂及颜料的分散介质，反应型溶剂能够参与涂料中其他组分反应，因而固含量极高，甚至能达到 95%以上，既有利于施工安全，也有利于使用安全。不仅减少了环境污染和对施工人员的伤害，而且减少了涂层中的针孔，对基材的耐腐蚀性能有着明显的提高。其特性具体如下：

1. 施工安全和环保节能

由于普通溶剂型环氧涂料含有超过 30%的可挥发性有机溶剂，即使是高固体分的环氧涂料，挥发性有机物含量（VOC）也在 10%以上。而 YK-2 中没有溶剂挥发，且 VOC、苯含量、苯类物质及可溶性铅、镉、铬、汞含量均符合《环境标志产品技术要求-防水涂料》（HJ 457—2009）的要求，既有利于施工安全，也有利于输水管道使用安全。

2. 优异的物理机械性能

由于YK-2无溶剂环氧树脂分子结构中含有大量的羟基和醚键等极性基团，加之在固化过程中活泼的环氧基能与高渗透环氧底涂界面反应形成极为牢固的化学键，保证了涂层与基材的优异附着力。YK-2无溶剂环氧涂料在交联固化后能够形成类似瓷釉一样的光洁涂层，涂层坚硬且柔韧性好、耐磨性优、抗划伤性好、耐撞击性优。YK-2无溶剂环氧涂料在反应固化过程中收缩率极低，具有一次性成膜较厚、边缘覆盖性好、内应力较小，不会产生裂纹等特点。

3. 优异的耐化学品性

高度交联的YK-2无溶剂环氧防腐涂层具有优异的耐化学品性，能耐海水、中度的酸、碱、盐、各种油品、脂肪烃等化学品的长期浸泡。对腐蚀性的化学气体，同样具有优异的阻隔与耐受性。

4. 优异的防腐性能

YK-2无溶剂环氧涂料由于不含挥发性有机溶剂，在干燥成膜过程中不会形成因溶剂挥发留下的孔隙，且成膜厚，涂膜致密性极佳，能有效抵挡水、氧、二氧化硫、硫化氢、氮氧化合物等腐蚀性介质。

5. 经济性

目前，YK-2无溶剂环氧涂料的单价虽然略高于溶剂型环氧涂料，但无溶剂环氧涂料的固体分近100%，在达到相同涂膜厚度的情况下，所需的涂料量比采用溶剂型环氧涂料要少；可制成厚浆型防腐涂料，施工可喷可刮可涂，涂刷厚度可达100～700μm，涂层结合强度高，收缩率小。无溶剂环氧涂料一道可达高膜厚，可减少施工道数，降低涂装费用。其性能指标，见表7-3；山东某引水工程边坡修复工程，如图7-4所示。

表7-3 YK-2无溶剂环氧树脂防腐防水涂料性能指标

序号	试验项目	性能指标
1	固体含量	98%
2	柔韧性	涂层无开裂
3	粘结强度（干基面）	4.3MPa
4	粘结强度（潮湿基面）	3.0MPa
5	粘结强度（浸水处理）	3.4MPa
6	粘结强度（热处理）	3.5MPa
7	涂层抗渗压力	1.1MPa
8	抗冻性	涂层无开裂、起皮、剥落
9	耐酸性	涂层无开裂、起皮、剥落
10	耐碱性	涂层无开裂、起皮、剥落
11	耐盐性	涂层无开裂、起皮、剥落
12	抗冲击性（落球法）	涂层无开裂、脱落
检验标准：《环氧树脂防水涂料》（JC/T 2217—2014）		

图 7-4 山东某引水工程边坡修复工程

7.1.3 环保型堵水环氧灌浆材料

地下与隧道工程中混凝土结构开裂导致裂缝涌水已是常见多发病害，以往大多使用聚氨酯材料进行灌浆堵漏，初时堵水效果不错，但聚氨酯与混凝土裂缝的粘结强度低，长则 1～2 年，短则几十天又出现复漏，故耐久性很差，并且聚氨酯只能用来堵水，不能补强。各地地铁均已发文禁止在地铁工程中使用聚氨酯灌浆材料；但如果改用一般的环氧化灌浆材，因初凝时间长，又不可能堵得住水，因此，常采取先灌速凝的无机材料，堵水后再灌环氧浆材，其施工工艺复杂，一般的施工队伍难以掌握，工程界迫切希望有一种能直接堵水补强的环氧浆材问世。

为此，我们从环氧树脂的反应动力学出发，通过选用固化速度适中的环保型活性稀释剂和固化剂，调试得到可在水中 15～30min 固化的低黏度环氧堵水浆材，该种环氧堵水浆材具有如下优点：①可水中固化，且固化速度适中（室温空气中 15min 内固化，水中 30min 固化），既可以留给施工人员足够的施工操作时间，同时可以起到止水堵漏的作用；②黏度较低，即可在低灌浆压力下进入较细小的结构裂缝中，有利于施工方便及修复水泥灌浆等高黏度粗颗粒灌浆无法修复的裂缝；③环保低气味，有利于环境保护和施工操作。目前，该产品已在部分工程中应用。成都某房地产项目地下室堵水止漏，如图 7-5 所示。

7.1.4 结语

（1）高渗透环氧的渗入-充填-固结的特性使渗入固结增强层具有多方面的防护功能，其综合作用铸就了对混凝土优异的防护性和耐久性，原命名的三代“中化 798”化灌浆材和防水防腐涂料均获得国家发明专利，现研发出的第四代产品均为无毒环保的新型产品。

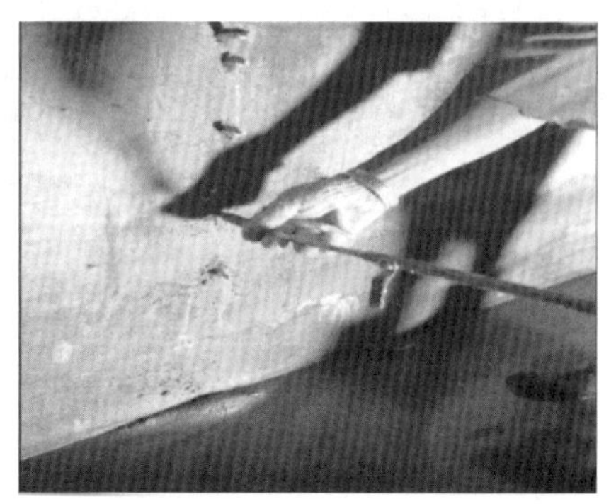

图 7-5　成都某房地产项目地下室堵水止漏

(2) 现研发出的第四代环保型产品保留了前三代材料的优异性能，但完全去除了其中的二类致癌物糠醛，筛选出了无毒或微毒的稀释剂取而代之，并选用了有效的活化方法提高其反应活性，从而克服了研发过程中新材料强度大幅下降的缺点，使之达到了第三代产品的性能指标并符合环保要求，经小白鼠口服法检测，LD50＞5000mg/kg，属实际无毒级。相对于目前国内的同类环氧产品仍在使用糠醛作稀释剂而言，这是国内首款去糠醛化的环保型产品。

(3) 完全环保的无溶剂环氧产品既符合环氧树脂防腐涂料中涂的要求，也符合环氧树脂防水涂料行业标准的要求，而且柔韧性更优，在温差变化很大的环境中使用能获得更好的耐久性。

(4) 堵水补强型环氧化灌浆材是专门针对修缮行业中常遇到的地下工程与隧道工程中结构裂缝涌水的治理难题而研发的，其特点是即使黏度不大但在水中也不分散，即使固化较快但配浆时也不会爆聚，即使在水中固化，力学强度也较高，对地下工程和隧道工程正在冒水的低水压裂缝可直接进行灌浆，达到既堵水又补强的双重功效，为修缮行业提供了一个便捷可行的治理新产品。

近几年来，面对求助于的混凝土缺陷及渗漏治理工程难题，我们陆续提供了十几个工程的治理方案，经专家评审后有的已经完成施工验收，有的即将施工。为施工企业和工程服务是我们的心愿，对此我们对产品提出了五点承诺：

(1) 产品性能指标国内外第一；

(2) 施工方便；

(3) 环保要求符合国内外标准；

(4) 价格适中性价比高；

(5) 做好服务确保工程质量。

我们希望能与灌浆、防水、防腐、修缮、装修行业的企业共助推广新材料新技术，共谋发展。

7.2 长沙方略·学府佳苑屋面、外墙防水维修改造工程

湖南冶霖建设工程有限公司
东方雨虹建筑修缮科技公司湘潭分公司 张翔[①] 李海涛 文金兰

7.2.1 工程概况

长沙方略·学府佳苑由长沙方略发展投资有限公司开发、中华建规划设计研究院设计，湖南黄花建设集团有限公司施工。该工程地下1层，地上17层（第1层为架空层），高度为52.25m的高层住宅。建筑面积为17364.41m^2，建筑占地1123.01m^2，建筑结构形式为框架剪力墙结构，防水等级设计为Ⅱ级，防水层使用年限不少于15年。该建筑物于2009年8月交付使用，截止改造日期使用已达11年。目前，该建筑物屋面、外墙出现部分较为严重的渗漏现象，屋面渗漏面积率和外墙渗漏率（以户为单位）分别为63%、68%。渗漏现象已严重影响了居民的正常生活，外墙瓷片出现部分剥脱，对居民的人身和财产造成了安全隐患。

7.2.2 现场概况

1. 屋面概况

（1）该建筑物的屋面为倒置式屋面，从下到上的构造层次依次为：现浇钢筋混凝土屋面板、4mm厚SBS改性沥青防水卷材、最薄20mm厚1∶8水泥珍珠岩找坡层、20mm厚1∶2.5水泥砂浆找平、40mm厚挤塑聚苯板保温层、350＃石油沥青油毡隔离层、40mm厚C30细石混凝土（内配ϕ4mm双向150mm钢筋）保护。

（2）屋面防水保护层上每隔6m设计了分格缝，缝内嵌填了改性沥青密封膏。保护层上有部分细微裂缝，但保护层坚固无松散破损。女儿墙、高低跨、穿屋面管道等细部节点铺贴了250mm宽、高的附加防水层。

（3）屋面设计为内天沟排水，天沟内防水层为2mm厚双组分聚氨酯防水涂料，现落水口出现部分堵塞现象，天沟排水不顺导致局部积水。

2. 外墙概况

（1）地上1～3层外墙为涂料防水，4～17层为瓷砖饰面。

---

① 第一作者简介：张翔，男，1991年生，暨南大学无机化学硕士研究生，主要从事建筑防水材料、建筑防水工程与公路养护材料的技术研究。

（2）涂料外墙从内到外构造层次依次为：120mm厚多孔砖墙、界面砂浆一遍、30mm厚胶粉聚苯颗粒保温砂浆、5mm厚镀锌钢丝网抗裂砂浆、外墙柔性耐水腻子、高分子乳液弹性底层涂料、面层外墙涂料二遍。

（3）瓷砖外墙从内往外构造层次依次为：120mm厚黏土多孔红砖、界面砂浆一遍、30mm厚胶粉聚苯颗粒保温砂浆、5mm厚镀锌钢丝网抗裂砂浆、5mm厚1∶1乳胶水泥砂浆胶结层、8mm厚饰面瓷砖，1∶1水泥砂浆勾缝，瓷砖与墙体出现部分空鼓现象。

7.2.3 渗漏原因分析

1. 屋面渗漏原因

（1）该建筑物已使用11年之久，冷热交替、雨雪侵蚀导致卷材自然老化，使防水层部分破损、鼓泡、剥离，失去挡水功能，导致渗漏。

（2）屋面保护层和基层出现部分裂缝，防水层受损，导致渗漏。

（3）屋面分格缝、女儿墙、出屋面管道等细部防水材料自然老化开裂、翘边、剥离，防水功能受损，导致渗漏。

（4）屋面天沟排水不畅，局部长期积水，防水层在长期浸泡环境下受损导致渗漏。

2. 外墙渗漏原因

（1）墙体为黏土多孔砖基体，本身结构不密实，砖与砖之间的缝隙易导致渗漏；

（2）砂浆层不密实，容易渗漏；

（3）墙面瓷砖层勾缝部位不密实，导致渗漏；

（4）墙面瓷砖层出现空鼓、脱落，水直接接触砂浆层，导致墙体渗漏；

（5）窗户与墙体接触部位没有用密封胶密封或密封胶出现老化现象，导致窗体与外墙之间存在微小缝隙，导致渗漏。

7.2.4 屋面防水维修改造

1. 屋面防水维修设计

根据屋面渗漏实际情况，采用在屋面保护层上直接加做2mm厚非固化橡胶沥青防水涂料＋3mm厚SBS改性沥青防水卷材的复合防水层；天沟部位：将天沟开挖至基层，拆除原有防水层，重做2mm厚非固化橡胶沥青防水涂料＋3mm厚SBS改性沥青防水卷材复合防水层方案。

2. 屋面防水维修施工

凿除天沟处构造层至基层→清理天沟、屋面板基面→基层处理→细部节点防水施工→天沟防水施工→屋面大面积防水施工。

具体施工步骤：

（1）用电镐等工具凿除天沟处构造层至基层，并将防水层在女儿墙上的收头处一并凿除，清理杂物打包，使基面干净。

（2）对屋面刚性保护层与天沟基层上的裂缝进行扩槽，用聚合物防水砂浆填槽抹平，阴阳角做成圆弧形。

（3）对屋面保护层、天沟基层喷涂基层处理剂一遍，要求涂布均匀，不漏涂不堆积。

（4）对细部节点刮涂 2mm 厚非固化橡胶沥青防水涂料后满铺 3mm 厚 SBS 改性沥青防水卷材，卷材搭接不小于 80mm。

（5）对天沟处刮涂 2mm 厚非固化橡胶沥青防水涂料后满铺 3mm 厚 SBS 改性沥青防水卷材，泛水高度不小于 250mm，卷材在女儿墙槽内进行收头，收头处再用沥青密封胶密封。

（6）对屋面刮涂 2mm 厚非固化橡胶沥青防水涂料后满铺 3mm 厚 SBS 改性沥青防水卷材，并与天沟处细部节点防水层进行搭接，搭接宽度不小于 150mm，并加做防水附加层。

7.2.5 外墙防水维修改造

1. 外墙防水装饰维修设计

（1）涂料外墙（地上 1～3 层）：刷界面剂一遍，粉抹 15mm 厚 1：2.5 抹灰砂浆（层间挂镀锌钢丝网），抹 5mm 厚单组分聚合物防水砂浆（中间压入一道耐碱玻璃纤维布），刷外墙底漆一遍与外墙面漆一遍，再做外墙真石漆二遍。

（2）瓷砖外墙（地上 4～17 层）：刷界面剂一遍，抹 15mm 厚 1：2.5 抹灰砂浆（层间挂镀锌钢丝网），抹 5mm 厚单组分聚合物防水砂浆（中间压入一道耐碱玻璃纤维布），外墙刷底漆一遍与外墙面漆二遍。

2. 外墙防水装饰维修施工

拆除防护窗等外墙挂件→凿除原有墙面至基层墙体→清洗墙面→喷界面剂→粉抹 1：2.5 水泥砂浆→批刮单组分聚合物防水砂浆→涂刷底漆、面漆→地上 1～3 层喷涂二遍外墙真石漆，窗户与墙体接触部位用密封胶密封→安装防护窗等原有外墙挂件。

具体施工步骤：

（1）在室内将装有的外墙挂件（如不锈钢防护窗）和电器（如空调外机）用相关电动工具拆除并搬至指定地点标记后存放。

（2）在屋顶合适位置安装吊篮，注意控制吊篮承重臂宽度以便施工。

（3）沿外墙从上至下铺设安全网并关闭室内窗户。

（4）用电镐等工具对外墙面进行凿除，直至墙体，垃圾由吊篮运至底层后统一堆放。

（5）用清水对凿除后的墙体进行清洗。

（6）喷涂东方雨虹界面剂一遍。

（7）分两遍批刮 1：2.5 抹灰砂浆压实抹平，总厚度为 15mm，层间挂钢丝网，养护成型。

（8）分两遍批刮华砂单组分聚合物水泥砂浆 5mm，层间压入一层耐碱玻璃纤维布，养护成型。

（9）涂刷德爱威外墙底漆一遍。

（10）涂刷德爱威外墙面漆二遍（地上 4～17 层）或喷涂德爱威外墙真石漆二遍（地上 1～3 层）。

（11）清理施工垃圾，窗户与墙体接触部位用硅酮耐候密封胶密封。

（12）恢复原有外墙挂件（如不锈钢防护窗）和电器（如空调外机）。

7.2.6 结语

房屋渗漏不仅影响居民的正常生活，更有可能影响建筑物的使用寿命。因此，解决既有建筑物的渗漏变得十分重要。不同时段使用的防水装饰材料和施工工艺都在变化更新。当防水层破损、建筑物出现渗漏时应及时进行维修。维修时要因地制宜，制定维修方案和施工工艺，选择合适的施工队伍精心施工。

用合格的材料、合理的设计、精心的施工、有效的管理将建筑的渗漏问题完美解决。竣工后的建筑物不仅不渗不漏，经久耐用，而且面貌焕然一新！如图 7-6所示。

图 7-6 建筑物改造前后

7.3　非固化防水材料在建筑防水堵漏中的应用

杨志辉　金勇　赵灿辉

7.3.1　非固化防水材料堵漏技术的起源与发展

非固化橡胶沥青防水涂料（Non-curable rubber modified asphalt coating for waterproofing）以橡胶、沥青为主要组分，加入助剂混合制成的在使用年限内保持黏性膏状体的防水涂料。

非固化防水涂料在施工后即使长时间放置也不会固化，保持防水材料的原有性能，能够提高防水层的寿命。其永不固化性能主要是以它的固含量来决定的。其他防水涂料施工时混合水或其他溶剂使其拥有施工性，但施工后随着溶剂的挥发防水层固化。橡胶沥青非固化防水涂料其本身的固含量为99%以上，施工时采用专用设备，无须添加溶剂，因此施工后即使经过长时间也不会固化并保持其性能。

生产橡胶沥青非固化防水涂料采用的主要原材料为废轮胎粉、沥青和特殊添加剂，该添加剂具有从废轮胎中提取碳黑、天然橡胶、SBS、抗氧化剂的功能，并在生产过程中起到特殊催化剂的作用，能使沥青与各种高分子间形成稳定的化学结合。所谓化学结合是将高分子与沥青中所含有的双重链接切断，被切断的高分子与沥青分子为保持平衡相互结合，形成高分子与沥青间的化学结合。以这种方式结合的高分子与沥青能在最稳定的状态下将各自的性能发挥到最大程度，从而提高了涂料的固化物含量、稳定性及产品性能。

2003年，韩国首尔科技大学研发一种突破性防水新产品——非固化防水材料，并在韩国仁川机场、韩国地铁十号线、美国波士顿隧道等防水堵漏工程中得到大量应用，防水堵漏效果良好，得到用户的好评，并且被韩国建设交通部认证，同时该方法通过了韩国商业、工业和能源部门的质量认证（EM标识），并被韩国科技部列为韩国新技术（KT）。

2006年，非固化防水材料从韩国引进中国，同年应用到哈尔滨市委地下室和哈尔滨华能管线检修井防水堵漏工程，经近十年的观察堵漏效果很好，2015年在哈尔滨四季上东地下车库的防水堵漏工程得到应用，取得了预期的效果。

2013年3月31日，全国轻质与装饰装修建筑材料标准化技术委员会建筑防水材料分技术委员会（SAC/TC195/SC1）在北京组织召开了《非固化橡胶沥青防水涂料》建材行业标准审查会，由13名代表组成了标准审查委员会，有来自标委会、生产企业、科研院所、质检机构与使用单位的33名代表参加了会议。

标准审查委员会听取了标准编制组对标准制定工作的介绍。标准编制组代表汇报了标准的制定内容、编制依据以及所进行的调研与分析等情况。标准审查委员会认为：标准编制组做了大量工作，收集、了解了许多国内外资料及实际情况，试验验证充分，试验数据可靠，提交会议审查的文件基本齐全。与会代表认真审查了标准送审稿及有关文件，一致通过了对该标准的审查。

审查委员会认为：该标准是在总结我国多年来非固化橡胶沥青防水涂料开发及生产应用的基础上制定的，标准参考了国内外同类产品的技术资料，并对国外合资公司的样品进行了测试比较，标准达到了国内先进水平。

7.3.2 非固化橡胶沥青防水材料在防水堵漏工程中的应用技术要点

非固化橡胶沥青防水材料是由橡胶、沥青及特种添加剂组成的弹塑性胶状、与空气长期接触后也不固化，且有很好的粘结力，是在渗漏的根源部位重建新的防水层，是主动的防水方法。将非固化橡胶沥青防水材料注入受损防水层的裂缝中，修复原有防水层，而且与原结构相比，因增强了原防水层的功能，结构防水功能得到增强。

1. 非固化橡胶沥青防水材料的基本要求

非固化橡胶沥青防水材料主要物理性能如表 7-4 所示。

表 7-4 《非固化橡胶沥青防水涂料》(JC/T 2428—2017)

序号	项目		技术指标
1	闪点（℃） ≥		180
2	固含量（%） ≥		98
3	黏结性能	干燥基面	100%内聚破坏
		潮湿基面	
4	延伸性（mm） ≥		15
5	低温柔性		−20℃，无断裂
6	耐热性（℃）		65
			无滑动、流淌、滴落
7	热老化 70℃，168h	延伸性（mm） ≥	15
		低温柔性	−15℃，无断裂
8	耐酸性（2% H_2SO_4 溶液）	外观	无变化
		延伸性（mm） ≥	15
		质量变化（%）	±2.0
9	耐碱性［0.1% NaOH＋饱和 $Ca(OH)_2$ 溶液］	外观	无变化
		延伸性（mm） ≥	15
		质量变化（%）	±2.0

续表

序号	项目		技术指标
10	耐盐性（3%NaCl 溶液）	外观	无变化
		延伸性（mm） ≥	15
		质量变化（%）	±2.0
11	自愈性		无渗水
12	渗油性/张 ≤		2
13	应力松弛（%） ≤	无处理	35
		热老化（70℃，168h）	
14	抗窜水性/0.6MPa		无窜水

2. 非固化橡胶沥青防水材料的特性

（1）永不固化，固含量大于98%，几乎没有挥发物，施工后始终保持胶状的原有状态。

（2）耐久、耐腐、耐高低温、延伸性能优秀；无毒、无味、无污染，难燃于火。

（3）粘结性强，可在潮湿基面施工，且能在水中与诸多材料粘结。

（4）柔韧性好，延伸率高，适于基层变形。

（5）自愈性强，施工时即使出现防水层破损也能自行愈合，维持完整的防水层。

（6）施工简单，可刮抹、喷涂、注浆施工。既可常温下施工，也可在零度以下施工。

（7）能阻止水在防水层流窜，易维护管理。

（8）可与其他防水材料同时使用，形成复合防水层，提高防水效果。

（9）施工时材料不会分离，可形成稳定、整体无缝的防水层。

（10）在水中长期浸泡不离析，不分散。

7.3.3 非固化橡胶沥青防水材料在防水堵漏工程中应用案例

1. 非固化橡胶沥青防水材料在地下室底板和侧墙注浆堵漏的应用

（1）工程概况：

哈尔滨市地段街170号院内哈尔滨市委综合办公楼改造工程，建筑面积3960m^2，地下一层，地上四层，砖混结构，工程于2006年6月开工，2006年10月竣工。工程距离松花江约1km，属松花江河漫滩地质构造，丰水期地下水位位于底板2.5m，枯水期地下水位位于底板4m以下。经专家鉴定，该综合办公楼存在结构设计缺陷，大空间处基础底板刚度不足，地基反力作用下形成反拱；底板和侧墙局部开裂，最大裂缝宽度近20mm。同时，地下室防水层和结构破坏失效后，由于地下水位较高并反复升降，造成基底粉细砂流失，基底局部掏空，加速结构沉降不均匀并加剧。工程改造内容：一是对地下室基础及主体结构进行加固；二是对地下室已失效的防水构造重新设计，进行堵漏并采用新防水材料和新防水技术施工。

（2）材料：非固化橡胶沥青防水涂料、堵漏王等。

（3）施工方法：漏水修补施工方法。

准备工作：

（1）对现场进行勘查，并了解原防水设计方案与防水施工记录。

（2）为了施工安全设置适当的脚手架。

（3）修复施工表面的缺陷部位并清理分离部位，缺陷部位涂抹快速固化砂浆，然后进行堵漏作业。

（4）施工面裂缝达到3mm以上的地方，剔2cm深U形槽。干净后涂抹快速硬化砂浆。

（5）考虑接缝部位补修后还会出现损伤，应对其采取适当的保护措施。

墙面堵漏的施工如图7-7所示，施工顺序如图7-8所示。

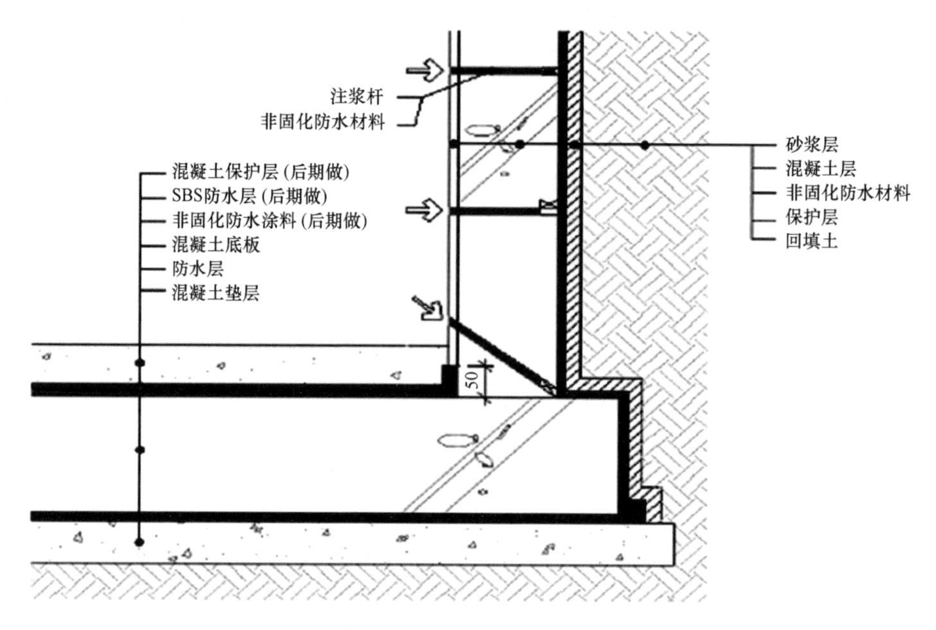

图7-7　墙面注非固化防水材料堵漏示意图

（4）墙面注浆工艺：

①首先确认墙面的厚度，钻孔至原有的防水层。钻孔的标准距离为1m（根据现场情况可调整为0.5～1.5m）。

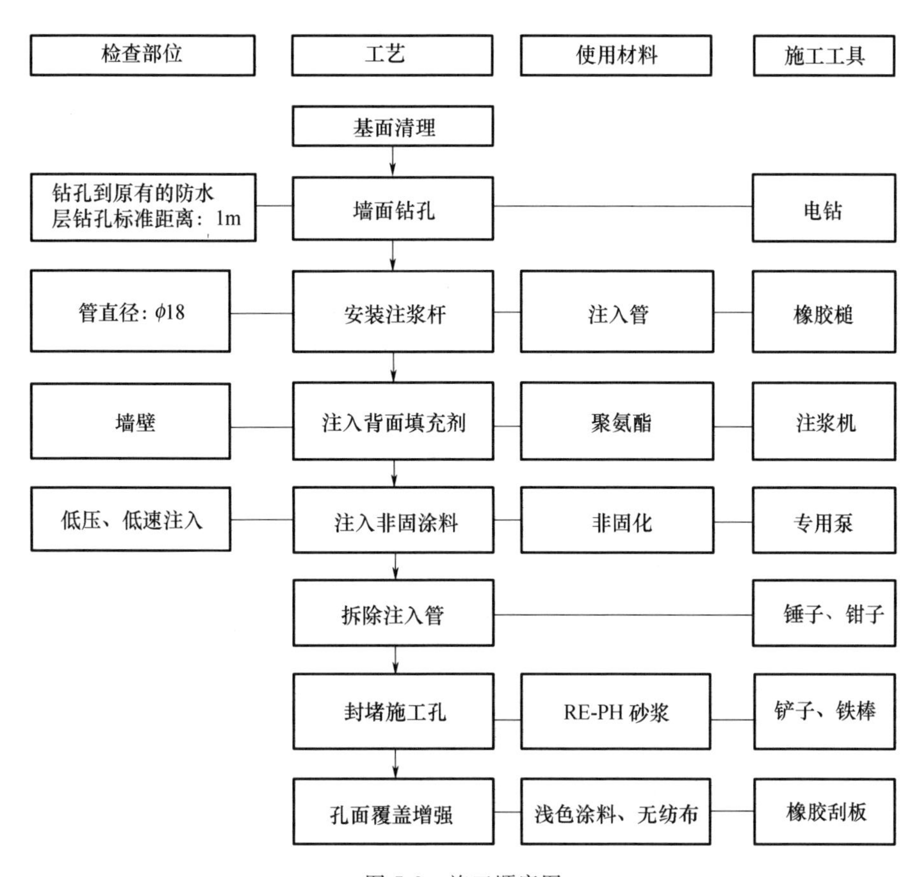

图 7-8　施工顺序图

②注浆堵漏时为控制非固化防水材料的注入量和连续性，先注入聚氨酯进行背面填充，使迎水面空洞部位充实。

③注入非固化防水材料时应低压、低速注入，一直注到另一出浆孔中逆流出非固化防水材料为止。

④反复操作以上工作。

⑤移除注入管。

⑥利用 RE-PH 砂浆和无纺布将注浆孔区堵上。

⑦清理现场。

（5）施工操作要点：

①注入管的安装及固定：

一般施工采用 ϕ18mm 的注入导管。安装前用胶带将导管缠 3～4 圈，之后用橡胶槌固定在钻孔内（图 7-9）。

②注入非固化防水材料：不停灌注非固化防水材料直到附近的孔中逆流出来为止。逆流时将注入口关闭，在出浆口连接注入软管后用同样的方法反复施工。

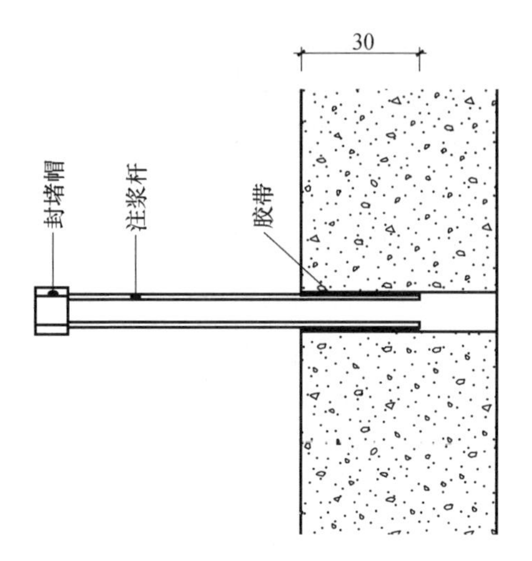

图 7-9　侧墙注入管安装示意图

墙体的注入是从最下端开始，确认压力及注入范围，在出浆口确认逆流。

（6）底板堵漏的施工示意图（图 7-10、图 7-11）：

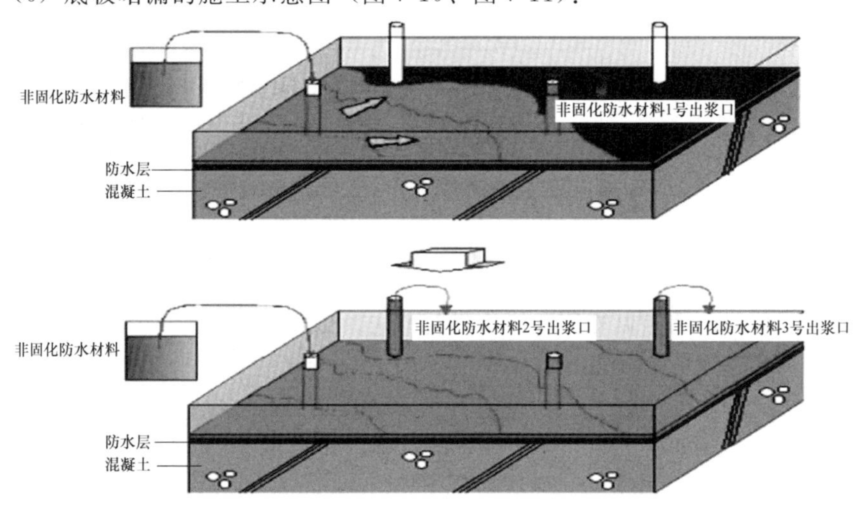

图 7-10　底板非固化防水材料堵漏示意图

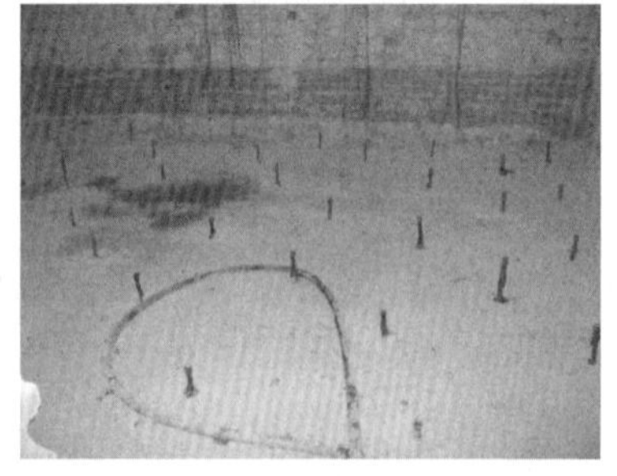

图 7-11　非固化防水材料堵漏现场示意图

（7）底板堵漏施工注意事项：

底板的非固化防水材料注浆施工方法同墙面相似，不同点是地面的非固化防水材料的注入从墙脚开始。

2. 非固化橡胶沥青防水材料在管线井室注浆堵漏的应用

（1）工程概况

2006年，哈尔滨华能供热公司34个检修井井室发生渗漏，主要渗漏原因为供热管线的热胀冷缩造成供热管线的管壁与井室墙壁混凝土之间产生2～3cm的位移，使地下水顺着供热管线管壁与井室混凝土之间的缝隙进入检修井井室，把管线长期浸泡在水中，使管壁表面生锈，缩短供热管线的使用寿命，冬天漏进检修井井室中的水吸收管道热量，使热量白白的浪费，据有关部门统计每年冬天的热损失达2000多万元。因此，结合工程现场的特点和非固化防水材料能与不同材质进行粘结，并具有良好的蠕变性的特征。华能供热公司、设计院及大庆建筑安装公司哈尔滨分公司的专家对施工工艺和材料的适应性进行充分论证，决定采用非固化防水材料注浆堵漏的工艺进行堵漏维修。

（2）施工方法

①清理现场，清除施工面上的杂质，露出原有混凝土层和管壁，进行抽水作业，用堵漏王把地面漏水堵住。

②用电钻以45°斜角钻孔（图7-12），钻孔深到混凝土与管壁之间，检查孔洞的坚固性，然后设置注浆杆。

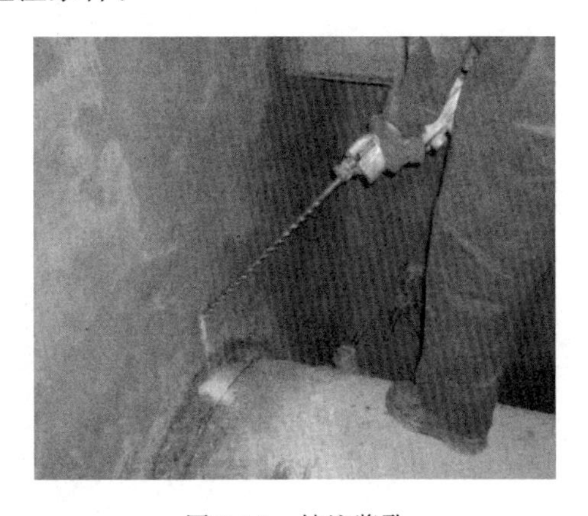

图7-12　钻注浆孔

③调试注浆设备，采用非固化防水材料进行注浆堵漏。

④沿管壁周围低压、低速注入非固化防水材料，一直注到另一出浆孔中逆流出非固化防水材料为止（图7-13）。

⑤用堵漏王对管道注浆部位进行封堵，使非固化防水材料密封在井室混凝土墙面和供热管线管壁之间。

⑥粘贴自粘SBS防水卷材做附加层。

图 7-13 非固化防水材料注浆

⑦安装法兰盘进行加固处理（图 7-14）。

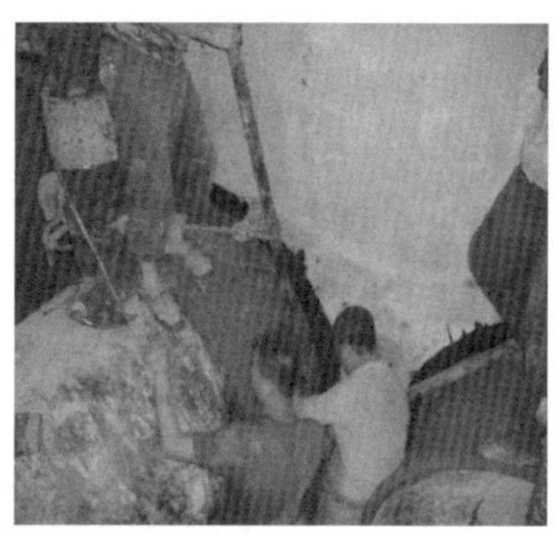

图 7-14 加固处理

⑧施工完成，清理现场。修补后效果如图 7-15 所示。

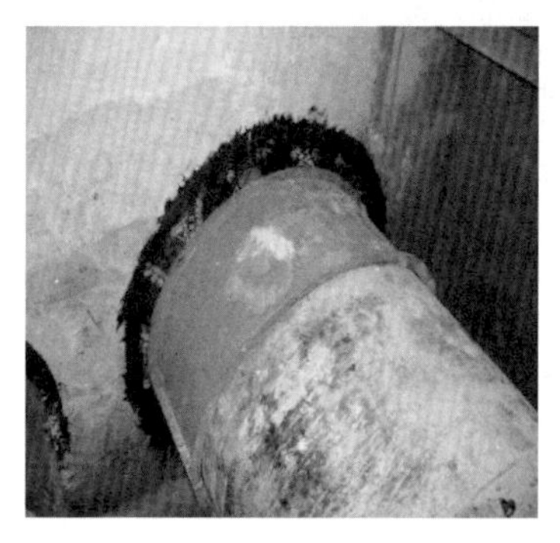

图 7-15 修补后效果

3. 非固化橡胶沥青防水材料在地下室顶板注浆堵漏的应用

（1）工程概况

2014 年，哈尔滨亚麻住宅小区地下室顶板发生渗漏，该地下车库为地下负 2

层，顶板采用二道国标 4mmSBS 防水卷材防水层，因多种原因导致顶板大面积渗漏（图 7-16～图 7-19）。甲方在先期渗漏时采用聚氨酯注浆堵漏工艺，没有取得预期的效果，窜水漏水现象依然严重，经乙方专家根据现场勘查，制定出采用非固化防水材料注浆堵漏的工艺。

图 7-16　穿墙管根部渗漏

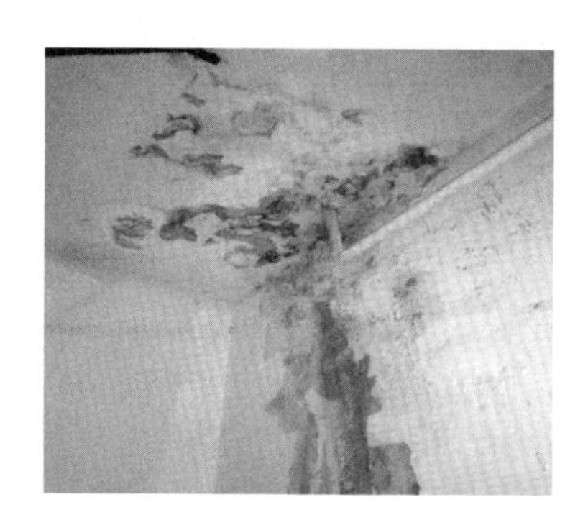

图 7-17　顶板渗漏

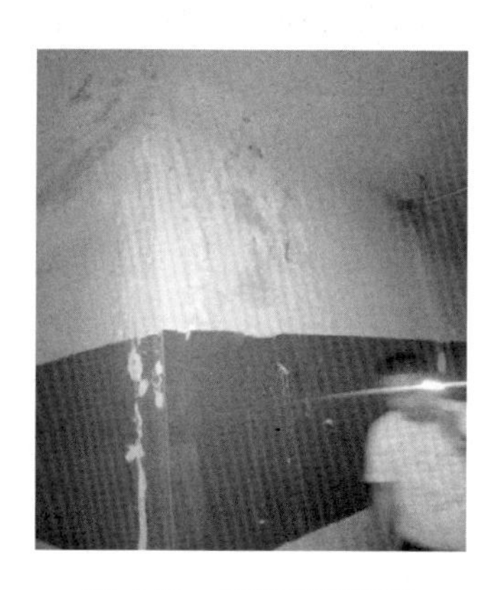

图 7-18　顶板根部渗漏

图 7-19　顶板梁部位渗漏

（2）施工方法

①清理场地：包括清理漏水范围内的物件及铲除浮浆面。

②查找渗漏部位：仔细检查地下室顶板，查出渗漏点、裂缝等进行画线标记，采用人工结合配套机械的方式进行剔凿缝槽，缝槽宽 20mm，深 30mm。

③其缝槽设置专用注浆杆，注浆杆的设置深度不少于 30mm，注浆杆设置间距为 500～1200mm。然后采用 1∶1∶2.5 的水泥砂浆填充其缝槽（堵漏宝∶水泥∶中砂）。

④设置注浆杆：注浆杆的设置间距根据渗漏点的情况决定。凿开渗漏部位后，尽量寻找较大渗漏源，然后按照 500mm 的间距设置注浆杆。在裂缝交叉处、裂缝较宽处、端部以及裂缝贯穿处均应设置注浆杆，其方法为：无论何种裂缝，缝端应设杆，如果裂缝是断续的，须在断续处两端各加一杆，即在一条裂缝上必

须有进浆杆、出浆杆，注浆杆之间的间距根据裂缝宽度大小而定，为500～1500mm，同时有较大渗漏源，宜设置增强注浆杆（图7-20）。

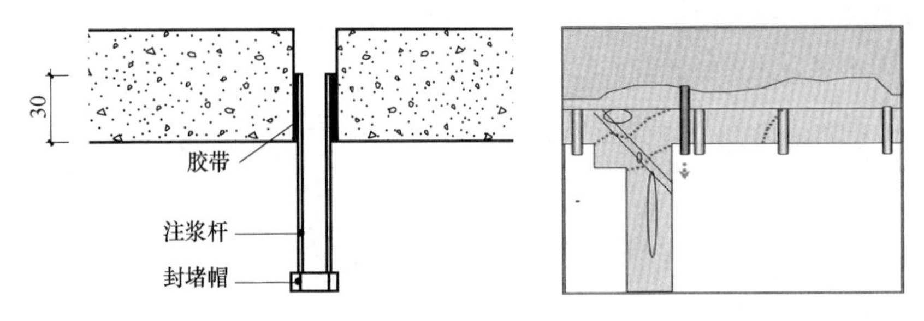

图7-20 注浆杆设置

⑤调配注浆材料。

⑥调试注浆设备。

⑦注浆：注浆杆固定后，即可进行注浆。一般按从裂缝一端到另一端循序渐进的原则，以免空气的混入影响非固化防水材料的密实性，注浆压力则视裂缝宽度、深度而定，对于裂缝一般采用0.2～0.3MPa的注浆压力，能使顶板和裂缝充填饱满。

⑧封口：注浆完毕后，拔掉注浆杆，封闭管口。

⑨注浆设施主要参数如表7-5所示。

表7-5 注浆设施主要参数

电源	380V，三相动力线，60Hz	漏斗容量	60L
动力	4，5.5，7kW	长度	1460mm
传送压力	2500～3000kPa	宽度	570mm
传送距离	垂直：30m，水平：60m	高度	570mm
吐出量	25～75L/min	总质量	107kg

⑩施工后效果（图7-21）。

图7-21 施工后地面无水痕

7.3.4 结论与展望

注浆非固化防水材料的施工带来了更广阔的空间，使得施工人员不再因为防水堵漏的复杂施工、不佳的效果、迎水面防水的修复等问题而一筹莫展。注浆非固化防水材料堵漏技术随着工程中不断涌现出来的新问题而不断地拓展其应用领域。地下室底板、顶板、穿墙管防水堵漏的成功为施工条件复杂、异型空间、迎水面防水修补提供的典型案例；而哈尔滨市委地下室底板侧墙注浆堵漏，哈尔滨华能供热管线穿墙管注浆堵漏，哈尔滨亚麻住宅小区地下室顶板的注浆堵漏工程，也为建筑普遍存在的渗漏封堵问题带来了新的解决思路。非固化防水材料在工作性能方面有着突出的优势，但是它也存在着材料用量高、材料成本高等特点，还应该针对这些问题结合工程实际开展新的研究，非固化防水材料堵漏技术的发明就是堵漏防水的典型代表。随着工程人员对非固化防水材料堵漏技术了解的不断加深，这项技术一定会在中国取得长足的发展。

7.4 惠州市园洲幸福里项目防水补漏工程工艺工法

广州丽天防水补漏工程有限公司 陈景明[①] 谢冬梅 邹海军

7.4.1 工程概况

该工程为多层建筑，有两个部位明显渗水，一是穿楼板烟囱（烟道）根部渗漏；二是地下室楼梯间渗漏。如不修缮，整个工程无法验收与交付使用。

7.4.2 渗漏原因

（1）烟囱（烟道）与楼板不是整体现浇混凝土结构，而是在楼板预留不规整的洞口，预制薄壁（20mm厚）烟道安装后，在筒壁根部周边回填普通细石混凝土，回填的混凝土不但欠密实，局部开裂，而且界面未做处理，后浇混凝土与筒体存在界面裂隙，导致外界水分渗入下层。

（2）地下室楼梯间墙体局部开裂，与地下室底板连接部位地下水上升，加之

---

① 第一作者简介：陈景明，男，生于1989年，毕业于华南理工大学，二级建造师、建筑工程师，目前任职广州丽天防水补漏工程有限公司应用技术部经理，主要从事防水材料研发及施工工艺应用。参与公司多项防水系统应用技术开发。曾担任中山大学达安厂房、岳阳国贸大厦地下室、广州保税区银鸿楼屋面、园洲幸福里项目等防水补漏维修工程项目的技术负责人。

空间通风不良，冷凝水掉落于地面与浸入墙体，在墙体根部出现渗水，墙面与地面经常潮湿。

7.4.3 渗水修缮方案

经过现场仔细勘查，有关人员静心分析，找出渗漏原因，共同商讨了修缮方案，经业主同意后，我公司组织专业技工，实施共识方案。

（1）厨房烟囱与楼板连接部位渗漏修缮做法如图 7-22 所示。

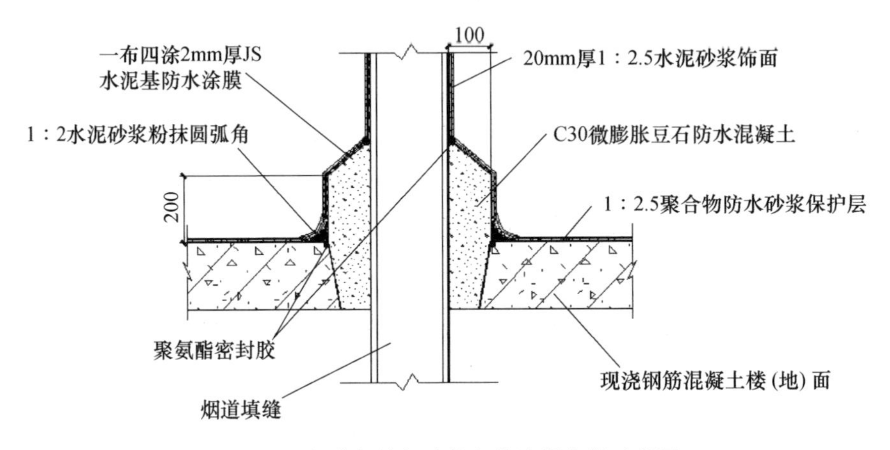

图 7-22　烟道与楼板连接部位渗漏修缮示意图

（2）地下室楼梯间墙体补漏做法如图 7-23 所示。

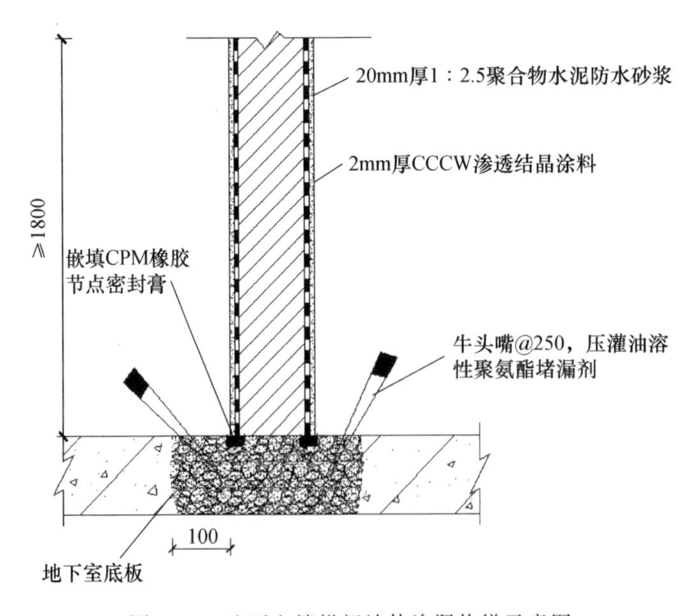

图 7-23　地下室楼梯间墙体渗漏修缮示意图

7.4.4 渗漏修缮主要防水材料简介

（1）聚氯酯密封胶：由异氰酸酯与聚醚多元醇及助剂，经聚合反应制成的双组分稠厚液料，施工固化后形成弹性橡胶体，低模量，粘结力强，延伸性好，是行业普遍使用的中高档密封材料，产品执行《聚氨酯建筑密封胶》（JC/T 482—2003）标准。

（2）聚合物水泥基（JS）防水涂料：由聚合物乳液、水泥、石英砂与助剂配制而成的双组分复合防水涂料。施工干固后形成韧性防水涂膜，与基层黏结力强，有一定的延伸性。本工程选用Ⅱ型产品，产品执行《聚合物水泥防水涂料》（GB/T 23445—2009）标准。

（3）油溶性聚氨酯注浆堵漏材料（又称氰凝）：是以异氰酸酯、聚醚与助剂经聚合反应制成的双组分单组分灌浆堵漏材料。注入渗漏处与水交联反应成网状凝胶体，有一定强度，黏结性好，有一定的柔韧性，有效阻隔水分通过，是一种应用普遍的优良注浆堵漏材料。产品执行《聚氨酯灌浆材料》（JC/T 2041—2020）标准，基本性能如表 7-6 所示。

表 7-6 油溶性聚氨酯浆液与固结体的基本性能

项目	单位	性能指标
密度	g/cm³	1.057～1.125
黏度	Pa·s	0.02～0.09
凝聚时间	—	几秒到几分钟
固结体体积膨胀率	%	6～9
固结体抗压强度	MPa	3～7
固结体抗拉强度	MPa	0.56～1.2
与混凝土的黏结强度	MPa	0.2～0.7
抗渗压力	MPa	＞0.4

（4）水泥基渗透结晶型（CCCW）防水涂料：是由水泥与活性母料及助剂配制而成的粉剂。它与基体接触后，活性母料随水迁移、扩散，与水泥发生化学反应，生成无数结晶，充填微孔、小缝，阻隔水分通过。其后若再遇水，母料再被激活，再生成无数晶体，进一步密实基体。因此它与基体同寿命，能长久抗渗防水。产品执行《水泥基渗透结晶型防水材料》（GB 18445—2012）标准。

（5）聚合物水泥防水砂浆：在水泥砂浆中掺入适量的聚合物乳液或可再分散的乳胶粉，配制而成的抗裂防水砂浆。水泥砂浆配比可取 1∶1、1∶1.5、1∶2、1∶2.5。乳液掺量一般为水泥量的 20%～30%。胶粉掺量一般为水泥量的 9%～14%。这种砂浆显著特点是固结体密实与抗裂。其是目前渗漏治理的主要修缮材料之一。产品执行《聚合物水泥防水砂浆》（JC/T 984—2011）标准。

（6）CPM 节点密封膏：由多种橡胶、沥青与助剂制成的水性膏状物，施工干固后，形成立体网状橡胶弹性体。可干、湿面冷施工，具有良好的粘结性、延伸性与耐候耐老化性能。产品执行 Q/GXTH02—2014 标准。

7.4.5 渗漏修缮施工工艺

1. 烟囱与楼板连接部位渗漏修缮做法

（1）初步清扫后，凿除原有填缝混凝土与砂浆，安装槽底与反坎模板，并精细清理干净。

（2）配制 C30 微膨胀豆石防水混凝土，分两次浇筑，先灌注楼面以下部位，用砌刀与钢棒反复插压锤紧，然后涂刷 CCCW 渗透结晶型胶浆 1.5mm 厚。初凝前，灌注楼面以上部位，用砌刀与钢棒反复插压锤紧，顶部抹压成斜坡。

（3）24h 后，拆除反坎模板，并在楼面与反坎连接部位及斜坡上口的外侧，剔除 20mm×20mm 凹槽，并清理干净。

（4）对浇筑的防水混凝土洒水湿养 3d。

（5）其后对楼面、凹槽、反坎及烟囱壁清铲表面杂质，让其自然干燥 2d。

（6）对楼面与反坎连接的凹槽涂刷乳化沥青一道，干燥后嵌填聚氨酯密封膏，用小灰刀压实抹面。

（7）对楼面与反坎连接处，粉抹 1∶2 水泥砂浆，压实并抹成弧形侧角。

（8）2d 后对楼面与反坎表面再次清理干净，喷水湿润基面后，刮涂第一遍 JS 涂料，要求涂刷均匀，上下两端分别延伸 100mm，一遍干燥后均匀刮涂第二遍，并粘贴一层聚酯无纺布（50～60g/m^2），理顺抹平。

（9）第二遍涂料干硬后，均匀刮涂第三遍涂料，三遍干硬后均匀刮涂第四遍涂料。

（10）第四遍涂料干硬后，对楼面、反坎与烟道外壁，粉抹 1∶2.5 聚合物防水砂浆保护层，厚 20mm 左右，收水时再次压实抹光。

2. 地下室楼梯间墙基渗漏修缮施工做法

（1）疏通排水沟，把地下室底板积蓄的水分引入集水井，如果排水不畅，应根据实况进行疏导修整。如果楼梯间地面严重积水，应增开新的导水沟，把水引入排水沟、集水坑。

（2）启动通风系统，把地下空间的湿空气排送室外。

（3）把渗漏的楼梯间地面、墙体清理干净，并用毛巾清擦表面明水。

（4）对渗漏墙基两侧，呈梅花状打斜孔，孔径 ϕ10mm，孔距 250mm 左右，安装注浆嘴，用速凝材料锚固。然后低压慢灌油溶性聚氨酯注浆堵漏剂，凝固 4h 后检查渗水，如有渗水则进行二次复灌，直至无明水渗出为止。7d 后拆除注浆嘴，用聚合物防水砂浆封堵孔洞刮平。

(5) 对渗漏墙基在墙面与地面连接处，剔凿U形槽20mm×20mm，清理干净，嵌填CPM橡胶沥青弹性密封膏，一次灌满，12h后进行二次复灌。4h后将密封膏修整成弧形。

(6) 潮湿表面铲除原有水泥砂浆找平层，清理干净，对面层撒CCCW干粉或涂刷CCCW胶浆2～3遍，每平方米用量不少于2.5kg。

(7) 对已刷CCCW涂料的墙面粉抹20mm厚聚合物水泥防水砂浆，分两遍抹浆，头遍粉抹8mm左右，用抹子揉擦抹平。4h后再粉抹12mm厚左右，用铁抹子压实找平抹光。找平层的高度不少于1.8m。最好抹至顶板的表面。

(8) 施工完成两三天后，全面检查一遍，若尚存湿渍或渗水点，及时用1/2速凝堵漏王与1/2CCCW粉料混合物抹压修补，直至无任何渗漏为止。

7.5 水下大直径盾构隧道渗漏综合整治措施

陈森森[①] 高鑫荣 李康

(南京康泰建筑灌浆科技有限公司 江苏南京 210000)

7.5.1 工程概述

某江底水下大直径盾构隧道右线设计起点里程K9＋140，右线设计终点里程为K10＋298.984；左线设计起点里程为ZK9＋140.197，左线设计终点里程为ZK10＋307.100；盾构隧道全长：右线1158.984m，左线1166.903m。

隧道左线平曲线半径为R_1＝2500m，后顺接青奥轴线地下工程左线R＝4108m圆曲线；右线平曲线半径为R_2＝3087.0399m，后顺接青奥轴线地下工程右线R＝5000m。线路最大纵坡2.95%，最小纵坡2.3306%；最大坡长910m，最小坡长419.788m。

7.5.2 设计概况

水下大直径盾构隧道：

管片外径15m，内径13.7m，厚度650mm，环宽2m。

---

① 第一作者简介：陈森森，1973年5月出生，高分子材料专业，高级工程师，长期从事交通类的高速公路、高速铁路隧道、地铁防水堵漏、补强加固、缺陷整改、回填灌浆；盾构隧道、地铁车站、地下通道、地下商业街堵漏、加固；固结灌浆；水电类结构的缺陷整改工程施工。

管片强度等级 C60，抗渗等级 P12[1]。

1 环 10 块管片：7 块标准块+2 块邻接块+1 块封顶块。见图 7-24。

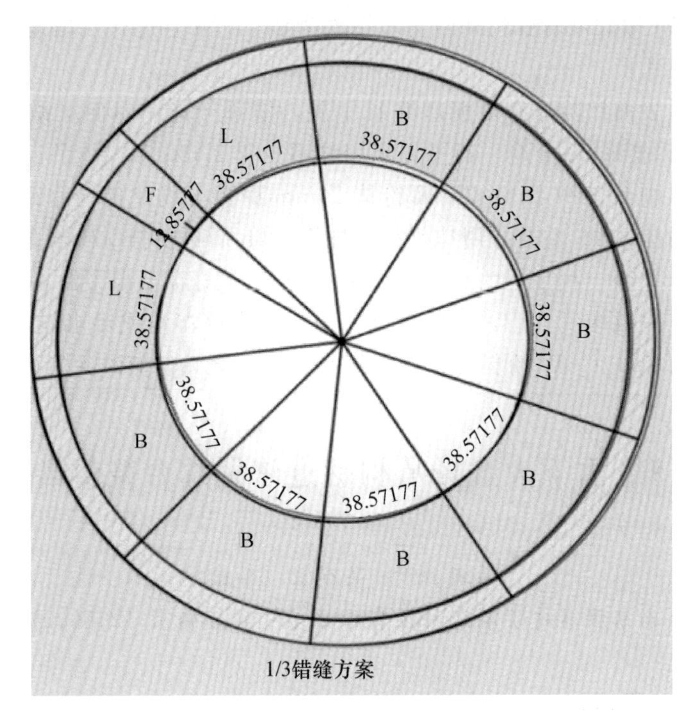

图 7-24　管片错缝方案

错缝拼装，楔形量为 52mm。

M36 螺栓 8.8 级，每环 30 个环向螺栓，每环 42 个纵向螺栓。

7.5.3　整治原则

（1）符合相关规范及水下大直径盾构隧道设计图纸要求。

（2）采用综合治理的原则。

（3）利用加固的理念进行堵漏。

（4）选用合适的设备、机具、材料及工法，适用于运营后车辆对结构产生的相应振动扰动和荷载扰动。

7.5.4　针对性研究

水下大直径盾构隧道本身具有多缝、多孔的特点，因水下水压很大，并且存在竖向曲线和横向曲线下穿水下，极易造成渗漏[2]。

基本原理：对管片拼接缝的渗水部位进行修复的化学注浆处理工艺和管片结

构上的不规则裂缝、螺栓孔、注浆孔采用加固的方法进行堵漏施工。对盾构结构背后进行三次、四次补充回填灌浆，对结构背后的存水空腔进行灌浆，充填密实。

采用耐潮湿改性环氧结构胶进行灌注，分区分次封闭，通过采取控制灌浆工法恢复到原设计要求。

1. 水下大直径盾构管片接缝渗水处理

（1）打设分隔柱，接缝表面封闭，安装注浆嘴

①查找漏水点：首先使用强光手电在拼缝内查找漏水点，初步确定漏水范围；见图 7-25；

图 7-25　查找漏水点

②设置分隔柱孔：在查找到漏水点部位后，在其两端各延长 50～100cm 位置钻孔设立分隔柱，分隔柱孔径为 ϕ14mm，孔深钻至不钻破三元乙丙橡胶密封垫（深度 53cm）；事先在场地上以未拼装的管片为例，结合图纸尺寸，找准三元乙丙密封垫的位置，冲击电锤上安装上钻孔深度限位装置，确保孔深和精确度，不得破坏三元乙丙密封垫；

③分隔柱内填塞：采用挤压后退式注胶工艺，分隔柱内使用胶枪灌注环氧改性弹性环氧结构胶，固化后形成弹性分隔体；

④清理管片拼缝：因打磨片操作空间厚度大于 2cm，无法打磨，因此用切割机清理渗水接缝部位的内侧的碳化层和氧化层、污染层，打磨至新鲜的基层，起到打磨机的功能；

⑤封堵管片拼缝、安装注浆嘴：使用快速封堵材料（聚合物快干水泥、硫铝酸盐微膨胀快干水泥）将两个分隔柱之间的拼缝进行封闭，然后用 ϕ14mm 钻头钻孔，钻孔深度在 30～35cm，孔间距为 20～50cm，最后安装注浆嘴。见图 7-26 和图 7-27。

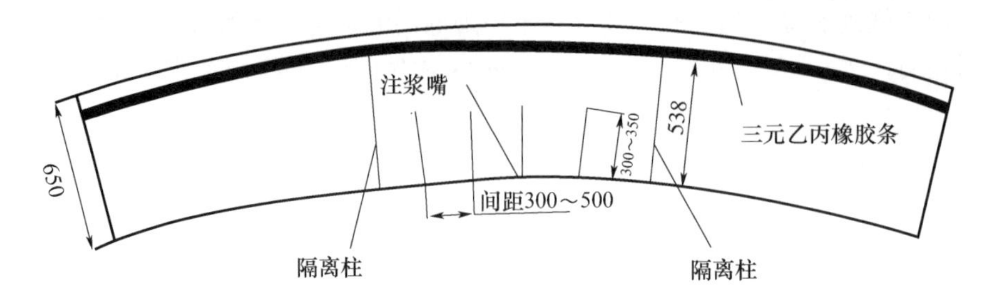

图 7-26 管片接缝处理断面图

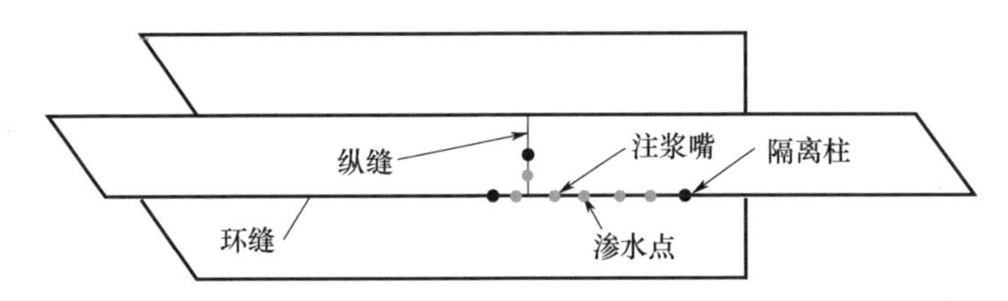

图 7-27 管片接缝处理平面示意图（T 型缝）

表面封堵完成后，观察封堵范围以外是否还有渗水，如没有渗水，则开始下一步注浆工艺，如还有渗水，则按照以上方法增加分隔柱、进行接缝表面封闭；两分隔柱间距不宜大于 2m。确保封堵范围外无渗水后，开始下一步注浆工艺。

（2）灌注环氧材料

通过已安装好的注浆嘴，采用 KT-CSS-8 改性环氧结构胶（延伸率大于 20%，在 25%左右，固化后有韧性的改性环氧结构胶）进行化学注浆，灌浆压力控制在 0.3～0.5MPa，最高不超过 1.0MPa。环缝注浆按照从低到高的顺序，当压力达到 0.5MPa，稳压 1～2min，进浆量低于 0.05L，开始灌注下一个注浆孔；纵缝注浆从一侧开始，向另一侧顺序灌注，压力与环缝相同。30min 后按照原顺序进行二次补灌。确保注浆饱满度达到 95%以上[3]，超过国家规定的 85%的标准。

（3）填塞非固化橡胶类密封胶

①注浆完成后，待环氧树脂类材料固化后，撤除注浆嘴；

②再次切割打磨接缝临时封堵的快干水泥，深度为 3～4cm；然后将管片接缝清理干净，再用热吹风对管片缝内侧进行加热升温至 40～50℃，然后在管片缝内填塞高弹性的非固化橡胶密封胶，再用热风机对填塞好的非固化橡胶密封胶进行吹风加热，再次填塞压实，提升密封胶的填塞效果（填塞厚度 1.5～2.0cm）。

（4）填塞聚硫类密封胶

①首先清理表面灰尘，然后刷底涂液（与聚硫密封胶配套的界面剂），再在接缝两侧贴美纹纸，确保密封胶线条整齐美观；继而使用刮刀涂刷 0.5～1cm 厚环氧改性聚硫密封胶；沿接缝方向刮涂，宽度 3cm 左右；

②铺贴一层玻璃纤维布，宽度 2cm 左右；

③涂刮 0.5～1cm 厚环氧改性聚硫密封胶，宽度 3cm 左右；

④待密封胶固化后，大约 24h 以后，手触表干，将美纹纸清除。

（5）表面恢复

以上各工序完成并验收合格后，使用砂纸打磨管片表面污染物，然后采用混凝土表面色差修复剂涂刷，基本将处理部位恢复原貌，修复管片拼接缝的三元乙丙橡胶密封胶条系统。

2. 水下大直径管片裂纹渗水处理

（1）裂缝表面封堵

①查找裂缝的渗水范围，以及裂缝走向和长度；

②观察裂缝是否和拼接缝相交，如果相交，则先按照拼接缝渗水处理工艺处理相交处的接缝（封堵范围为相交处上下各 50～100cm）；如未相交，则开始裂缝处理；

③用快干水泥对裂缝部位表面直接进行临时封堵，封堵厚度 0.5～1.0cm，宽度 1.0～2.0cm。

（2）钻孔，安装注浆嘴

①根据裂缝长度，在裂缝两侧沿缝方向钻斜孔，孔离裂缝 15～20cm，角度控制在 60°左右，钻孔间距 15～20cm；

②用 ϕ10mm 钻头钻孔，打设深孔和浅孔，每侧的两种孔间隔布置，浅孔深度为 20～30cm，与缝相交叉；深孔深度为 40～50cm，与缝相交叉。钻孔完成后，使用空压机吹孔，将孔内灰尘清理干净，安装注浆嘴（长度 10cm，直径 10mm，注浆嘴为复合结构，具备根部膨胀橡胶、嘴部有止回阀、中间为中空高压铝材）。见图 7-28。

（3）灌注环氧材料

采用浅孔和深孔复合注浆工法进行注浆，按照从低向高、从一侧向另一侧的顺序灌浆，先灌浅孔，等浅孔灌浆材料初凝后（时间为 30～60min），再灌深孔；或可以同时浅孔灌注等。30min 后再进行深孔灌注。压力控制在 0.8～1.0MPa，最高不超过 1.5MPa；当压力达到 1.0MPa 时，稳压 1～2min，进浆量低于 0.02L，开始灌注下一个注浆孔；第一遍注浆完成 30min 后，按照原顺序，开始二次补充灌浆；二次注浆完成 30min 后，再次按照原顺序进行三次灌浆；注浆材料为改性环氧树脂类材料（高渗透环氧，固化后强度可达到 C60，与管片强度基本一致），注浆饱满度达到 85％以上，争取 95％。见图 7-29。

（4）拆除注浆嘴

注浆完成后，待环氧树脂类材料固化后，撤除注浆嘴。采用环氧胶泥封闭针孔。

（5）表面恢复

以上各工序完成并验收合格后，使用砂纸打磨管片表面污染物，然后采用混凝土表面色差修复剂涂刷，基本将处理部位恢复原貌。

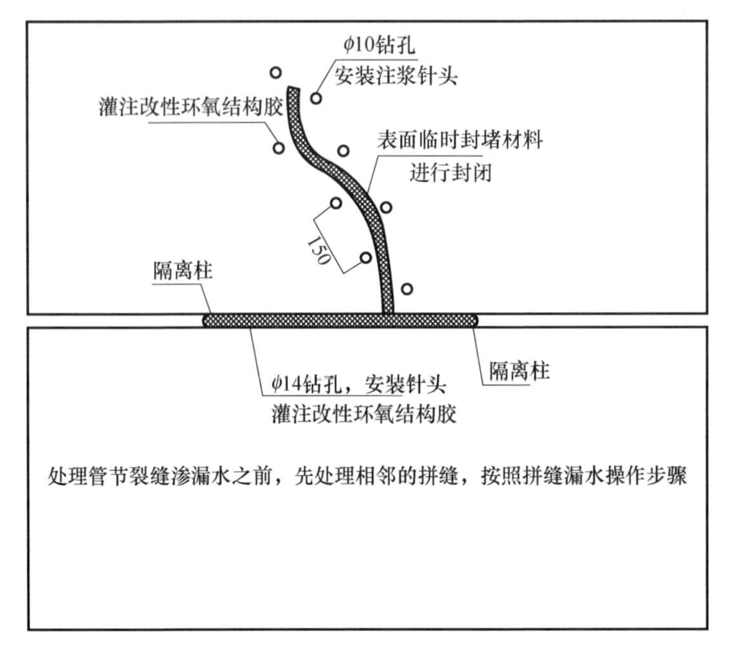

图 7-28 管片裂缝处理示意图

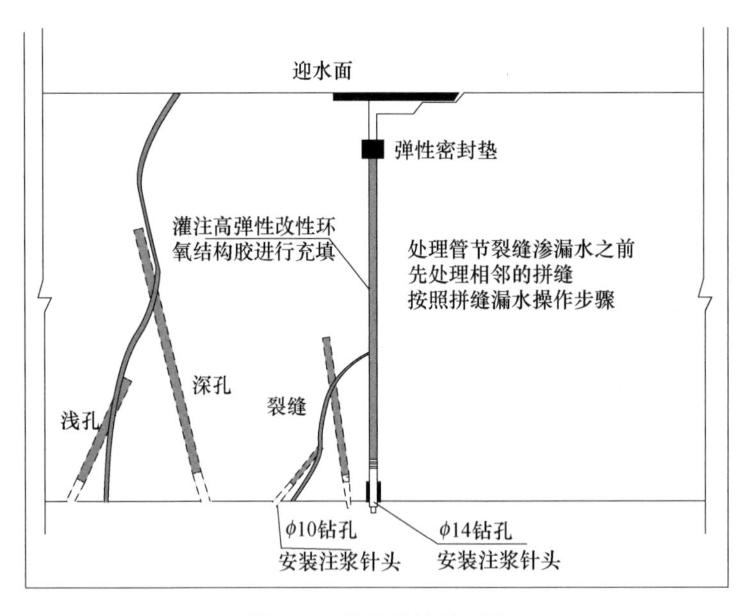

图 7-29 管片裂缝剖面图

3. 水下大直径盾构管片螺栓孔渗水处理

(1) 钻孔，螺帽处封闭

①首先按照接缝处理工艺，对相连接的两环管片的螺栓孔中间对应的接缝，上下各 50～100cm 进行处理；

②沿螺栓前进方向划线，然后按照与管片内表面垂直方向钻孔，深度在25～35cm，接触到螺栓后立即停止；距离螺栓最近的钻孔为10～15cm，钻孔数量为1～2个；

③钻孔完成后，清孔，安装注浆嘴，然后采用快干水泥封闭螺帽根部。

（2）灌注环氧材料

采用改性环氧树脂类材料（与接缝的环氧材料一致）进行化学注浆，注浆压力控制在0.5～1.0MPa；当压力达到0.5MPa，稳压1～2min，进浆量低于0.05L时，则第一次注浆完成；在第一次注浆完成30min后，开始二次补充灌浆。见图7-30。

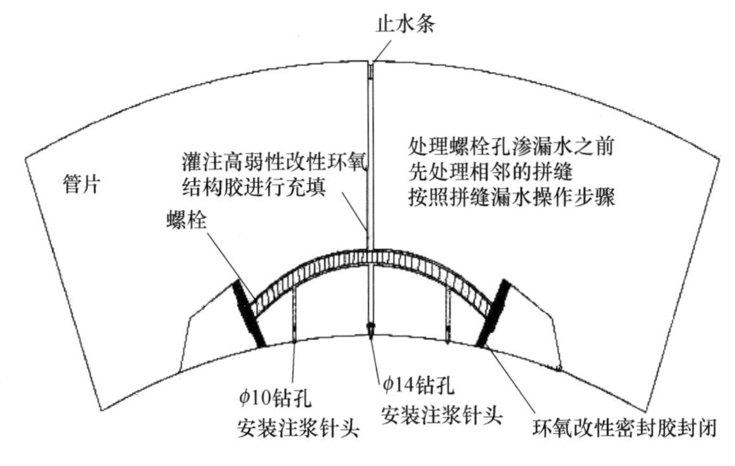

图7-30 螺栓孔处理示意图

（3）螺帽处填密封胶封闭

注浆完成，待环氧树脂类材料固化后（约24h），首先清理临时封堵的快干水泥，采用环氧改性的密封胶封闭螺帽根部，封闭厚度1～2cm。

（4）使用环氧砂浆填平螺栓孔

螺帽根部采用密封胶封闭后，手工打毛混凝土表面，然后钻孔植筋，孔径ϕ10mm，钢筋ϕ8mm，孔深5cm，使用环氧植筋胶植筋，再使用环氧砂浆将螺栓孔填平。

（5）表面恢复

以上各工序完成并验收合格后，使用砂纸打磨管片表面污染物，然后采用混凝土表面色差修复剂涂刷，基本将处理部位恢复原貌。

4. 水下大直径盾构管片注浆孔渗水处理

（1）钻孔，放入钢筋，安装注浆嘴

①采用ϕ10mm钻头钻孔，在注浆孔侧边斜向钻孔，贯穿相交到注浆孔；钻孔数量为2个，孔位距离注浆孔约15cm，角度控制在45°～60°，两个孔在注浆孔两侧对称分布。见图7-31。

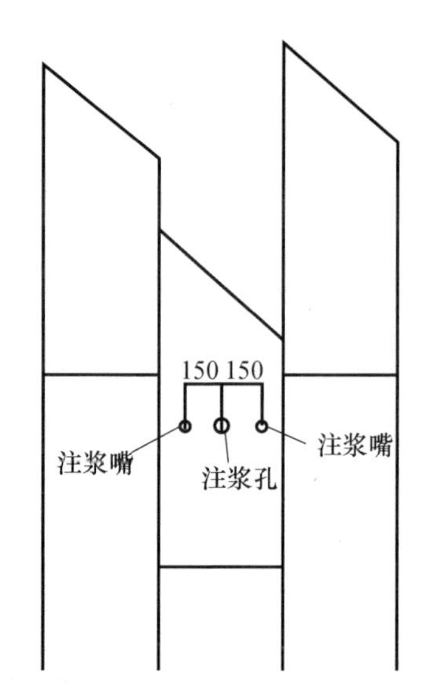

图 7-31　注浆孔渗水钻孔平面示意图

斜向钻孔贯穿注浆孔后继续钻进 5cm 后停止；在注浆孔中间，垂直打 1 个孔，孔径 10mm，深度 50～55cm。

②钻孔完成后，清孔，在每个孔内安装 ϕ8mm 圆钢，然后安装注浆嘴，再使用快干水泥将注浆孔口临时封闭。

（2）灌注高渗透环氧材料

先注中间孔，后注两侧孔，等中间孔灌浆材料初凝后（时间为 30～60min），再灌两侧孔；压力控制在 0.8～1.0MPa，最高不超过 1.5MPa；当压力达到 1.0MPa 时，稳压 1～2min，进浆量低于 0.02L，开始灌注下一个注浆孔；第一遍注浆完成 30min 后，按照原顺序，开始二次补充灌浆；二次注浆完成 30min 后，再次按照原顺序进行三次灌浆；注浆材料为 KT-CSS-4F 高渗透环氧结构胶（高渗透环氧，固化后强度可达到 C60，与管片强度基本一致），注浆饱满度达到 85％以上，争取 95％；使得注浆孔内收缩的砂浆的空隙全部填充进高渗透环氧。保证孔内砂浆与孔壁结构完全粘结在一起。

（3）注浆孔内清理，填塞环氧砂浆

①注浆完成，待环氧树脂类材料固化后，撤除注浆嘴，然后清理注浆孔内砂浆，深度至止回阀。

②清理完成后，采用环氧砂浆进行填塞，进一步加强注浆孔的封堵，确保注浆孔不被冲开。

③安装密封塞。

（4）管片表面恢复

以上各工序完成并验收合格后，拆除注浆嘴后，使用环氧砂浆封闭针头；使用砂纸打磨管片表面污染物，然后采用混凝土表面色差修复剂涂刷，基本将处理部位恢复原貌。

5. 水下大直径盾构隧道结构壁后三次、四次补充回填灌浆

目的：对结构壁后的存水空腔进行灌浆，充填密实，见图7-32。

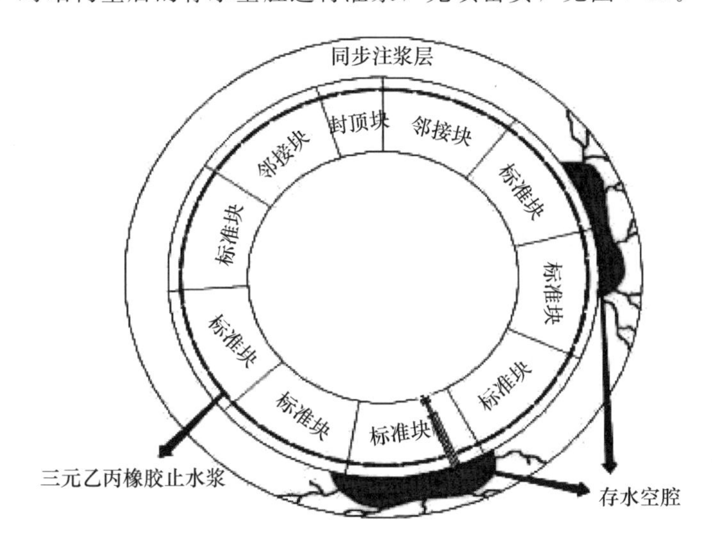

图7-32 盾构隧道壁后注浆示意图

(1) 打开注浆孔螺母，用大功率电锤垂直打孔，重新疏通注浆孔，采用专用注浆塞，孔径建议为25mm，用机械膨胀式注浆塞。

(2) 控制灌浆顺序为：从低处向高处推进。

(3) 采用1.0m的长钻杆，钻通盾构，钻到壁后10cm。对结构壁后进行充填灌浆，充填密实原同步灌浆层。减少壁后的空隙，采用KT-CSS控制灌浆工法，低压、慢灌、快速固化、分次分序的控制灌浆工法，注浆压力应控制在1.5MPa以内。

(4) 再采用改性环氧结构胶，注浆孔深650～700mm。当注浆压力大于0.8MPa时停止该孔的注浆[4]。

7.5.5 水下大直径盾构隧道堵漏主要材料简介

1. KT-CSS系列改性环氧树脂类材料

(1) 管片接缝、螺栓孔堵漏使用的柔性环氧材料，采用KT-CSS-8柔性潮湿型灌缝改性环氧胶。

KT-CSS-8：低温−5℃可以反应，固含量超过95%，具有水中可以固化，水中粘结、固化体有25%的延伸率、抗压强度C80，无溶剂、黏度大，用作盾构管片拼接缝、明挖暗挖隧道施工缝、变形缝堵漏和加固。

（2）管片裂缝、注浆孔堵漏用KT-CSS-4F高渗透环氧结构胶。

（3）接缝表面密封胶材料，KT-CSS-1019非固化橡胶沥青密封胶，KT-CSS-1013环氧改性聚硫密封胶。

2. KT-CSS系列结构壁后进行三次、四次补充回填灌浆材料

KT-CSS-101：属于抗冻胀型早凝早强无收缩微膨胀水泥基灌浆料，具有高抗分散性，优良的施工性，水下不分散混凝土虽然黏性大，但富于塑性，有良好的流动性，浇筑到指定位置能自流平、自密实适应性强，新拌水下不分散混凝土可用不同的施工方法进行浇筑，并可通过各种外加剂的复配，满足不同施工性能的要求不泌水、不产生浮浆，凝结时间略延长，安全环保性好，掺加的絮凝剂经卫生检疫部门检测，对人体无毒无害，可用于饮用水工程，新拌水下不分散混凝土在浇筑施工时，对施工水域无污染，此水泥基灌浆材料[5]，与水泥性能基本相同，耐久性与水泥基本一致，高强度，固化后抗压强度达C60以上，综合性价比高于化学类浆液，用作带水堵漏和加固，结构背后空腔回填。

7.5.6 结束语

针对水下大直径盾构隧道渗漏水的综合整治技术进行研究，通过采用修复拼缝密封胶系统和结构壁后进行三次、四次补充回填灌浆的综合技术措施，对结构壁后的存水空腔进行灌浆，充填密实，修复管片拼接缝的三元乙丙橡胶密封胶条系统以及修复管片裂纹、螺栓孔、注浆孔等渗漏缺陷。充分考虑了运营后车辆对结构产生的相应振动扰动和荷载扰动[6]，已研究出配套的设备、机具、材料及工法，采用加固的理念进行堵漏，达到综合整治渗漏水的目的。目前已经对多个水下大直径盾构隧道的渗漏水进行了成功整治，并且获得了国家发明专利，为同类水下大直径盾构隧道的加固和堵漏提供借鉴。

参考文献

[1] 郭鹏展．富水砂层盾构隧道下穿既有铁路施工技术和端头加固研究［D］．西安：长安大学，2019.

[2] 张兴旷．盾构隧道防水技术研究［J］．中国建筑防水，2018（16）：12-15.

[3] 陈森森，王军，刘文，等．盾构隧道渗漏水整治综合技术［J］．铁道建筑技术，2019（12）：101-106.

[4] 张志荣．地铁盾构隧道下穿人行通道施工技术研究［D］．重庆：重庆交通大学，2018.

[5] 赵秀义，王洪云，赵传凯．水下不分散、自流平混凝土的性能研究及应用现状［J］．黑龙江科技信息，2008（33）：310.

[6] 陈森森．振动扰动环境下隧道渗漏综合整治技术［J］．中国建筑防水，2013（8）：39-42.

7.6 一种由M型止水带与骑缝滑移压盖组合而成的变形缝构造

张道真[1]① 吴兆圣[2]
（1. 深圳大学建筑与城市规划学院，广东深圳 518060；2. 蓝盾防水构造技术有限公司，广东深圳 518055）

7.6.1 背景

地下工程变形缝，常因土建施工粗糙，使传统的止水带无论是中埋式、外置式还是可拆卸式，失败率都很高。即使新型中置式带预注浆装置的橡胶钢边止水带，也不例外。从国外引进的“阿拉丁”“飞马度”，则因土建施工的缝达不到起码的精度，成功率也不高。

上述止水带的共同特点是，集密封防水与抗静水压为一体，即依赖止水带的物理挤压密封。存在的问题是：止水带与土建混凝土本体之间存有缝隙，必须均匀挤压才能整体防水。然而工程实际服役过程中，变形是复杂的，很难保证全缝始终均匀受压，当产生较弱点时，渗漏就会发生。

其次，传统止水带对土建施工全过程的质量要求都很高，稍有不慎就会产生缺陷；缺陷的存在，早晚导致该处渗漏，而且几乎没有维修方法。引进的两种压缩密封体止水带，在土建工程实践中，多用于较窄的缝，而窄的缝对平直要求更高。目前土建总包的技术素质、工人责任意识都难以达到细致、精准的要求，因此需要做出新式构造设计，回避传统工法带来的不利影响。

7.6.2 要点

（1）化学密封。

变形缝内填塞M形密封止水带，高弹丁腈泡沫橡塑材质，闭孔，表面带2.0mm厚皮膜，采用特种耐水胶粘剂粘固于缝的两侧。

（2）骑缝设置通长槽钢压盖，两侧抗拔锚栓可滑移锚固。可按沉降调整压盖高度，使缝变形后仍保持紧密盖压。

---

① 第一作者简介：张道真，男，深圳大学建筑系教授，《中国建筑防水》杂志编委，中国建筑防水协会专家委员会委员。

(3) 预设缝变形达到稳定后的加固措施。

(4) 扣装专用护盖(可仅用于地坪)。

(5) 地下室变形缝“封压分合”构造(M 止水条·骑缝压盖)设计如图 7-33 所示。

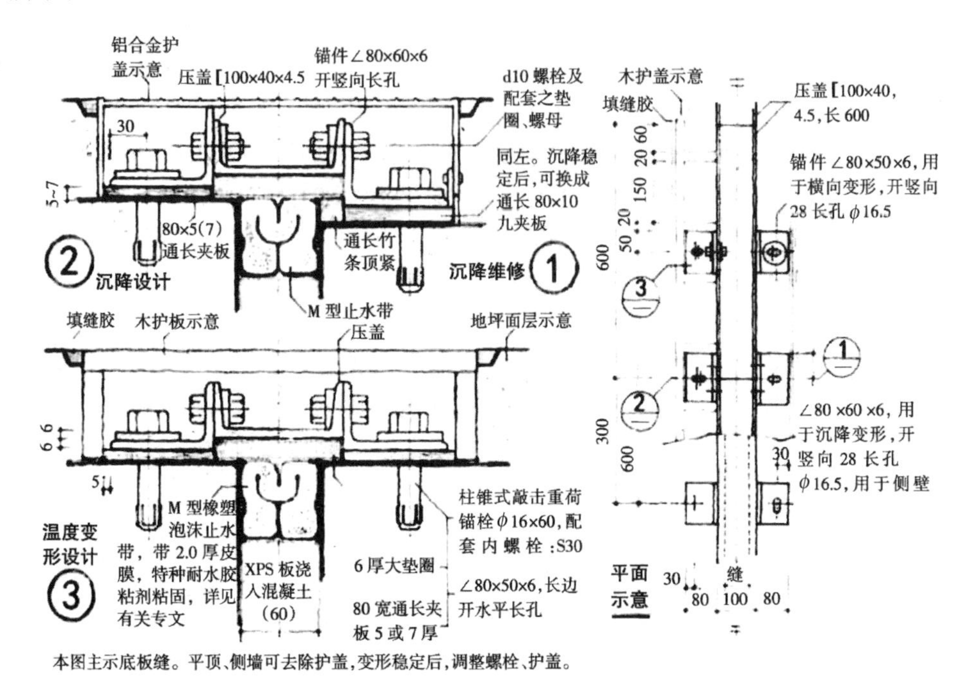

图 7-33　地下室变形缝“封压分合”构造(M 止水条·骑缝压盖)

7.6.3　具体构造

1. 化学密封

密封选用 M 型止水带,意在适应变形量较大且有少许沉降变形的宽缝。关于 M 型止水带,可参阅相关文献。

此做法适合的变形缝宽度,宜在 50～70mm。缝内为重度不小于 45kg/m^3 的 XPS 模板。无论先浇一侧混凝土,还是两侧同时浇筑(尽量避免),均应将板直接浇入,不可留缝后填。距缝口上段 100mm 高的模条,为临时模条,可选用表面光滑的 PVC 空心薄板。

临时模条可带“梢”,上宽下窄,以便方便起出。起出临时模条、清理干净后,随即内涂高渗透水性环氧,封固基面。

将 M 型止水带整体推进,触底交圈后,用带有一定宽度的薄板,将其侧压离壁(图 7-34),同时用长嘴胶枪将黏合剂均匀注入。正确的方法是沿缝纵向,边移动薄板，边同步施胶，形成连续注胶。缝另一侧，重复此操作，全程简便高效。

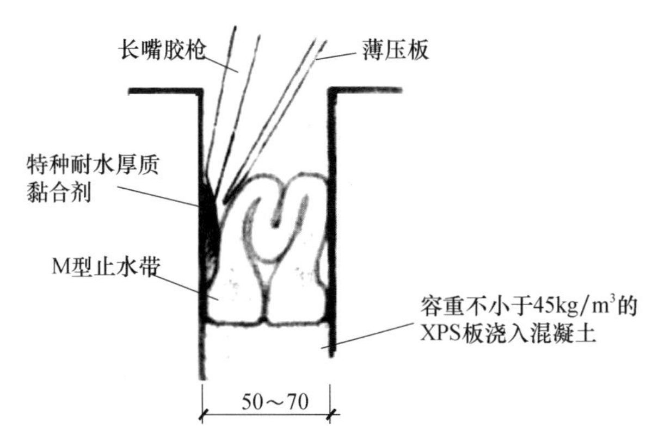

图 7-34　M 型止水带安装示意

待胶达到设计强度后，带上覆盖 100mm 宽、10～15mm 厚、重度不小于 $45kg/m^3$ 的 XPS 护板。必要时整个缝处附加临时保护，以防尘屑进入。

化学密封方法，视缝宽及水压尚有其他构造可选。实际上，只要结构设计到位，变形会控制在很小范围内，且以收缩为主。M 型止水带适应比正常变形大数倍的，纯系为解决现实不合理而为，并无承认如此之大非正常变形之意。

用于顶板、侧壁外防时，本构造适合混凝土全刚自防水系统。若设置主防水层，则应按图 7-33 节点③处理。主防水层伸入 M 型止水带，锚栓穿过主防水层处手涂非固化橡胶沥青。

2. 骑缝压盖

骑缝压盖由 100mm×40mm×4.5mm 热镀锌槽钢组成，每段长 600mm。段中两侧设锚件。

锚件为热镀锌角钢∠80mm×50（60）mm×6mm，长 100mm（括号内数字用于有沉降的变形缝）。其短边开竖向长孔，用螺栓（d10，S＝17mm、L＝12mm）及配套螺母、垫圈锚固于槽钢腿（如图 7-33 节点②所示）。

其长边距外缘 45mm 处开 ϕ16.5～26mm 偏内的长孔，以缝中线为准，逐段拼摆就位，标记锚孔中心点，移开，钻孔。如图 7-33 节点②所示，通长空铺 80mm×7（10）mm 的七（九）夹板（括号内数字用于沉降较大的变形缝）；开长孔，是为滑动层。内侧长边整洁光滑。

锚栓应选高科技柱锥式敲击重荷锚栓（在非开裂混凝土中，抗拔可达 20kN）。配件：ϕ16mm×50mm（自带内螺纹螺栓），粗制 6mm 厚大垫圈：$d_{16.5}$，D 约 45mm。分段安装。

角钢可根据需要在两侧设置加劲肋，6mm 厚，两面焊，焊缝 $h\geqslant$6mm。

承压选用骑缝槽钢，两侧加设角钢锚固，可耐高水压；锚栓式敲击重荷锚栓，无膨胀性安装，可达至最小边距（距混凝土边界），保证了高度安全性。

3. 维护维修

变形达到稳定后，可调节角钢高度。若运行中需要加固，则可在某些段与段联接处骑缝加设角钢∠80mm×40mm×6mm，长 120mm。其短边开双排竖向长孔，用两套螺栓（d_{10}，S=17mm、L=12mm）及配套螺母、垫圈分别锚固于两段槽钢拼接处缝两侧。

角钢长边距外缘 45mm 处开设 ϕ16.5～26mm 的长孔，孔长偏内，按上述步骤加设防滑层后锚固。

沉降超过 10mm 时，应加设通长竹条，如图 7-33 节点①所示。

4. 设置护盖

地坪应设置护盖，护盖应平时稳固，维修时方便移除。具体制作应根据变形稳定后的状态。平顶及侧壁可不设护盖。

护盖可用木板制作，根据实际情况细化，分段、等宽，每段下设加劲肋板等。护盖也可用铝合金制作，每段下设铝合金肋板等，肋板由铝方通制作。

7.6.4 小结

化学密封比物理密封效果更好，止水条材质柔软，随缝服帖，且采用厚质胶粘剂，对土建施工质量要求相对较低，减少了人为因素对质量的影响。

槽钢骑缝压盖，耐压高；锚栓固定，装拆便捷；设置滑动层，可适应伸缩、沉降，令多向变形不受阻；预留加固措施，可使该系统更可靠。

该新型构造，背水面、装配式、全程干作业、可从容安装，防水可靠、维护维修简便，特别适合不设柔性外防水的全刚自防水混凝土工程。

7.7 修复性灌浆技术在地下室渗漏治理中的应用

大禹九鼎新材料科技有限公司　欧阳文凯[①]　涂志敏

7.7.1 地下室渗漏现状分析

目前大型的商业综合体、高层建筑，无论是办公楼、大型商场还是住宅楼都设有地下停车场。渗漏水已成为地下室常见缺陷之一，它会影响结构的耐久性甚

---

① 作者简介：欧阳文凯，男，1988 年出生，工程师，现任大禹九鼎新材料科技公司应用技术总监，联系地址：广州市番禺区祈福集团中心 13A，邮编：511495，邮箱：524084842@qq.com。

至是建筑物的使用安全。因此，针对地下室渗漏水原因进行分析并采取有效的治理措施至关重要。渗漏原因如下：

（1）混凝土开裂：开裂问题是混凝土的通病，是引起结构渗水的直接原因。

（2）柔性防水层的设计、施工不合理：在穿墙管件、预埋件、施工缝等重点部位防水处理不当；防水材料搭接不牢没能形成完整闭合的防水层。

（3）地下室渗漏水主要表现形式为点漏、线漏、面渗三种。有关调研表明：

①点漏占总体的10％左右，主要由于孔洞、管根处理不当引起渗漏水。

②线漏占总体的80％左右，是由于混凝土自收缩及温度裂缝、施工缝界面未处理、变形缝防水层破坏、地基沉降导致结构开裂等综合因素的影响产生渗漏水。其主要集中在细部构造部位，如沉降缝、施工缝、后浇带等。

③面渗占总体的10％左右，主要是结构防水混凝土在施工过程中浇筑、振捣、养护环节质量控制不当产生的蜂窝或麻面等渗漏水。

7.7.2 地下室渗漏处理对策

1. 整体处理原则

针对地下室常见的几种渗漏水，重点在“防”，其次为“堵”。

（1）预防措施主要有结构防水混凝土的施工质量控制；施工缝、沉降缝、后浇带等部位的止水措施及施工质量把控；穿墙管口、预留洞口、穿墙对拉螺栓的防水处理。

（2）对于已经完工的地下室渗漏水，“堵”就是最快捷有效的方法，而灌浆法属于最常用的堵漏措施。灌浆法对整体结构的破坏程度低，浆液在压力下进入渗漏通道，固化后填塞通道可堵住渗漏水，解决了排水不能从根本上消除渗漏水对混凝土侵蚀破坏的问题，是一种从根本上解决混凝土渗漏问题的重要方法。

（3）堵漏工艺工法主要分为化学灌浆和水泥灌浆，水泥及水泥-水玻璃双液灌浆主要针对地基基础和结构脱空填充处理；化学灌浆渗透性强、堵漏效果好，凝固时间可控，是目前地下室堵漏最常用的方法。

2. 传统化学灌浆材料的特点

现阶段化学灌浆堵漏材料还是以水性、油性聚氨酯灌浆材料为主，聚氨酯灌浆材料是以多异氰酸酯与多羟基化合物聚合反应制备的预聚体为主剂，通过灌浆注入遇水后发生化学反应，形成弹性胶状固结体，从而达到止水目的。该材料黏度中等、遇水反应、发泡速度快、发泡后强度较低、单次膨胀、易收缩、工艺简单易操作；是目前用量最大、最广的止水灌浆材料。

随着聚氨酯灌浆材料在渗漏水治理过程中的使用，在施工过程中发现，往往持续时间不长就会重新出现渗漏水，短期的堵水效果较好，但长期防渗漏效果差，需要多次返工，浪费了大量的资源，耐久性差的问题逐渐暴露出来。这主要是因为水溶性聚氨酯存在如下缺点：

（1）黏结强度低、机械强度差。水溶性聚氨酯遇水发泡体对混凝土的黏结强度较低，低于自身的抗拉强度，因此泡沫体在干湿循环的条件下，会因为本体的收缩导致泡沫体和混凝土的表面的黏结剥离，剥离界面形成新的渗漏通道，再次出现渗水现象。

（2）易收缩。聚氨酯浆液本体内含有大量的丙酮、甲苯、水等稀释剂，这些惰性的有机溶剂或水并不参与反应，发泡后会慢慢挥发，导致固结体收缩，也会造成再次渗漏。

（3）渗透深度浅。由于浆液遇水反应，凝胶时间难以调节，浆液沿裂缝通道渗透的深度往往不够，只存在于裂缝 10～15cm 浅部，对混凝土内部的耐久性修复起到的作用非常有限。堵漏机理是由内到外（图 7-35）。

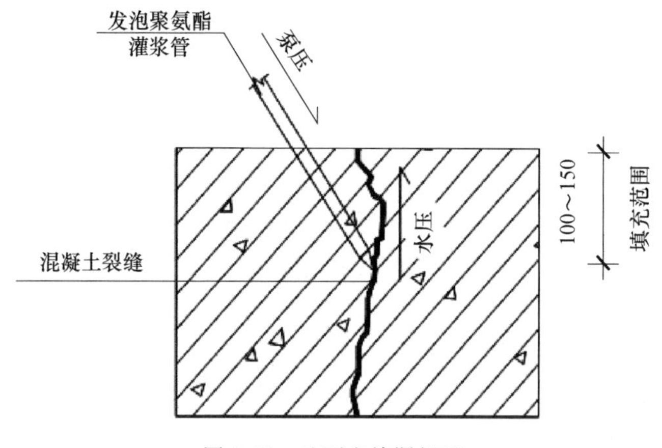

图 7-35　地下室堵漏机理

①浆液灌注深度较浅，大量水仍留存在裂缝内部继续腐蚀钢筋和混凝土；②孔位布置 10～15cm，大量的钻孔导致混凝土的完整性被再次破坏；③黏结机理属于胀塞机理。

（4）耐久性差。聚氨酯一次发泡成型的填充体，在干燥条件下收缩后，当水再次出现时不发生二次膨胀，因此无法保证一个长久的封堵效果。

7.7.3　修复性灌浆对材料的要求

结合堵漏材料、工艺现状，要达到堵漏并修复结构的效果，对灌浆材料的要求如下：

（1）灌浆材料渗透系数必须小于混凝土本身的渗透系数，达到抗渗要求；

（2）灌浆材料固结后抗压强度必须大于一般结构混凝土的强度；

（3）灌浆材料固结后与混凝土间的粘结强度要大于一般素混凝土的抗拉强度。

DY-环保型环氧堵漏灌浆材料是以通过接枝改性环氧树脂为主体的一种中等黏度的带水灌浆材料，既可以对混凝土结构渗漏水进行处理，又可以对混凝土缺陷进行补强，是一种永久性灌浆修复材料。主要是针对混凝土裂缝以及蜂窝、麻面等混凝土缺陷部位所导致的渗漏水进行堵水加固，堵漏机理是由外到内。主要特点如下：

（1）在水环境下可有效固化，且湿面粘结强度较高（>2.0MPa）；

（2）颠覆环氧树脂材料只能在干燥界面使用的传统概念；

（3）固化速度快，室温 30min 左右固化；

（4）黏度适中，可灌性好；

（5）既可堵水又可补强加固，抗压强度≥50MPa。

7.7.4 修复性堵漏在地下室渗漏治理中的应用

广州富力中心地下室主体结构完工后，经现场勘察，该项目地下室底板、侧墙、顶板存在点、线、面的渗漏，主要为结构板裂缝、后浇带、施工缝等部位渗水较为严重。处理方案：采用化学灌浆的方法对裂缝或缺陷进行修复，灌浆材料采用环保型堵漏环氧灌浆材料，该材料可以实现快速堵水，固结后又可以对混凝土缺陷加固补强，可以实现一举两得的功能。

施工工艺步骤：基层清理→布孔埋设注浆嘴→裂缝封闭→压力注浆→拆除注浆嘴恢复面层（图 7-36）。

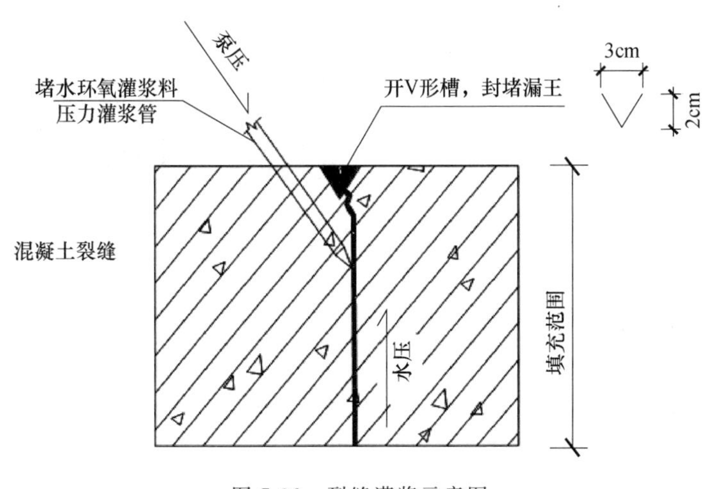

图 7-36 裂缝灌浆示意图

地下停车场结构裂缝、施工缝、变形缝渗漏水处理及修复效果（图 7-37、图 7-38、图 7-39）。

图 7-37　结构裂缝修复

图 7-38　施工缝渗漏处理

图 7-39　灌浆修复后效果

7.7.5　结束语

结合现在堵漏材料、工艺现状，提出修复性灌浆技术，对灌浆材料明确具体指标要求。环保型环氧堵漏灌浆材料既可以对混凝土结构渗漏水进行处理，又可以对混凝土缺陷进行补强，是一种长久性灌浆修复材料。在解决渗漏问题的同时提高了建筑整体的安全可靠性及耐久性。

7.8 预制拼装综合管廊渗漏治理的探讨

深圳市建全防水工程公司 曹建泉①

7.8.1 前言

城市综合管廊是建于城市地下用于容纳两类及以上城市工程管线构筑物及附属设施。我国一般称为地下综合管廊，日本称为共同沟。

地下管廊分为干线综合管廊、支线综合管廊与缆线管廊。建设方式有明挖法、顶管法与盾构法。箱体有现浇钢筋混凝土结构、预制拼装钢筋混凝土结构及砌体结构。主体结构设计使用寿命为100年，防水等级为2级，局部提升为1级。

经济发达国家城市综合管廊的建设最早已有百多年的历史，1833年法国开始兴建地下综合管廊，如今巴黎已经建成总长为100km的共同沟网络。其后，英国、德国、日本、美国、俄罗斯、西班牙等国也先后建成有较完备的地下综合管廊系统。

1958年，我国在北京天安门广场铺设了1000多半的地下综合管廊。1994年，上海市规划建设了大陆第1条规模最大、距离最长的浦东新区张扬路综合管廊，全长11.125km。其后深圳、沈阳、广州等几个城市相继建设地下管廊。国务院近10年来高度重视地下管廊建设，自2013年以来已确定全国15个大中城市为试点，带动全国建设地下综合管廊的积极性。

国内城市地下综合管廊的建设已积累了许多有益的经验，也存在不足之处，尤其在预制拼装综合管廊防渗防腐方面仍然是一个问题，全国多地因防水防渗措施不力，致使建成的管廊长期积水，严重影响正常运营及后续施工的案例也不少，这对我国地下综合管廊网络的部署实施带来影响。本书以湖南某沿江大道地下综合管廊为例，详细分析预制拼装城市综合管廊出现渗漏的原因并提出相应的治理技术。

7.8.2 预制拼装管廊渗漏原因分析

1. 渗漏现状

湖南某沿江大道地下综合管廊位于湘江河畔，全长2.3km，由预制箱体（每

① 作者简介：曹建泉，男，1958年出生于湘潭县，从事建筑防水施工36年，现任深圳市建全防水工程公司董事长，2017年出任湘潭市建筑防水保温防腐协会会长。联系地址：湘潭市河东大道61号。

节长 2m）拼装而成。箱体安装后，底板、箱壁外侧与顶板铺贴了 3mm 厚改性沥青卷材，拼缝内填充聚乙烯泡沫板，背水面槽口嵌填聚硫密封胶。当吊装、回填完成后，廊体发生局部渗漏，随着时间的推移，渗漏逐渐严重，有些部位积水 10～20cm，导致无法后续施工。

2. 渗漏原因分析

通过现场调查与分析，管廊主体并未出现渗漏现象，渗漏主要发生在拼缝与变形缝部位，具体原因如下：

（1）拼缝渗漏。一方面外包防水层存在渗水隐患；另一方面拼缝内未粘贴遇水膨胀止水胶，内填的泡沫板与箱体接缝面存在界面缝隙，迎水面缝口聚硫密封胶与拼缝接触面局部粘结不牢，存在渗水缝隙。

（2）变形缝渗漏。该工程每隔 30m 设置了一条环向变形缝，但多数出现了渗漏。原有构造设计如图 7-40 所示。

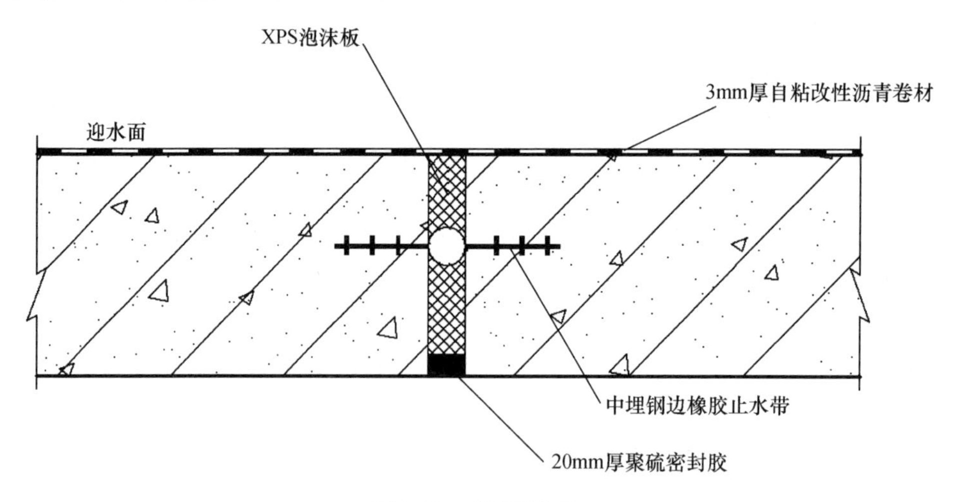

图 7-40　变形缝构造

渗漏直接原因：一方面迎水面缝口未做附加层，单道卷材抗水压、土压能力薄弱，加之卷材铺贴拉得太紧，适应变形能力差，易发生局部拉断渗水；另一方面，工况中中埋橡胶止水带施工不精细，局部错位，存在渗水通道；此外，因施工不力，聚硫密封胶局部剥离，导致界面局部渗水。

（3）预制箱体存在少数裂缝与孔洞，当箱外水压增大时，导致裂缝与孔洞渗水。

（4）两侧排水明沟放坡不规范，部分位置出现堵塞、积水。

7.8.3　预制拼装综合管廊渗漏治理措施

1. 勘察

现场仔细勘察，对照设计图与现场施工实况，找出渗漏原因，科学地编制渗漏治理方案，经业主与设计部门同意后，防水施工单位再编制施工组织设计，经业主总包方审核同意后组建施工队伍精心施工。

2. 优选合适的化学灌浆主材

通过小面积试验对比数种注浆堵漏材料的优缺点，最终选用灌浆聚脲作为本工程的化学灌浆材料。同时配合使用速凝“堵漏王”、聚合物防水砂浆、聚合物防水涂料、环氧胶泥与增强防水布。

灌浆聚脲是一种单组分改性聚脲高分子化合物注浆液，可灌性优异，无毒环保。压注孔洞或缝隙中 40min 初凝，8h 内即可固化成致密橡胶弹性体。并长期保持韧性橡胶状，达到长久堵漏效果。灌浆聚脲理化性能指标如表 7-7 所示。

表 7-7　灌浆聚脲理化性能表

序号	检测项目		指标值	检验结果	结论
1	固体含量（%）		≥98	99	合格
2	拉伸强度（MPa）		≥2.45	2.75	合格
3	断裂伸长率（%）		≥500	592	合格
4	撕裂强度（N/mm）		≥15	22	合格
5	低温弯折性		−35℃，无裂纹	−35℃，无裂纹	合格
6	不透水性		0.3MPa，120min 不透水	无透水现象	合格
7	加热伸缩率（%）		−4.0～+1.0	−0.01	合格
8	黏结强度（MPa）		≥1.0	1.4	合格
9	吸水率（%）		≤5.0	2.8	合格
10	定伸时老化	加热老化	无裂纹及变形	168h 无裂纹及变形	合格
		人工气候老化	无裂纹及变形	250h 无裂纹及变形	合格
11	热处理（80℃，168h）	拉伸强度保持率（%）	80～150	111	合格
		断裂伸长率（%）	≥450	542	合格
		低温弯折性（℃）	−30℃，无裂纹	−30℃，无裂纹	合格
12	碱处理［0.1%NaOH 饱和 $Ca(OH)_2$ 溶液，168h］	拉伸强度保持率（%）	80～150	88	合格
		断裂伸长率（%）	≥450	541	合格
		低温弯折性（℃）	−30℃，无裂纹	−30℃，无裂纹	合格
13	酸处理（2% H_2SO_4 溶液，168h）	拉伸强度保持率（%）	80～150	85	合格
		断裂伸长率（%）	≥450	542	合格
		低温弯折性（℃）	−30℃，无裂纹	−30℃，无裂纹	合格
14	挥发性有机化合物（VOC）（g/L）		≤200	31	合格
15	苯（mg/kg）		≤200	未检出（<50）	合格
16	甲苯+乙苯+二甲苯（g/kg）		≤5.0	未检出（<5）	合格
17	苯酚（mg/kg）		≤100	未检出（<50）	合格
18	蒽（mg/kg）		≤10	未检出（<10）	合格
19	游离 TDI（g/kg）		≤7	未检出（<0.003）	合格

3. 化学灌浆工艺工法

(1) 正式治漏前，将管廊内的排水沟与集水坑彻底清理干净，并适当修整，使廊内排水畅通，并保持干净。

(2) 零星点漏、线漏、面渗的修复

缝宽 0.2mm 左右的裂纹与局部有湿渍的面渗，清理干净后，扩大面积刮涂环氧树脂防水涂料修补，厚不小于 1.5mm，并夹贴一层玻纤布增强。

深长裂缝将渗漏部位扩大面积清理干净，用钢錾适当剔槽 30～50mm 宽深，清除杂质后，用速凝聚合物防水砂浆（配合比为：42.5＃普硅水泥 1：石英砂 1：堵漏王 1：渗透结晶型粉料 0.3：可再分散胶粉 0.7：适量水）嵌填缝槽内，锤紧压实刮平，2h 后观察无渗漏，再扩大面积用聚合物防水砂浆夹贴一层无纺布封缝，涂层厚不小于 2mm。这样处理后，个别部位仍然渗水，则钻孔灌注灌浆聚脲直至无渗水为止，并将表面修复规整。

较大孔洞渗水、流水，则扩大面积扩洞，干净后嵌填速凝聚合物防水砂浆压实刮平，并扩大面积涂刷Ⅱ型 JS 涂料夹贴一层玻纤布增强。

(3) 拼缝渗漏治理做法

①对环缝背水面底板两侧排水沟壁（距底板 10cm 处），朝上以 45°倾角，用电钻分别钻 ϕ16mm 孔各 1 个，作为排水孔和注浆孔。

②在距底板 10cm 部位的排水孔插入注浆管，并用速凝“堵漏王”瞄固、封闭严实。在施工中，一般注浆机噪声大，使地下管廊施工人员遭受噪声侵害。深圳市建全防水工程公司特改装了无声喷涂机为注浆机，无须安装止水针头，直接插入注浆嘴。以 0.2MPa 的压力注入拼缝，并恒压 3min 左右停机。8h 后检查缝槽，如个别部位渗漏，以 0.3MPa 的压力二次补注灌浆聚脲，直至无任何渗漏为止。注浆操作如图 7-41 所示。

图 7-41　现场注浆操作示意图

③在背水面槽口嵌填20mm厚聚硫密封胶。精细清理缝槽两侧的基面，然后骑缝用聚合物防水涂料与无纺布做250mm宽、2mm厚防水增强层。如图7-42所示。

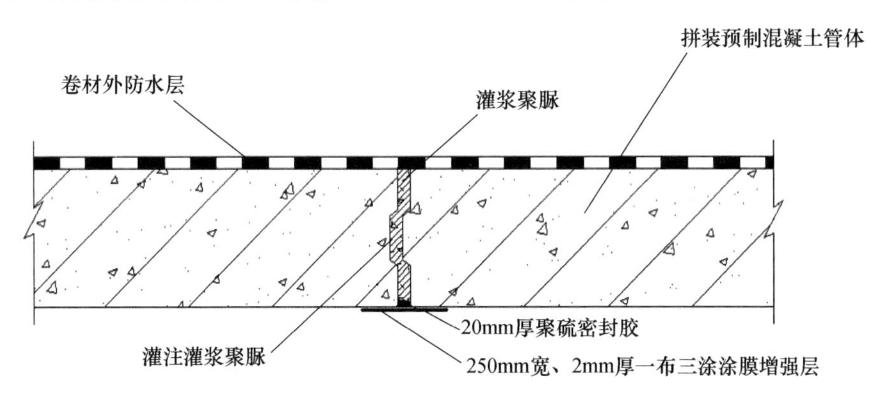

图7-42 拼缝渗漏治理做法

（4）变形缝渗漏治理做法

①在背水面槽口300mm范围内清理干净。

②对背水面槽口骑缝中垂直钻ϕ10mm孔，直至中埋止水带表面，孔距500～800mm。

③安装止水针头（牛头嘴），以0.2MPa压力，用电动灌浆机缓慢灌注灌浆聚脲，然后升压至0.3MPa，持压3min左右停机。

④8h后观察固结体密实度与是否渗水，如遇渗水，进行二次复注，直至无任何渗水现象为止。

⑤拔掉止水针头，用聚硫密封胶填充孔洞与修补槽口，骑缝用环氧胶泥夹贴无纺布做250mm宽、2mm厚附加增强层。如图7-43所示。

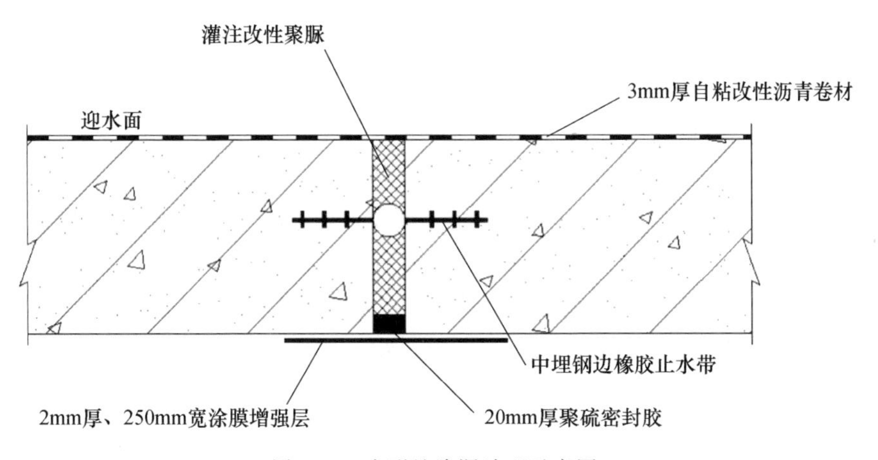

图7-43 变形缝渗漏治理示意图

7.8.4 渗漏治理效果

该工程全长 2.3km，从 2019 年 4 月起，用上述方案修复拼缝与变形缝共 8580 多米，历时 3 个月完成全部修复任务，一次性验收合格。并经两年多的自然条件考验，未出现任何渗漏，达到优于二级的防水要求。

7.8.5 结语

预制拼装综合管廊是一种现代化综合管廊建设方式，通过工厂化生产、运输到施工现场后，经机械化吊装、拼装，并通过特殊的拼缝接头构造连接，形成满足结构强度和防水性能标准的整体结构。预制拼装管廊具有质量好、现场工期短、对环境影响小等优点，弥补了现浇工艺的不足，符合我国提倡的绿色环保、节能减排的发展方向。受限于当前管廊运维年限，难以准确测算管廊结构的远期检修成本，因此管廊防水设计对管廊质量乃至后续运维的影响至关重要；目前预制拼装综合管廊渗漏现象严重、修复方案容易失效，更应重视探索其渗漏治理技术。理论研究与工程应用综合表明，利用灌浆聚脲的优异性能，能够很好地解决预制拼装综合管廊的拼缝、变形缝的渗漏难题，这可为预制综合管廊的渗漏治理提供借鉴和参考。

7.9 高强度扰动状态下超宽变形缝渗漏维修施工技术

衡阳市盛唐高科防水工程有限公司　唐东生[①]　陈修荣　肖凌云

7.9.1 工程概况

变形缝渗漏较为常见，业界有“十缝九漏”之说。因为变形缝的形式多样、构造较为复杂，特别是一些特殊构造的变形缝一旦渗漏较难治理。本书就某大型商场连廊超宽变形缝在高强度扰动状态下的治理技术作如下简介。

某大型建材市场是由 30 多栋五层楼框架结构组合形成的建筑群，下面两层为商铺，上面三层为写字楼与住房。各楼栋彼此由框架式连廊连接，货车可由地

① 作者简介：唐东生，男，1967 年出生于衡阳市郊，高中毕业后自学成才，高级防水工程师。长期从事防水材料开发与施工，现任衡阳盛唐高科防水工程公司董事长、衡阳市防水协会副会长。2018 年当选为中国建筑业协会防水专家委员会委员。

面经连廊通三楼。各楼栋与连廊结合部设有变形缝，上面覆盖平接式槽型钢板，以便汽车通过。变形缝处自建成以来就出现严重渗漏，经多次维修均未见效。

7.9.2 勘查结果

在迎水面勘查：变形缝上口（迎水面）宽400mm，深100mm，缝口下深达600mm。两侧各布设一条同缝口深的限位角钢，用锚固螺栓焊接固定于楼（地）面。限位角钢下面铺设一层10mm厚同缝口宽的橡胶垫，其上空铺安装5mm厚的镀锌槽型钢板保护层与地面持平。拆除上口保护层，下方的变形缝130mm宽、深600mm。 ⌝V⌜形板上铺贴一道3.0mm厚SBS卷材，其上嵌填有30mm厚PVC油膏出现多处塌陷开裂现象。当车辆穿过变形缝及邻近的减速带时，楼板产生剧烈抖动，变形缝内的密封材料随即出现振动和拉伸。

在背水面勘查：变形缝被商铺的招牌遮挡，操作施工空间狭窄，渗漏水沿铺面墙体出现“洗壁漏”状况，变形缝油膏朝地面滴落。变形缝原设构造如图7-44所示。

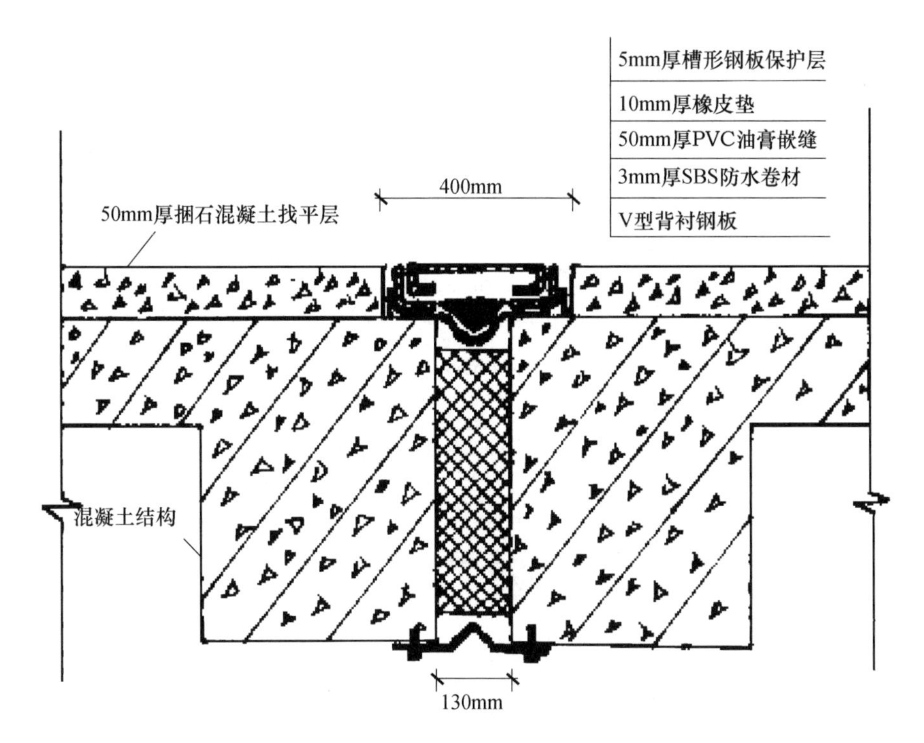

图7-44 变形缝原做法示意图

反复治理失效的原因：①设防的密封油膏耐热性差，延伸性差，不能满足耐热与形变的要求，失去防水功效；②密封油膏与基面粘结不良，出现剥离而产生渗漏；③上口密封不严，橡胶垫与基面存在间隙，没有实现有效的密封。

7.9.3 修缮措施

根据现场工况与当地气候特点，采取如下修缮措施：

（1）拆除上口槽钢，铲除 PVC 油膏与橡胶垫，用热风焊枪烤熔留在缝内的密封膏。

（2）剔除上口缝内 150mm 深的原有填充材料，清理干净，用力击入 130mm×50mm 防腐杉木条作为背衬层，然后批刮一层 130mm 厚低模量优质 MS 密封膏。

（3）不顺直和凹陷等缺陷处，刷涂一道界面剂，用聚合物抗裂砂浆修补规整，再用手提打磨机将缝壁打磨平整，刷涂一道环氧树脂涂料，环氧涂料硬固后做毛化处理，以确保密封材料与缝壁形成牢固的粘结。

（4）在木条上点粘一层 3mm 厚 SBS 改性沥青卷材做隔离材料，再嵌填 MS 密封胶。

（5）在上述基础上，铺设橡胶垫，并用螺钉锚固角钢。注意安装胶垫时，上、下两面均应涂刷 2mm 厚相容性好的弹性涂料。

（6）缝口最后安装槽形保护板，用钢钉锚固（间距 500mm）。保护板安装后，对钢板与角钢、角钢与缝壁间的缝隙用 MS 密封胶密封严实，锚固钉周边也一样密封。

（7）变形缝底部（下口），也要拆除盖缝钢板，将缝深 30mm 空腔内剔凿原有油膏，干净干燥后嵌填 30mm 深 MS 密封胶，再安装盖缝板复原。

以上做法如图 7-45 所示。

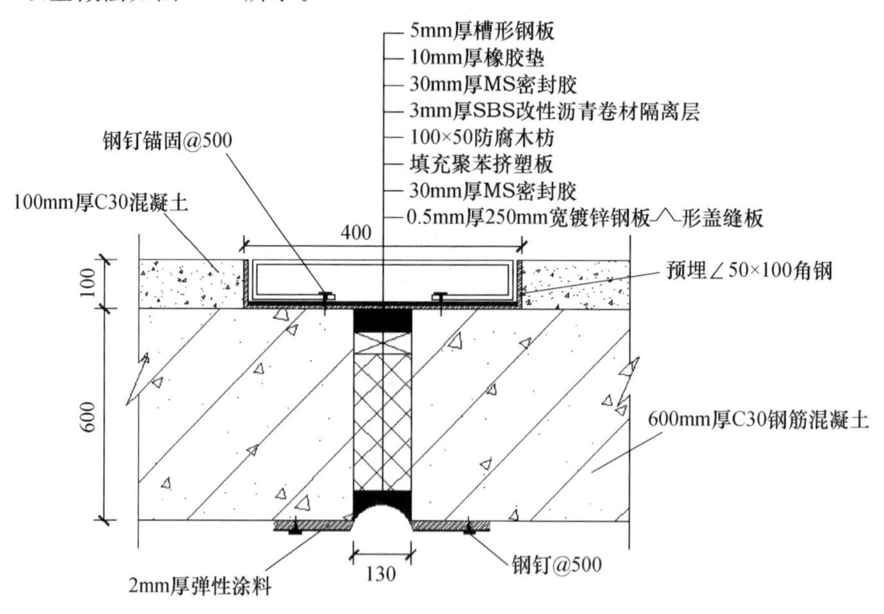

图 7-45　超宽变形缝修缮示意图

7.9.4 修缮效果

修缮后，经过一年多运营考验，变形缝达到了不渗不漏的要求，受到业主青睐。

7.10 微创注浆堵漏专利新工法

广州三为防水补漏公司 朱柯 朱和平

广州三为防水补漏工程有限公司已成立 26 年，长期从事建筑渗漏治理。通过长期实践，探索出了微创注浆堵漏新工法，并获得了国家 14 项专利。

7.10.1 微创注浆堵漏的显著特点与优势

(1) 不砸砖不开挖，微创钻孔注浆堵漏。
(2) 采用先进材料，匠心施工，修后不渗不漏。
(3) 快速修补，即修即用，卫浴间当天开工当天交付使用。
(4) 采用环保材料，无毒无污染。
(5) 施工垃圾少、噪声小，文明作业，不影响他人工作与生活。
(6) 最大限度保留原有装饰装修，节省业主复原装潢费用。
(7) 承诺修后保修 25 年（早期保修 10 年承诺），业主放心。
(8) 修缮造价合理，不牟暴利，比传统修缮节省 1/2。
(9) 工程实行责任到人，严格执行专人问责制，保证工程后期服务。
(10) 主动跟踪回访，发现问题，立即处理。

7.10.2 优选主要补漏材料简介

1. PMA（丙烯酸酯-丁腈共聚物）系列材料

(1) PMA 注浆堵漏胶。

(2) 无冷缝混凝土界面胶：是 PMA 胶液掺混少量环氧树脂、水泥等配制而成的胶浆，渗透性好，粘结力强，使新旧混凝土黏合牢固形成无冷缝整体。

(3) 聚合物防水砂浆：是 PMA 胶液掺适量水泥、石英砂、化学助剂配制而成的韧性防水砂浆，具有黏附力强、韧性好、干湿面均可使用，适应基体形变，是一种优质防水砂浆。

2. 三为堵漏王

其是一种速凝、早强、微胀、快硬、抗裂性好的快速堵漏止水材料，是通用堵漏王的创新与发展。

3. 三为环氧树脂系列防水材料

(1) 高渗透环氧树脂注浆液。

(2) 环氧树脂胶泥与环氧树脂涂料。

(3) 环氧树脂防水砂浆。

4. 三为抗老化增强罩面胶

硅烷聚乙烯树脂，工业酒精做稀释剂，与水泥制品、木材、金属、瓦材具有优异的粘结强度与憎水性能，快干，耐老化，增强抗裂，可用作底涂结合剂与抗老化罩面胶，每平方米用量 0.3kg 左右。

7.10.3 微创补漏专利工法核心技术

天面（屋面）、卫浴间渗漏传统做法，多数是破除原来构造层，重做防水层，这种做法费工耗料，不但造价高，而且因多种因素可能造成复漏。

三为公司经 20 多年的探索，正置式防水屋面与下沉式卫浴间渗漏，不拆除原有构造层，微创快捷修缮不影响正常营业使用，省工省料，创建长久防漏屏障，长期保修，让用户放心。

微创补漏工法核心技术可归纳为“封、堵、排、灌”四个工序。

“封”：基面密封，在清理干净的前提下，用 PMA 界面胶对基层表面的缝隙、裂纹、孔洞封堵严实，避免外界水分渗入基体内部。

“堵”：堵住水源，对细部节点刷涂 PMA 界面胶，渗透到节点内部，增强节点的密实度，提高细部的整体抗渗能力，阻隔外界水从节点渗入。

“排”：排除积水，对落水口或地漏新开管边小沟二次排水；对构造层安装排汽排水管，引导构造层内部积水有组织排放。

“灌”：灌注化学浆液，对渗水的深长裂缝、孔洞与平立面连接处，钻孔灌注 PMA 胶液/环氧树脂注浆剂/油溶性聚氨酯堵漏剂，使结构体内部密实。

在工程渗漏修缮中，微创补漏专利工法，还可用于外墙、池坑、地下隧洞、桥梁等部位渗水治理。

7.10.4 广州市体育西横街某商住楼屋面防水补漏工艺工法

广州市体育西横街某住宅楼房龄约 30 年，顶楼住宅天花板多处出现渗水现象，经现场勘查，均为楼面裂缝渗水，判断为屋面防水层老化失效，雨水渗过防水层后从天面混凝土裂缝滴入室内。业主要求不破坏原有屋面，避免打凿屋板产生的振动对楼面混凝土产生更大的破坏。

广州三为防水补漏公司采用微创补漏工艺对该住宅天面整体提高自身混凝土抗水防水能力新设防水层。

1. 可见裂缝防水修复

将裂缝及蜂窝从板面内表面打凿“U”形槽；打凿面涂刷 PMA 界面胶，用 PMA 砂浆封堵凹槽；深长裂缝位置逆向灌注 PMA 注浆堵水胶（图 7-46）。

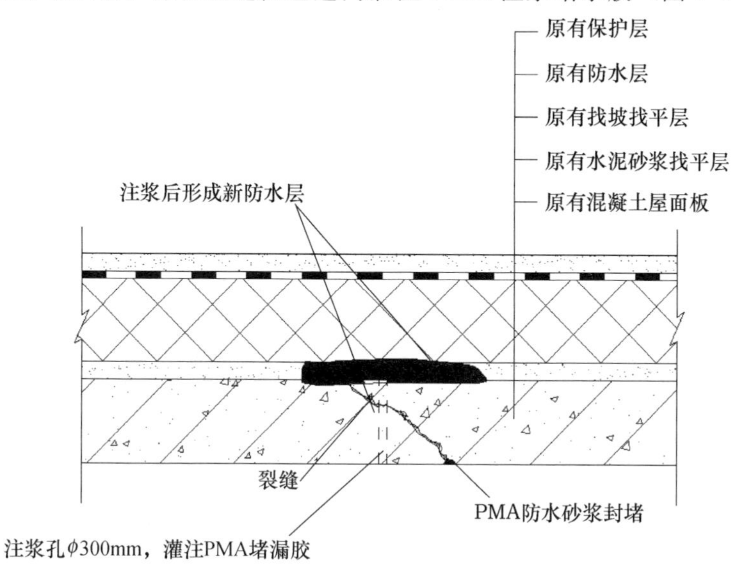

图 7-46 正置式防水屋面裂缝修缮示意图

打凿“U”形槽使修复材料有地方可粘结；在打凿面涂刷无冷缝界面胶可使新材料与原有混凝土更好地结合；在原裂缝位置反向灌注防水胶可密实构造层内部，也可现场检验在压力下裂缝是否封堵到位。因裂缝走向不规则，末端往往宽度很小，有时可见裂缝旁边还有很多小裂纹，肉眼无法识别，注浆压力可使防水胶渗入不可见裂缝中。出现防水胶滴落，便立即用 PMA 界面胶封堵。

2. 天面内层整体注浆再造防水层

从迎水面每平方米选一个点，安装 ϕ10mm 注浆嘴，压力灌注 PMA 堵水胶，每点灌注 1kg 左右，再用 PMA 防水砂浆封堵圆孔与原天面面层齐平（图 7-47）。

因试验中发现，为使防水胶能尽量多的覆盖天面，距离不宜离得太远，太远防水胶不能连接成整体，离得太近会造成人力和材料的浪费；故每平方米选一个点。灌注 1kg/m^2，试验中发现灌注 1kg 的覆盖半径为 60～80cm，足以使相邻两点灌注的防水胶连在一起。

3. 开设排水沟、二次排水孔

天面四周开设排水边沟，天面 4m×4m 开设排水排汽沟，降低落水口至楼板面以下 3mm，落水管口内壁开二次排水孔。

图 7-47 天面整体注浆

开设排水沟是为了使表面流水顺畅，无积水，也使构造层内的湿气及时排走；落水口内壁开设排水孔是使找坡层与隔热层中的积水与湿气可二次排出，避免内层积水。

4. 开设排气窗

天面表面打凿 ϕ80mm 圆孔，深至隔热层底部，安装 ϕ50mmPVC 管，上端高出屋面 200mm，安装弯头。排气窗间距视工况为 4～6m。

隔热层多为挤塑板与找坡层，雨天隔热层内易积水，天热时水分易生成水蒸气，使天面内部压力升高，积水在压力下渗过防水层渗入室内。安装排气窗后，水蒸气可通过排气窗排出，不使构造层内压力升高。排气管上部安装弯头为防止排气窗进水。

5. 天面表面全面涂刷 PMA 界面胶一道

在上述基础上，将天面表层清扫干净后，涂刷 PMA 界面胶，用量为 2kg/m^2，界面胶可渗至天面混凝土细微裂缝与微孔中，起到混凝土密实加强的作用，并使整个表面固结为 3～5mm 厚无缝整体防水层。

屋顶大面维修如图 7-48 所示。

6. 效果

经过上述精心施工，该天面不渗不漏，无破损，又快又省地解决了 30 多年老天面渗漏难题，用户十分满意。

7.10.5 微创型补漏工法的应用效果

20 多年来，三为公司为两广、两湖、江西、海南、贵州、内蒙古等地采用微创补漏工法修缮了 1000 多项（栋）的渗漏工程，均得到了客户的肯定和赞扬。

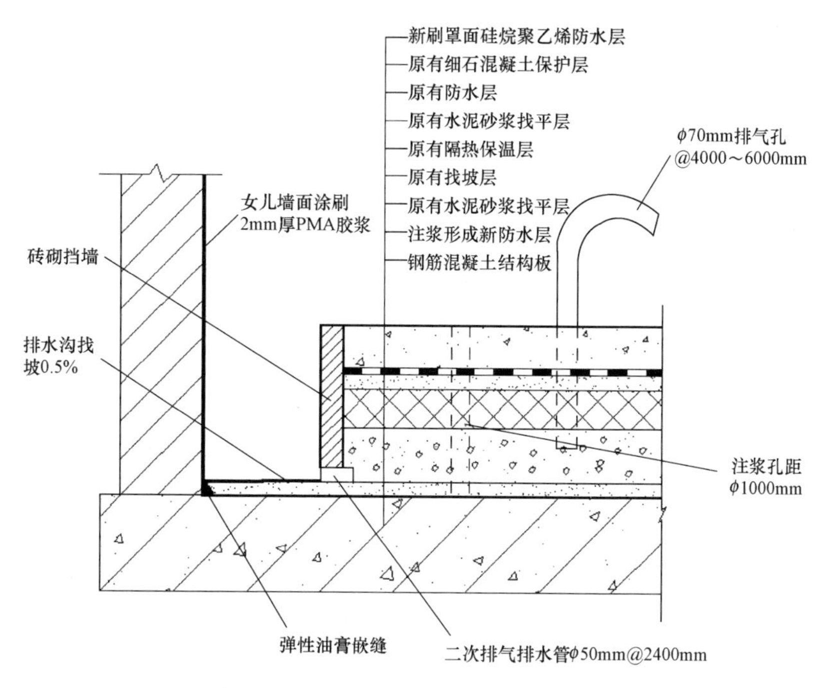

图 7-48　正置式防水屋面渗漏治理示意图

1. 清远清新区某小区

小区内住户 1200 多家，80%的卫浴间、厨房、阳台渗漏，开发商曾花费 90 多万元雇请防水商进行堵漏维修，因为选材不当与工法欠妥而多次修缮失效。住户联合静坐，惊动了市政府。市政府决定：一方面，由开发商出资把问题严重的客户安排到附近宾馆暂住；另一方面，尽快招贤维修。经业内有关人员推介，找到了三为公司朱总。他带领两个工人，自带材料与机具，一天完成了两套卫浴间的维修任务，经闭水检测无任何渗漏迹象，得到用户好评。事后，立即签约承担了小区全部渗漏修缮的任务，竣工后得到用户与有关部门的点赞，一致千谢万谢。

2. 两年渗漏，三天解决

广州某高档小区，位于市区繁华地段，有一户 230m² 的高档住宅，装饰装修高端大气，但 4 个卫浴间有 3 个渗漏，其中两个渗入隔壁房间，一个渗入下层住户。渗漏导致墙壁发霉，引起邻里争吵，与开发商、物业管理部门发生纠纷。两年内曾三次请人修补，都以失效告终。后找到三为公司用微创型补漏工法，仅花三天时间解决了两年多的困扰。

3. 20 天胜过半年

广州某酒店，由旧房改造翻新而成星级酒楼，装修完毕准备开张营业。由于装饰时忽视了家装防水，有 130 套卫浴间渗漏。酒店找来某防水施工队解决渗漏问题，他们认为 10 多人的队伍需要四个月才能做好，并需对房间内部重新装修，加起来需要半年时间才能交付使用。如此设想，酒店开业遥遥无期。面对紧急状况，酒店老板找到三为公司帮忙应急。公司收到信息后，次日派 4 个工人自带材料、机具，用“微创型补漏工法”一天修好了两套渗漏较为严重的卫浴间。经过检测，渗漏问题彻底解决。随后仅用 20 天时间完成了 130 套卫浴间的维修，让卫浴间焕然一新，酒店方十分满意。

4. 为亚运顺利举办保驾护航

亚运会交通指挥控制中心大厅构造复杂，天花板中部有一个巨大的圆形玻璃顶，存在下雨滴水现象，烧毁了数台计算机。指挥控制中心组织专家到现场诊断，多位专家反复查看建筑施工图，并到现场从里到外排查，却依然找不到渗漏原因。后有人推荐三为公司修缮，公司技术人员精细踏勘后，找到了渗漏原因与部位，几个小时维修完成，破解了难题。后在运动会雨天期间，指挥部邀请三为公司每天派两个技术工人到现场巡视维保，发现问题即刻解决，为亚运会顺利举行起到保驾护航的作用。

一滴水可以折射出太阳的光辉，以上几个案例足可以说明三为微创型补漏工法的可靠性、先进性、科学性。三为公司为客户排忧解难、为物业保驾护航、为社会拾遗补漏的服务宗旨，将会带来更大社会效益和经济效益。

7.11 抗裂布增强外墙涂装系统

温州内利室内外装修有限公司　朱晓峰[①]　徐良善　徐小丽

在外墙外保温系统中，虽然有许多的新产品新实践，且性能良好。但目前外墙外保温系统存在一些问题还是比较致命的。例如，在抗裂性、耐久性和防水、防火性能等这些最为重要的指标中存在问题未能很好解决，制约建房保质期限，尤其抗裂性是外墙外保温系统的一个极为重要的指标，如何防止开裂是墙体保温体系要解决的一个关键技术问题。

墙体裂缝的存在，降低了墙体的质量，如整体性、保温性、防水性、耐久性等。同时，随着最近几年外墙开裂、脱落、渗水的事故频发，各地虽相继出台相关政策解决类似事故问题，但依然不尽如人意。因此，如何增强外墙面的抗裂性能，避免建筑物外墙面开裂，提高建筑外墙的耐久性，已成为建筑行业共同关注的课题。

本课题就是解决了抗裂性、耐久性和防水、防火性能等这些外墙体最为重要指标的难题。

---

① 第一作者简介：朱晓峰，男，1964 年 4 月 5 日出生；高级技师；现任温州内利室内外装修公司总经理。

7.11.1 创新技术名称

抗裂布增强外墙涂装系统是本公司自主研发的一项新产品，能有效解决外墙开裂等问题。

本课题组针对目前外墙出现的裂缝、开裂等问题，分析其产生原因，并结合公司现有产品和施工经验，研究出一种抗裂布增强外墙涂装系统，提高了施工便捷性，简化了施工工序，解决了施工工序多导致施工质量不稳定的缺陷。

该抗裂系统是由三部分组成的：底层涂料＋抗裂布＋面层抗裂涂料。通过三者协同作用，达到提高外墙面的抗裂性，包括粘结强度、耐水强度、初期抗裂性和动态开裂性能等方面的提高。

该抗裂系统致力于提高产品工业化水平，实现生产过程标准化、自动化，提升产品质量、降低生产成本，能有效解决外墙面开裂等通病，并提高外墙面的耐久性，保障建筑外墙面的使用寿命。

7.11.2 主要创新点

(1) 通过将抗裂涂料与抗裂布复合制备而成的涂料布，具有弹性好、韧性高、耐磨性强、耐水性好、环保等突出优点。

(2) 研发的外墙面抗裂布涂装系统，将涂料和抗裂布在工厂预制成一个产品，产品质量稳定可控，简化了现场施工工序，简化了施工流程，降低了人力成本，提高了施工质量。

(3) 自主研发的涂料布自动化生产线，经过实践证明，该生产线自动化程度高，生产工艺简单，产品质量稳定。

7.11.3 工程应用案例

(1) 本项目研发的外墙面抗裂布增强涂装系统先后在瑞安市之江小区、马屿镇下徐村办公楼、瑞安市妇幼保健院进行了工程案例示范。在瑞安市之江小区的47500m^2 外墙整体翻新工程中使用我公司自主研发的外墙面抗裂布增强涂装系统，小区焕然一新（图 7-49），迄今为止整个墙面没有开裂，后期无须再进行翻新，大大节约了房屋的维护成本。

(2) 同样，在马屿镇下徐村对 2800 多 m^2 的办公楼外墙与瑞安市妇幼保健院的外墙 15100 多 m^2 进行了翻新，使用该外墙面抗裂布增强涂装系统至今三年多的时间，未出现开裂现象，如图 7-50、图 7-51 所示。

图 7-49　瑞安市之江小区墙面翻新

图 7-50　马屿镇下徐村办公楼外墙翻新

图 7-51　瑞安市妇幼健院外墙翻新

7.11.4　产品研发

1. 底涂料的制备

（1）经反复实验与探索，底涂料的主要原材料选用丙烯酸乳液为胶粘剂，水与乙二醇为稀释剂，钛白粉、硅灰粉、重质碳酸钙粉、轻质碳酸钙粉等为填料，并添加分散剂、润湿剂、消泡剂、成膜助剂、增稠剂等为助剂，经特种工艺制备而成的水性涂料。显著特点是安全环保、无毒害，耐腐蚀、对材质表面适应性强，涂层附着力强、耐受温度高等优点。

制备的底涂材料按照《复层建筑涂料》（GB/T 9779—2015）的标准检测，标准条件下的粘结强度为 2MPa，浸水后的粘结强度为 1.3MPa，远高于国家标准中的指标要求（国家标准 GB/T 9775—2015 中规定标准状态粘结强度不小于 0.6MPa，浸水粘结强度不小于 0.4MPa），其他性能指标详见检测报告。

（2）生产工艺：①根据配合比准确计量各原材料；②先将粉料等加入搅拌机

中，搅拌约 1min，混合均匀；③再加入水，搅拌 3～5min。生产用的搅拌机如图 7-52所示。

图 7-52 搅拌机

2. 面层抗裂涂料的制备及性能

面层抗裂涂料由多种组分组成，主要原材料由丙烯酸乳液、EVA 乳液为成膜物质，以乙二醇、丙二醇与水为稀释剂，添加适量填料与多种功能助剂，经特种工艺制备而成抗裂涂料。产品执行 GB/T 9779—2015 国标，主要物理性能如表 7-8 所示。

表 7-8 抗裂涂料的性能检测结果

序号	性能参数	标准要求	检测结果
1	容器中状态	无硬块，搅拌后呈均匀状态	无硬块，搅拌后呈均匀状态
2	施工性	刷涂二道无障碍	刷涂二道无障碍
3	低温稳定性	不变质	不变质
4	涂膜外观	正常	透明，正常
5	干燥时间（表干）/h	≤2	1
6	耐洗刷性（2000 次）	漆膜未损坏	漆膜未损坏

3. 涂料布的性能和生产工艺

（1）涂料布的规格与性能。选取的抗裂布规格为 40～60g/m^2 的聚酯无纺布，宽 1.6m，既能被涂料浸透，又有一定的拉伸强度，适应基体变形抗裂的需要。其断裂强力和断裂伸长率是涂料布的关键指标。结果见表 7-9。

表 7-9　抗裂布性能检测结果

序号	性能指标		标准要求	检测结果
1	布的断裂强力/N	径向	≥300	815
		纬向	≥200	346
2	布的断裂伸长率/%	径向	≥10	19
		纬向	≥10	16

（2）涂料布的生产工艺

①通过多个滚筒将抗裂涂料均匀涂布在抗裂布上。每条生产线上有 10 个滚筒，在生产的过程中有 6 个是经过预热的，加热温度 100℃左右，滚筒上方有刀口来控制涂料布的厚度；

②经过滚筒涂覆涂料后的抗裂布，再经常温晾干，最终形成涂料布。涂覆涂料后的涂料布的质量为 80～100g/m^2。

生产工艺图如图 7-53、图 7-54 所示。

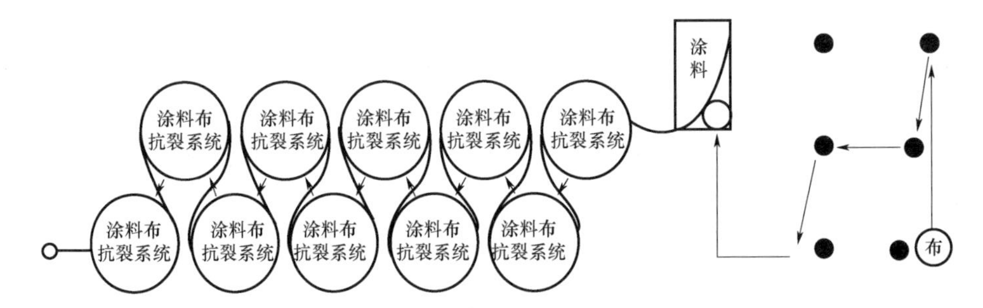

图 7-53　涂料布生产流程图

图 7-54　抗裂布生产设备图

7.11.5 抗裂布增强外墙涂装系统的性能研究

在底层涂料、面层抗裂涂料、涂料布的研究基础上进行抗裂布增强外墙涂装系统的性能研究，性能研究包括抗裂性能、粘结性能、耐人工老化、耐玷污性等。

将抗裂布增强外墙涂装系统（包括底涂、抗裂布、面涂）的物理性能按照标准检测，检测结果如表 7-10 所示。

表 7-10 抗裂布增强外墙涂装系统物理性能表

序号	性能指标		标准要求	检测结果
1	初期干燥抗裂性		无裂纹	无裂纹
2	粘结强度/MPa	标准状态	≥0.7	2.0
		浸水后	≥0.5	1.3
3	涂层耐湿变形（5 次循环）		不剥落、不起泡、无裂纹、无明显变色	不剥落、不起泡、无裂纹、无明显变色
4	耐人工气候老化性		250h 不起泡、不剥落、无裂纹、粉化≤1 级，变色≤2 级	250h 不起泡、不剥落、无裂纹、粉化 0 级，变色 0 级
5	耐玷污性（白色和浅色）/%		≤15	14
6	动态抗开裂性/mm		≥0.5	>1.4
7	耐水性（96h）		无异常	无异常
8	透水性/mL		≤0.3	0.1
9	布面连接处的断裂强力/N		≥500	700

7.11.6 施工技术研究

（1）将墙体清理干净，要求基面坚固、密实、平整、无油污，局部孔洞与裂纹局部刮一道腻子处理，干后打磨平整。

（2）将升降电机安装在要施工的墙面上，将成卷的涂料布套在三脚架上，并将三脚架安装在升降电机上，通过升降电机控制涂料布的展开。

（3）用喷涂机将底层涂料均匀地喷在墙面上，然后用专用刮刀将涂料布压平，使涂料布与墙面紧密粘结在一起。边喷涂边将涂料布刮平，同时通过升降电机控制涂料布的展开，一体成型。

（4）罩面，贴装饰分隔条。

简易的施工利用吊篮作业，施工工艺如图 7-55 所示。通过优化的施工作业可以多快好省的提高施工速度与工程质量，如图 7-56 所示。

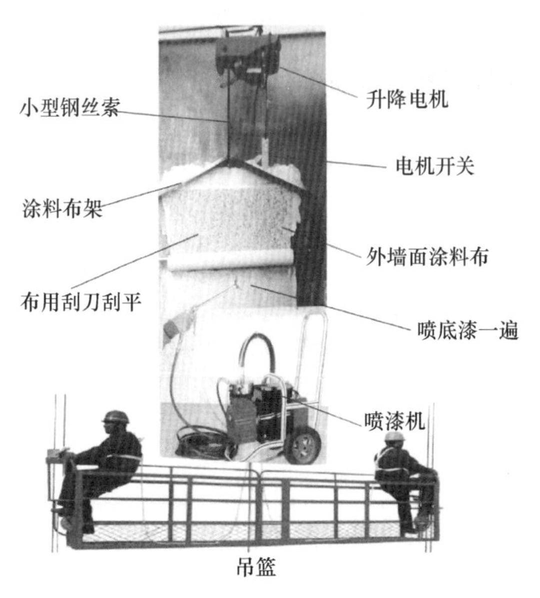

图 7-55　施工吊篮示意图

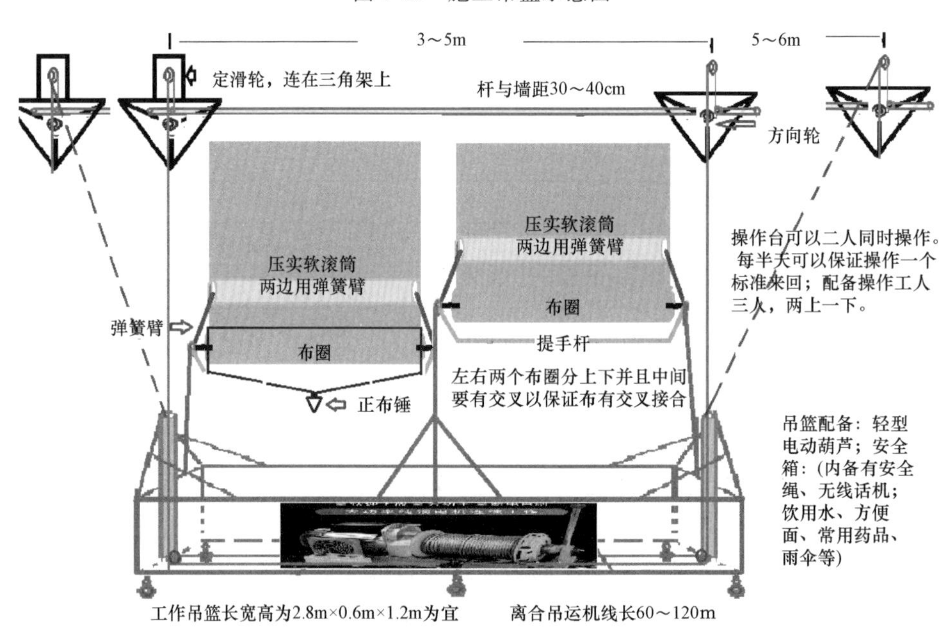

图 7-56　高空平台施工双人作业示意图

7.11.7　系统应用效果

1. 防水层不易开裂

该系统采用抗裂性能高、耐久性好的抗裂布，断裂强力和断裂伸长率能达到标准要求的两倍以上，再辅以抗裂涂料，双重保险，能够保持房屋墙面适应变形不开裂。

2. 防水性好

本系统采用的抗裂涂料选用了高性能的高分子材料，且具憎水性，具有优异的防水性能，在外墙表面形成一层牢固的整体防水层，有效防止水分渗透，防水性和耐水性能较好。可以有效抵御暴雨对墙面的冲刷，且防暴雨台风浸蚀。

3. 粘结性强

外墙抗裂系统由底层涂料、抗裂布、面层涂料构成，有助于提高腻子层与抗裂系统层连接强度，实测粘结强度达 2.0MPa，高出标准两倍。采用的面层涂料与抗裂布融为一体，任凭风吹雨打。

4. 耐候性优异

该系统采用丙烯酸为基料的涂料与聚酯无纺布增强，耐候、耐老化，使用寿命长。

5. 装饰性强

该系统面层涂料有多种颜色，可配多彩涂层，客户也可根据自己的喜好选择外墙装饰工艺，包括金属漆、仿大理石、拉毛、浮雕等均可操作。

6. 应用范围广

本公司开发的外墙面抗裂涂装系统广泛适用于各种平整度高的外墙面，对于不平整的墙面也可找平后使用，不仅适用于新房装修装饰，也能用于旧房翻新。

7. 质量稳定，维护性好

本系统材料不剥落、不起泡、无裂纹、不透水、难老化，而且抗冻、环保、表面光滑，如果日后表面有灰尘，可自行清洗，后期维护方便。

7.12 沈阳某地下室渗漏封堵加固工程的施工小结

四川童燊防水工程公司 易启洪[①] 丁力 周攀

7.12.1 工程概况

该地下车库土建于 2016 年 9 月，同年 10 月底侧墙回填全部完成，顶板覆土时间为 2017 年 10 月底。2017 年 10 月月初发现柱子根部漏水，经封堵处理后，2018 年 6 月连续降雨后发现柱根、墙根、后浇带渗漏（图 7-57），局部地面鼓起

① 第一作者简介：易启洪，男，1973 年出生于四川省，现任四川童燊防水工程有限公司总经理，从事防水行业新材料开发与指导施工近 30 年。

开裂。该地库建筑面积为8378.76m²，为地下一层板柱剪力墙结构（局部为梁板结构），基础为柱基。底板混凝土强度为C30，设计板厚为300mm，抗渗等级为P6，一期车库与二期车库相连，两者之间设有后浇带。一期车库与地上五栋住宅建筑相连，其中两栋地上为27层，三栋地上为28层。

图7-57　地下车库渗漏情况

7.12.2　渗漏原因分析

（1）因多种原因，混凝土结构体（底板与侧墙）客观存在微孔、小洞与毛细管及部分裂缝，即基体不够密实，能透过水分子与湿气。

（2）柱子根部柱面与底板连接不牢固、不密实，存在局部缝隙，当地下水位上升时，地下水从缝隙中浸入地面。

（3）后浇带两侧界面处理不精细，存在能透过水分的界面缝隙。

（4）建筑结构逐层上升，静荷载逐步加大，引起结构变形。建筑物3～5年内存在徐变，导致结构缓慢变形。两种变形在应力集中处引起混凝土局部开裂，形成浸水通道。

（5）地下空间与室外存在温差，空间内部空气温度高出墙柱与顶板表面2～3℃，闷热天气，如果室内空气不及时排放室外，碰到冷端凝结成冷凝水（结露），汇集地面。

（6）底板垫层下的土质不密实，容易使底板下出现空洞积水，丰雨季节，地下水不断增多，土层不断软化，不但地下水逐步侵蚀底板上升至底板面层，而且地基不牢，造成建筑物不均匀沉降，甚至使结构体局部破损。

7.12.3　地下室渗漏治理与加固的设计方案

（1）仔细勘测现场，查阅原设计图纸，了解原防水施工的情况，找出渗漏原因，在调研的基础上，四川童燊防水工程公司提出治理与加固的设想，形成初步文字，由业主邀请相关专家论证。思想统一后，由业主或原设计院编制正式的设计方案，四川童燊防水工程公司再编写治理与加固的施工组织设计。

（2）总的设想：以堵为主，排堵结合，先灌浆后局部涂卷加强，综合治理；选用环保型材料，采取精心施工措施，创新形成防水、耐久、耐燃的可靠屏障。

（3）治理步骤（图 7-58）

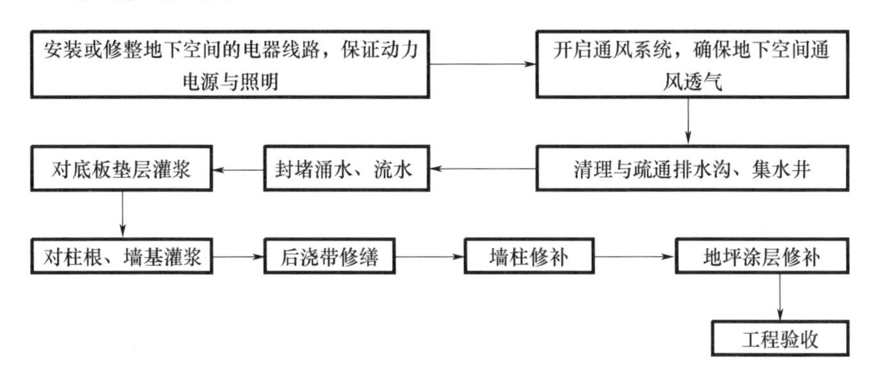

图 7-58 治理步骤

7.12.4 优选主要材料与机械设备

1. 童燊牌多功能水性注浆料

该材料是由水玻璃、改性水性环氧树脂、丙烯酸乳液与固化剂及助剂等多种成分组成的双组分液体材料。使用时，掺入 P42.5 普硅水泥混合拌成浆料。

对地下空间基体压力灌注浆料，将空隙中的自由水和气体挤走，浆料在空间迅速扩散、充填、渗透，通过灌浆液的固化剂及水泥的水化作用形成网状结构的有机-无机复合材料体系的“结石体”，起到抗渗增强的作用。结石体不收缩、不产生龟裂，达到提高地基的不透水性和承载能力。

产品特点：以水作为分散介质，环保、对人体无毒害、不燃，存储、运输、使用均安全；热膨胀系数与混凝土接近，故不易从这些被粘结的基材上剥离，耐久性能优异；砂土水泥浆液形成混合体的力学性能、粘结强度、抗渗性能及耐腐蚀性显著提高。

2. 止水堵漏材料

由水泥、石膏、石灰、胶粉与助剂组成单组分粉料。具有速凝、渗透、微膨胀特性，能瞬间堵漏止水。与水泥混凝土、砂浆有良好的黏合力。膜质坚韧，不开裂，无须养护，耐高温、阻燃，耐水、耐老化，无毒，不污染环境。

3. 高分子水性涂料

丙烯酸酯弹性涂料，多种颜色，无毒无污染，耐老化，涂膜弹性好，能适应基体变形。

4. 聚合物防水砂浆

在1∶1～1∶2的水泥砂浆中掺入丙烯酸乳液或可再分散的胶粉配成的防水砂浆，与基体粘结力强、韧性好、砂浆密实、不开裂，用途广泛。

5. 聚氨酯注浆材料

有水溶性聚氨酯注浆液与油溶性聚氨酯注浆液。前者止水快，但干后收缩，不能长久防渗；后者固干后不收缩，是一种有一定强度的韧性体，可长久堵漏。

6. 主要机械设备

(1) 钻孔机（图7-59、图7-60）。

(2) 液压双液灌浆机（图7-61）。

(3) 角磨机（图7-62）。

7.12.5 施工操作要点

(1) 安装好照明灯，除固定灯具外，另配备4个低压携带式移动行灯。

图7-59 钻孔取芯机

图7-60 电钻

图7-61 双液灌浆机

图7-62 角磨机

(2) 清理排水沟与集水井，排水沟放坡0.5%～1%，力求排水畅通。修理集水井内的排水泵，能限位自动抽（排）水。

（3）间歇式启动通风道排风系统，促使室内外空气流通，可大大减少冷凝水与室内湿气。

（4）封堵涌水、流水，创造工作条件。

1）全面检查涌水、流水的点与线，用粉笔作好标记。

2）渗水点、渗水面、渗水线视工况剔槽扩洞，用速凝堵漏材料封堵压实。30min 后检查，若仍渗水，压力灌注童燊牌多功能水性注浆料，30min 后并二次灌注油溶性聚氨酯堵漏液（氰凝）增强。

3）施工缝与贯通裂缝渗水封堵，从背水面剔槽 150mm 深，干净后嵌填 20mm 厚非下垂聚氨酯密封胶，随即嵌填聚合物防水砂浆至槽口压实刮平。表面用童燊牌多功能水性注浆料夹贴一层玻纤布做一布三涂加强层，宽不少于 250mm。

4）变形缝渗水修缮：①从背水槽口剔槽凿缝，深至中埋止水带，将缝内杂物清理干净；②垂直对止水带两侧钻 ϕ10mm 注浆孔，孔距 250mm，安装 ϕ8mm 注浆嘴，压力灌注油溶性聚氨酯注浆堵漏液，使迎水面与临近止水带缝内充填韧性阻水层；③将止水带面层清理干净并理顺规整，然后粘贴两层 U 形丁基橡胶密封带修补中埋止水带；④打注聚氨酯发泡剂填充背水面缝槽，并与槽口两侧平齐；⑤与外墙内侧一起做内装修或安装⌒╲╱⌒形镀锌盖板，并用钢钉锚固。

5）后浇带渗漏，清理干净后，沿两侧施工缝分别剔 U 形槽 40mm 深，嵌填 20mm 深密封胶，再粉抹聚合物防水砂浆。后浇混凝土面层刮涂 CCCW 渗透结晶涂料 2mm 厚后，再做童燊牌多功能水性注浆料夹贴一层玻纤布增强，后浇带两侧各宽出 250mm。

6）柱根渗漏，沿柱根四周剔 U 形槽 40mm 深，先钻 ϕ8mm 斜孔 4～8 个，安装注浆嘴，低压（0.2～0.3MPa）慢灌油溶性聚氨酯注浆液，12h 后拆除注浆嘴回填聚合物防水砂浆，与地面平齐。

7）间墙根部渗漏，离墙 60mm 钻斜孔 ϕ10mm@300mm，安装注浆嘴，压力灌注油溶性聚氨酯堵漏液。

8）外墙根渗漏，沿墙根剔槽 50mm 宽 70mm 深开边缝，并对槽底钻 ϕ10mm 斜孔，孔距 300mm，安装注浆嘴后，低压慢灌油溶性聚氨酯注浆液，无渗漏后再用聚合物防水砂浆填槽刮平，然后刮涂 2mm 厚童燊牌多功能水性注浆料夹贴一层玻纤布做一布三涂加强层，宽出原渗水外缘 150mm。

9）混凝土底板灌浆

①渗漏严重区段，用钻孔取芯机垂直打孔 ϕ50mm，深孔（1.5～3m）、浅孔（0.5～1.5m）相间，呈梅花状布孔，如图 7-63（a）、图 7-63（b）所示。

②安装自制注浆管，管上布有小型射浆孔，并安有开关阀门，用速凝材料锚固。

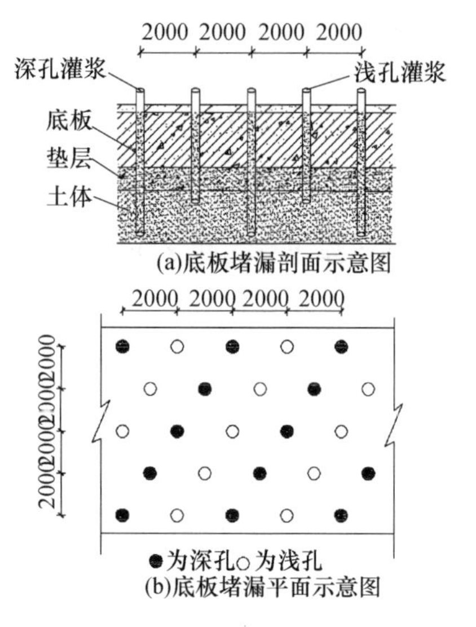

图 7-63　混凝土底板灌浆

③配制灌浆料：按水泥：水≈1：1 的比例混合拌匀 10min 左右制成水泥浆，再按水泥浆：童燊牌多功能灌浆料≈50：1 的比例混合拌匀 5min 左右成灌注料。

④压力灌浆：采用灌浆泵，缓慢升压，从一端向另一端逐孔灌注，压力视工况实际控制在 0.5～1.5MPa，压力稳定或下降时停止灌浆注。

24h 后检查注浆效果，一般需复灌 3～5 遍，直至不渗水为止。

⑤拆嘴：停灌 24h 后，若不渗水，拆除注浆嘴，切割外露注浆管，并用聚合物防水砂浆灌满管孔。

通过以上作业，把底板内部、垫层内部与垫层下的积水排走，使灌浆料渗透、挤压、充填于沿途微孔、小洞、裂缝、裂隙中形成阻水屏障，并将垫层下的土壤固结成“结石体”，起到抗渗防水与基础加固作用。

10）车库面层修复：地下车库主要缺陷与渗漏修缮全部完成后，对底板表面全面清理干净，采用与原地坪相同的同色涂料重新涂饰与施划交通指示线，恢复原貌。

7.12.6　结语

地下室渗漏必须先仔细勘查，分析渗漏原因，然后多方面商定治理方案。选用可信的防水材料，精心施工作业，把内部注浆与面层加强结合起来，形成可靠的防水屏障，才能根治渗漏。我们对该工程进行了“真材实料”的修缮，不但立竿见影收到不渗不漏的效果，而且历经两年多的考验，至今仍然不渗不漏，也未见开裂或鼓起现象。

7.13 隧道无砟轨道板防抬升的控制灌浆措施

李晓东[1①] 陈森森[2] 高鑫荣[2]
（1. 南京地铁建设有限责任公司 江苏南京 210019；2. 南京康泰建筑灌浆科技有限公司 江苏南京 210046）

摘 要：长株潭城际高铁湘江隧道滨江路到雷锋大道区间隧道，为单洞双线隧道，设计时速为200km/h，埋深浅，断面大，地质复杂，施工条件差，造成二衬结构和轨道板渗漏水严重，渗漏水整治要先对结构外进行固结灌浆和帷幕注浆加固和堵漏，灌浆施工中防止无砟轨道板抬升的控制灌浆技术尤其重要。

关键词：城际高铁隧道；渗漏水整治；防抬升；无砟轨道；控制灌浆措施

Control grouting measures for preventing lifting of ballastless track slab in tunnel

Li Xiaodong[1] Chen Sensen[2] Gao Xinrong[2]
（1. Nanjing Metro Construction Co. ，Ltd. ，Jiangsu Nanjing 210019，China 2. Nanjing Kangtai Construction Grouting Technology Co. Ltd. ，Jiangsu Nanjing 210046，China ）

Abstract：The section between Binjiang road and Lei Feng Avenue of the Changzhutan Intercity high-speed Railway Xiang River tunnel is a single-tunnel double-track tunnel with a design speed of 200 km/h，a shallow buried depth，a large cross-section，complex geology and poor construction conditions，resulting in serious leakage of water from the second lining structure and the track slab，the consolidation grouting and curtain grouting should be used to reinforce and stop up the leakage before the leakage treatment. The control grouting technology to prevent the ballastless track slab from rising is especially important.

Key words：Intercity high-speed rail tunnel；Treatment of leakage water；Anti-lifting；Leakage defect；Ballastless track；Grouting control measures

---

① 第一作者简介：李晓东，男，1981年5月出生于甘肃兰州，现就职于南京地铁建设有限责任公司，任高级主管兼集团公司内训师。2013年取得高工资格，2014年获南京市重点工程劳动竞赛先进个人及南京市五一劳动奖章，2015年取得市政一级建造师资格。地址：南京市建邺区江东中路109号110室，E-mail：lxdnjdt@163. com；406584730@qq. com

7.13.1 工程概述

长株潭城际高铁是湖南省境内一条连接长沙市、株洲市和湘潭市的城际铁路，呈南北走向，是长株潭城际轨道交通网的主干线路[1]。

该铁路全长105km，共设24座车站，设计速度200km/h，列车初期运营速度160km/h。长沙站以南段于2016年12月26日竣工运营，长沙站以西段于2017年12月26日建成通车。

长株潭城际铁路走向为“人”字形，从长沙站南端引出后，向南经暮云分岔，分别接入株洲、湘潭站；向西过湘江至雷锋大道[2]，区间隧道为双洞单线标准轨道（图7-64），车站为岛式明挖结构。

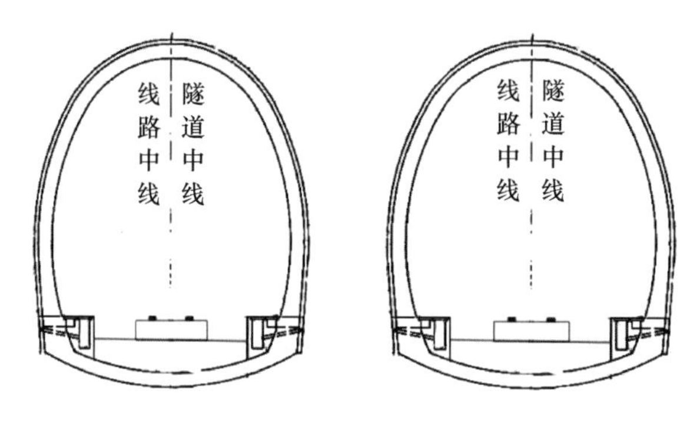

图7-64　双洞单线标准轨道示意图

因多种原因运营一段时间后，隧道二衬与无砟轨道顶板出现局部渗漏。

7.13.2 渗漏原因分析

（1）主要外部原因：地质非常复杂，透水率大，紧靠湘江，地下水非常丰富，紧靠市政管线，污水管和供水管的跑冒滴漏也造成围岩含水率高，长沙的雨季，地表雨水多；

（2）工期紧张，施工管理工序衔接不足，市区施工商品混凝土供应受到交通管制，不能连续供应，影响浇筑质量；

（3）隧道和无砟轨道施工后有一定的沉降稳定期，综合因素造成隧道二衬和无砟轨道板局部渗漏水严重。

7.13.3 技术措施

城际高铁采用整体道床，动车组在通过时，给二衬和仰拱、底板带来很大的振动扰动和荷载扰动，并产生很大的气流扰动，利用综合整治的方法来解决地下结构工程振动环境下渗漏水[3]。

（1）先对二衬结构与初期支护结构之间[4]的存水空腔进行回填灌浆[5]，把空腔水变成裂隙水，把压力水变成无压力水[6]；再对初支背后的围岩进行固结灌浆和帷幕注浆，把隧道后面围岩的透水率降低，从而减少对隧道二衬拱墙渗水的来源。

（2）对隧道无砟轨道板渗漏水部位仰拱下的虚渣进行固结灌浆止水[7]。

（3）对二衬结构的裂缝、施工缝、变形缝、不密实进行堵漏兼加固处理。

（4）对隧道二衬渗漏水严重地段，1.5m 高的位置，钻孔，孔径 25mm，深度打穿二衬为止，水平间距 3m 左右，避开施工缝，先让孔流水 3～5d，把拱墙壁后水压泄掉，压力在 0.1～0.2MPa，采用水灰比再进行灌浆，灌浆从线路低处向高处，逐个孔灌浆，如果相邻孔出浆或二衬表面 2m 范围内的裂缝有漏水了，就停止灌浆，灌浆采用水灰比 1∶2 左右牙膏状的浓浆，掺 KT-CSS-303 早凝早强的水泥基灌浆材料，还有 KT-CSS-101 水中胶凝无收缩高强灌浆料，以及结构自防水和水泥基渗透结晶的添加剂，快速形成一道水平隔离墙，隔断隧道拱部和边墙壁后的空腔和仰拱下空腔贯通的通道，防止后面拱部灌浆时造成窜浆到仰拱虚渣下，造成无砟轨道板抬升（图 7-65）。因为是低压灌注，所以不会对无砟轨道和仰拱有抬升的可能。

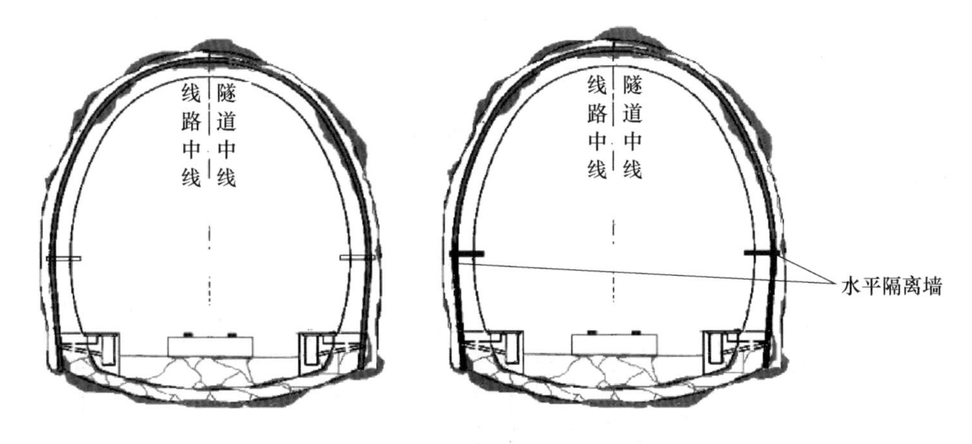

图 7-65　水平隔离墙施工工艺示意图

（5）在渗漏水部位，找出严重区间，按照每个 10～20m，在隧道二衬环向范围钻孔，孔径 25mm，深度打穿二衬为止，环向间距 3m 左右，避开施工缝，进行灌浆，灌浆从边墙的低处向拱部的高处，逐个孔灌注，如果相邻孔出浆就停止灌浆，灌浆压力在 0.2～0.3MPa，采用水灰比在 1∶1、1∶2 的浓浆，掺 KT-CSS-303 早凝早强的水泥基灌浆材料，还有 KT-CSS-101 水中胶凝无收缩高强灌浆料，以及结构自防水和水泥基渗透结晶的添加剂，快速形成一道环向隔离墙，形成二衬背后渗水空腔分区。灌浆时，每隔1h，检测轨道板抬升的数据，如果抬升超过2mm黄色报警，超过3mm红色报警，停止灌浆。一般水泥浆固化会有一定的泌水率，稍微抬升的部位会回落一部分。前面做了水平隔离墙后，很难有水泥浆窜到仰拱虚渣内造成无砟轨道板抬升。

(6) 对于分区后的隧道二衬背后的回填灌浆，采用在隧道拱部正顶部和左右拱腰位置钻孔，孔径25mm，深度打穿二衬为止，纵向间距4～5m，采用低压、慢灌、快速固化、间隙性分次分序KT-CSS控制灌浆工法，压力在0.3～0.5MPa，采用螺杆灌浆机，压力呈抛物线上升，平缓，采用水灰比在1∶1、1∶2、1∶3的浓浆，根据进浆量和出水量来现场制定配比，掺KT-CSS-303早凝早强的水泥基灌浆材料，掺硫铝酸盐早强水泥，还有KT-CSS-101水中胶凝无收缩高强灌浆料，以及结构自防水和水泥基渗透结晶的添加剂，控制水泥浆的固化时间，间隙性分序分次灌浆。灌浆时，每隔1h，检测轨道板抬升的数据，如果抬升超过2mm黄色报警，超过3mm红色报警，停止灌浆。

(7) 利用人工泵送来的水泥浆进行二次搅拌，灌浆现场添加速凝材料和其他特种水泥灌浆材料，利用人工搅拌，量小，不易造成浆液堵管和浪费，并且利用人工搅拌和灌浆机的泵送时间差的间隔，自动形成间隙性灌浆的特定工法，防止以前采用搅拌机连续搅拌向灌浆机料斗供料而不能自动形成间隙性灌浆。

(8) 对于无砟轨道渗漏水部位的仰拱结构下的虚渣灌浆堵漏，先采用在两侧边水沟钻透仰拱，泄压排水[8]，观测水量和水压，孔径50mm，孔深钻透仰拱后10cm，安装涨壳式中空注浆锚杆，见图7-66、图7-67，对无砟轨道、找平层、仰拱结构层先进行物理机械式锚固，再用槽钢临时连接锚杆头，水平方向控制住无砟轨道的抬升可能性。先利用物理机械力控制住无砟轨道抬升的可能性，然后

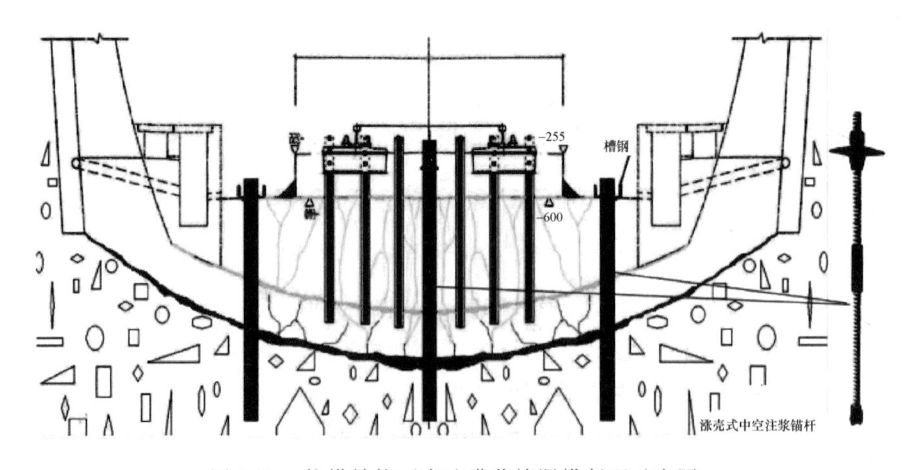

图7-66 仰拱结构下虚渣灌浆堵漏横断面示意图

采用纯的 KT-CSS-202 水泥基超细无收缩自流平自密实微膨胀特种灌浆料，必要时掺 KT-CSS-101 水中胶凝无收缩高强灌浆料，进行灌浆，采用低压、慢灌、快速固化[9]、间隙性分次分序 KT-CSS 控制灌浆工法，压力在 0.2～0.3MPa，采用螺杆灌浆机，压力呈抛物线上升，平缓，采用水灰比在 1∶1、1∶2、1∶3 的浓浆，灌浆时，每隔 1h，检测轨道板抬升的数据，如果抬升超过 2mm 黄色报警，超过 3mm 红色报警，停止灌浆。灌浆时需要有灌浆孔和泄压孔、观测孔。后期再采用 14mm 钻头，钻孔深度 1.5m，采用化学灌浆机，灌注耐潮湿水中可以固化的 KT-CSS-4F/18 高渗透改性环氧结构胶，进一步对无砟轨道与铺装层、仰拱结构层以及结构下面的夹层空隙和微小空腔进行补充灌浆，提升堵漏和加固效果。

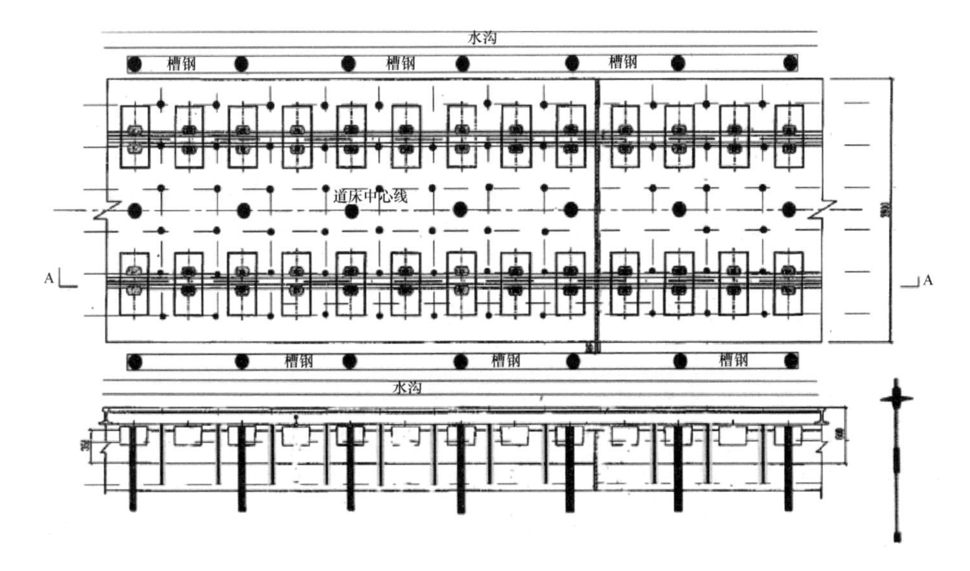

图 7-67　仰拱结构下虚渣灌浆堵漏俯视图和纵断面示意图

(9) 在渗水大的位置，隧道正顶部与拱腰 60°夹角的左右拱腰，先用抽芯机钻透二衬的钢筋混凝土和初期支护的混凝土，然后采用钻机向围岩层钻孔，采用中空注浆锚杆，钻孔深度在 6m，灌注超细的水泥基无收缩高强度灌浆料[9]，添加 KT-CSS-101 水中胶凝无收缩高强灌浆料和 KT-CSS-1022 阳离子丁基丙烯酸胶乳（聚合物胶水），采用 KT-CSS 控制灌浆工法，分次分序进行灌注，固结砂砾石层围岩，加固围岩，采用活塞型泥浆泵，灌浆压力控制在 1.5～2.0MPa，2min 内进浆量小于 5L，就停止灌浆；在 48h 后在拱腰离拱部 30°夹角位置再钻孔，深度在 4m 左右，再灌注改性环氧灌浆材料；采用活塞泵灌注，灌浆压力在 2.0MPa，做帷幕灌浆，5min 内进浆量小于 1L，就停止灌浆，间隔 10min 后，为防止浆液流失，再进行二次补充灌浆，直到 5min 内进浆量小于 1L，就停止灌浆。减少围岩层的透水性，提高围岩的抗渗效果，进一步减少隧道渗漏水的源头。灌浆时，每隔1h，检测轨道板抬升的数据，如果抬升超过2mm黄色报警，超过3mm红色报警，停止灌浆。

（10）最后对二衬结构的不规则裂缝、结构不密实、无砟轨道裂缝[10]进行堵漏与加固，灌注KT-CSS-18耐水耐潮湿的改性环氧树脂，并且固化后有一定的韧性，延伸率达到8%左右，可以抗通车后的列车振动扰动和荷载扰动。对施工缝采用灌注KT-CSS-8耐水耐潮湿的改性环氧树脂，并且固化后有一定的弹性，延伸率达到20%左右，可以抗通车后的列车振动扰动和荷载扰动。对于变形缝采用KT-CSS变形缝专利工法，利用KT-CSS-9019阳离子丁基改性液体橡胶达到设计要求，修复变形缝的止水带功能，达到设计的要求。

7.13.4 主要材料

1. KT-CSS-4F耐潮湿低黏度改性环氧灌缝结构胶

KT-CSS-4F耐潮湿低黏度改性环氧灌缝结构胶是一类双组分[11]、无溶剂环氧化学灌浆材料，它具有高强度、低收缩、耐腐蚀、与混凝土及金属的粘结力强等特点，是一种对混凝土和岩石进行补强加固、无溶剂环氧灌浆材料，其对潮湿环境不敏感[12]。

2. KT-CSS-101水中胶凝无收缩高强灌浆料

KT-CSS-101水中胶凝无收缩高强灌浆料主要应用于隧道、大坝、地下岩体的驱水后防水加固。使用时将100kg灌浆料与40～50kg水混合高速搅拌机（500L，大于1000r/min，线速度10～20m/s的高速搅拌机）搅拌均匀，然后用5MPa的压浆泵将浆体压进岩体、压进隧道顶部、压进酥松有裂缝的混凝土，当与水接触时浆体不分散，随着泵压力的加大，水中不分散高强灌浆料浆体逐渐把水挤走到半径10～20m以外。

3. KT-CSS-303早凝早强高强灌浆料

KT-CSS-303早凝早强高强灌浆料主要应用于隧道、矿井、大坝、地下岩体的注浆防水，抢修加固，与KT-CSS-101水中胶凝无收缩高强灌浆料配合主要应用于岩体活动水和突水的堵漏，即先用KT-CSS-101水中胶凝无收缩高强灌浆料注浆将水压退，再用KT-CSS-303注浆，90min后凝固；使用时在一台高速乳化分散机中先注入270kg水，开动高速乳化分散机将1000kgKT-CSS-303徐徐加入高速乳化分散机中，加完后，再搅拌6～15min，然后用压浆泵将浆液压进岩体、压进隧道矿井结构混凝土或管片壁后、压进有疏松裂缝缺陷的混凝土；性能指标：水料比0.27，初始流动度15s、30min流动度25s，浆液高速乳化分散15min后细度：小于0.05mm，初凝时间90min、终凝时间100min，4h抗压强度大于20MPa，28d抗压强度大于90MPa；搅拌好的浆液必须在60min内注浆压完，否则浆液会迅速变浓，无法压浆。

7.13.5 结束语

通过采用接力泵送、水平隔离墙、环向隔离墙、仰拱先物理锚固后灌浆、人工搅拌组合灌浆工法，低压、慢灌、快速固化、分层分序间隙性的KT-CSS工法，利用次控制灌浆堵漏和加固的技术措施，结合控制灌浆技术所需要的配方灌浆材料和涨壳式中空注浆锚杆，对长株潭城际高铁隧道结构外进行固结灌浆和帷幕注浆加固并堵漏，最后对隧道二衬结构和无砟轨道进行渗漏水综合整治。有效地对长株潭城际高铁隧道滨江路到雷锋大道区间隧道渗漏水进行了治理，施工中无砟轨道板没有抬升。

针对不同的结构、不同的环境，随着控制灌浆技术的发展，只要善于总结，勇于创新，就一定能解决好灌浆堵漏施工中防止无砟轨道抬升的技术难题，使控制灌浆技术得到创新发展，新材料、新工艺、新技术、新装备相结合，是一个永恒的发展和创新历程，此控制灌浆技术措施在京沈高铁朝阳隧道、大连地铁2号线机场站到辛寨子站区间隧道的堵漏灌浆施工中，成功用于防止轨道板抬升。

参考文献

[1] 王婕．长株潭城际铁路分担率影响因素的定量研究［D］．北京：北京交通大学，2019.

[2] 谷莎，杨和平．浅谈基于道路交通安全的路侧交叉开口设计［J］．湖南交通科技，2014，40（03）：174-178.

[3] 陈森森，朱德林．隧道堵漏施工中对运行期间抗振动扰动的处理［J］．新型建筑材料，2012，39（09）：66-68.

[4] 李红军，陈森森．地铁隧道初期支护渗漏水处理技术与施工［J］．中国建筑防水，2018（14）：39-42＋46.

[5] 唐英波．严寒地区车站地下通道电梯井渗漏综合整治［J］．中国建筑防水，2021（01）：41-44.

[6] 陈森森，王军，刘文，李康．盾构隧道渗漏水整治综合技术［J］．铁道建筑技术，2019（12）：101-106.

[7] 马瑞华．运营客专隧道内无砟轨道病害快速整治技术［J］．铁道建筑技术，2019（11）：121-125.

[8] 裴熊伟．钻孔压水试验水压式栓塞排水泄压问题研究［J］．探矿工程（岩土钻掘工程），2016，43（03）：56-59.

[9] 全学友，刘金平，刘宝，等．钢筋混凝土框架结构抽柱改造关键问题及其解决方法［J］．建筑结构，2020，50（15）：1-7.

[10] 陈森森，王军，王吉．古盐田地质条件海湾隧道盾构竖井堵漏和加固新技术［J］．中国建筑防水，2018（17）：30-33.

[11] 李红军，陈森森．地铁隧道初期支护渗漏水处理技术与施工［J］．中国建筑防水，2018（14）：39-42＋46.

[12] 时勇．严寒地区隧道二衬漏水处理方法［J］．北方交通，2013（01）：115-118.

7.14 地下室堵漏维修的几点体会

湖南金禹防水科技公司　王国湘[1]

湖南欣博建筑工程公司　易乐

7.14.1 地下室渗漏现状

北京点子公司2013年调查1777个地下室，渗漏率占57.51%，另一调查报告透露：28个城市地下室，有16个城市50%的地下室渗漏。个别地下室长期积水停用。湘潭某地下室底板展开面积约4.2万m^2，因渗漏不能如期验收交房。长沙市质监站2014年1～11月接到业主投诉中渗漏、开裂投诉占了近80%。

地下室渗漏主要表现为施工缝、后浇带、变形缝、墙基柱根等部位潮湿、渗水与地面积水。

7.14.2 渗漏原因分析与危害

（1）剪力墙、底板、顶板局部存在裂缝，有些深长裂缝贯通结构层；施工缝、变形缝、后浇带的缝隙，界面处理不当，局部存在缝隙剥离，这些缝隙能透过水分子。

（2）混凝土从微观上看，是多孔材料，存在微孔、小洞及毛细孔，空隙率达40%左右，能透过水分子。

（3）结构体设计与施工防水卷材或防水涂膜，有些是设计不妥，防水层太薄，有些是施工不精细，存在透水通道。这些缺陷抵挡不住压力水的侵蚀；尤其是丰水季节水量增多、水压增大，水分通过缺陷侵入室内。

（4）地下室空间的温度一般比结构表面高2～3℃，闷热天气，热空气碰撞冷面便凝结成冷凝水（结露）汇聚于地面。如果地下室通风良好，热空气通过抽风排气系统排至室外，结露现象大为减轻甚至消失。故地下空间通风透气不良，是地下室潮湿与积水不可忽视的原因。

---

① 第一作者简介：王国湘，男，1967年出生于湖南湘乡县，1990年毕业于湖南大学化工系，高级工程师。大学毕业后，先后在吉林、江苏、浙江的涂料厂、树脂厂与防水材料企业进行新产品研发，并对现场施工进行管理与技术指导，现任湖南金禹防水科技公司总监与总工。联系电话：13907457967。

(5) 地下室导水、排水不疏通，或集水井排水泵长期停开，可能导致地面积水。

(6) 防水造价不合理，有些经办人恶意压低工程价格，迫使防水施工单位弄虚作假、偷工减料，降低工程质量，这种人为因素也是引起工程渗漏的原因之一。

某防水大师曾遇到某项目扣压造价情况：某工程防水预算 150 元/m^2，地方扣除 20%的管理费，以 120 元/m^2 拨给总包，而总包以 60 元/m^2 发包给施工方，落实到防水商就不到预算价的 40%了。怎么能保证工程质量呢？

建筑渗漏带来不良后果：有些工程因渗漏不能按时验收交房；有些地下车库渗漏，严重影响车位销售；有些地下室渗漏，导致车辆难以正常行驶。长此下去可能引起钢筋锈蚀与结构安全。总之，地下室渗漏既影响人们正常工作与生活，也危及结构安全。

7.14.3 地下室渗漏治理的理念

(1) 以堵为主，堵排结合，刚柔相济，因地制宜，综合治理。

(2) 选材合理：材料物理力学性必须达标，即产品应达到相关规范、规程、标准的合格要求；潮湿基面能施工的材料，材料与基面粘结牢固，不造成“窜水”现象；材料无毒无污染，绿色环保；材料耐水性强，耐久性好，使用寿命长，卷材或涂膜防水层更要有足够的厚度。

(3) 精心施工：“三分材料七分施工”是行业的共识。要挑选经过专业培训且有一定经验的防水工人承担修缮任务，要求他们精心作业，确保维修、翻新的质量，规避年年漏年年修，修了又漏的教训。

(4) 严格质控质监，现场执行“自检—互检—专检”相结合的“三检”制度。工程交付使用后，必须做好巡检、维护工作。

(5) 坚持底线，不参加“低价中标”的投标活动，不参与恶性竞争。坚守“真材实料”的原则，坚持 5%～8%的利润要求，也不牟暴利。维护质保金上限不超 3%的国家规定。

7.14.4 做好修缮准备工作

(1) 技术干部与施工领班人，深入现场调研，了解原有设计规定与施工实情，将渗漏处做好标志，绘制漏点坐标图，还应观察工程近 100m 范围内的水文、地质情况。

(2) 编制施工组织设计，经业主或设计院同意后实施。对参施人员进行工前动员，进行技术、质量与安全交底，使难点、重点、险点深入人心，统一思想认识。

(3) 合理组织劳力、材料、机械设备，提早进入现场。材料应见证抽样复验，机械设备需调节正常运转。

(4) 组建现场管理班子，分工协作，任务与责任落实到人，率领职工文明安全作业与绿色施工。

7.14.5 主要防水材料简介

治理地下工程缺陷与渗漏常用材料如下：

(1) 金韶峰速凝“堵漏王”：由水泥、石膏、石灰与多种化学助剂配制而成的无机堵漏材料，现场掺适量清水拌成胶浆，堵塞浸水、流水、涌水，2～5min可凝结硬固，立即止水。产品执行《无机防水堵漏材料》(GB 2340—2009) 标准。

(2) 金韶峰高弹性橡塑涂料（又称液体橡塑卷材）：本公司专利产品，水性，单组分。此涂料与多种基体粘结强度达0.3MPa左右，涂膜延伸率达250%～400%，干湿面均可施工，对环境无污染。产品执行《水乳型沥青防水涂料》(JC/T 408—2005) 标准。

(3) 金韶峰聚合物防水砂浆：由聚合物乳液/可再分散胶粉、水泥、中砂、石英粉与化学助剂配制而成。砂浆与多种基体粘结力强，固结体韧性好、抗裂、抗剪、耐久性好且阻燃，耐酸碱盐腐蚀，产品执行《聚合物水泥防水砂浆》(JC/T 984—2011) 标准。

(4) 聚氨酯注浆堵漏剂：有水溶性聚氨酯、油溶性聚氨酯与纯聚氨酯三类注浆堵漏剂，有单组分、双组分之别。行业现在普遍使用的是水溶性聚氨酯注浆液与油溶性聚氨酯注浆液，前者遇水膨胀快，以水止水，迅速止漏，形成海绵状物质，但干缩率大，易与基面剥离，不适应长久防渗；后者也遇水反应膨胀，并释放出CO_2，再衍生渗透膨胀，形成具有一定强度的韧性体，无干缩，可长久防渗。

行业现今往往采用水溶性聚氨酯快速止水，然后补注油溶性聚氨酯补强。也有不少人将两者混合使用，能够提高止水防渗效果。混合比例可为1∶1、1∶2、3∶2，视工况与功能决定。产品执行《聚氨酯灌浆材料》(JC/T 2041—2020) 标准。

(5) 环氧树脂系列材料，也是我们常用的堵漏与注浆料。

①渗透型无污染可干湿面注浆堵漏剂；

②环氧树脂防水涂料；

③环氧树脂防水砂浆。

这类材料显著特点是粘结力特强，无干缩，既可防水堵漏，又具防腐功能，还起增强加固作用。

(6) 根据工程需要，有些工程某些部位还可能选用丁基橡胶带、密封胶、聚氨酯发泡剂及金属盖板。

7.14.6 地下室堵漏修缮工艺工法

王国湘从湖南大学化工系毕业后，就在建筑防水防护行业耕耘，30多年来，曾对20多个地下工程防水设计与施工探索。易乐大专毕业后，在防水行业做技术管理十多年，承担过10多个维修翻新任务。我们在行业内取得了一些经验，也得到不少教训，现抛砖引玉供同行借鉴。

1. 疏通排水系统

地下空间渗漏修缮，首先要确保排水畅通，使地面积水及时排至市政工程排水网络。

（1）利用分厢缝（分仓缝、分格缝）作导水沟，疏通导水沟，分区段把地面水分引入排水沟。导水沟间距以3m×4m/5m×6m。导水沟放坡以0.3%～0.5%较好。导水沟宽度以2～3cm为宜，导水沟深度一般为4cm左右。如果底板结构层上增加了后浇混凝土，则导水沟应深至后浇混凝土界面以下5mm，否则界面积水难以排出。

（2）疏通排水沟：排水沟宽度不大于200mm，深度应低于导水沟50mm，放坡宜为0.5%～1.0%，间距经过计算决定，但也不宜大于12m。

（3）疏通集水井（集水坑）：集水井长宽通过计算确定，上口应低于排水沟5cm以上。井（坑）内安装限位自控抽（排）水泵。

导水沟、排水沟、集水井（坑）均浇捣防水混凝土即可，沟内、坑内不需另作防水卷材/涂膜，便于收集排出一定区段内的混凝土结构内部的积水。

2. 闷热季节间歇式启动通风排气道，力争地下空间与室外气压平衡，将室内空气排至室外，避免或减少室内表面结露。

3. 地下室进出口斜道，高端应设挡水坎，低端设置集水槽，集水槽应与集水井相连，使斜道水分及时排至市政排水网络。斜道及两侧挡土墙应刮涂2mm厚CCCW渗透结晶涂料防渗漏。斜道与挡土墙脚相连部位，应开设5cm宽5cm深的排水边沟，边沟必须与集水坑连通。

4. 地下空间拱顶与侧墙渗漏修缮做法

（1）清扫干净，切割外露模板拉筋，渗漏处扩大面积，先刷涂或喷涂环氧树脂防水涂料二遍，再粉抹6～8mm厚环氧聚合物防水砂浆，压实找平抹光。

（2）渗水孔洞与轻微裂缝，凿洞扩槽，深3～4cm，干净后刷环氧稀胶泥一道，再回填环氧砂浆压实刮平。周边表面扩大10cm范围，用环氧涂料夹贴聚酯无纺布（50～60g/m^2）做一布三涂加强层。

（3）深长裂缝，离缝中线10cm，沿线斜钻孔ϕ10mm，深为结构体厚1/2，两侧呈梅花状布孔，然后安装ϕ10mm压环式注浆嘴（又称牛头嘴）。压灌环氧树脂注浆液，压力控制在0.5～1.0MPa，慢灌逐步升压，压力恒定或下降时，停止注浆。24h后复注环氧浆液，24h后无渗水拆管，若还渗水，进行三次复注，直至无渗水为止。拆管后嵌填环氧砂浆封堵管孔，并周边扩大10cm范围，用环氧涂料与聚酯无纺布做一布三涂防渗加强层。如图7-68所示。

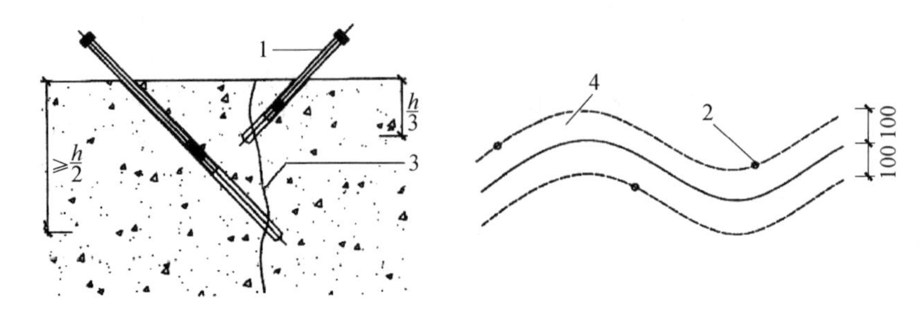

图7-68 钻孔注浆止水及补强的布孔示意图

1—注浆嘴；2—注浆止水钻孔；3—裂缝；4—加强层

（4）施工缝渗漏修缮做法

①骑缝剔槽20～25mm宽，深1/3基体厚，用水冲洗干净。

②将CCCW粉料1份与速凝堵漏王粉料1份混合并干拌均匀，然后加清洁水拌匀成稠厚浆料，随即对缝槽三面刷涂胶浆两遍。

③用水将缝槽三面湿润后，随即嵌填聚合物防水砂浆至缝口。

④缝口表面增强处理：平面缝骑缝口刷涂2mm厚250mm宽丙乳水泥涂料（中间夹贴一层250mm宽聚酯无纺布）加强；立面与拱顶刷涂环氧树脂防水涂料2mm厚增强。

以上做法如图7-69所示。

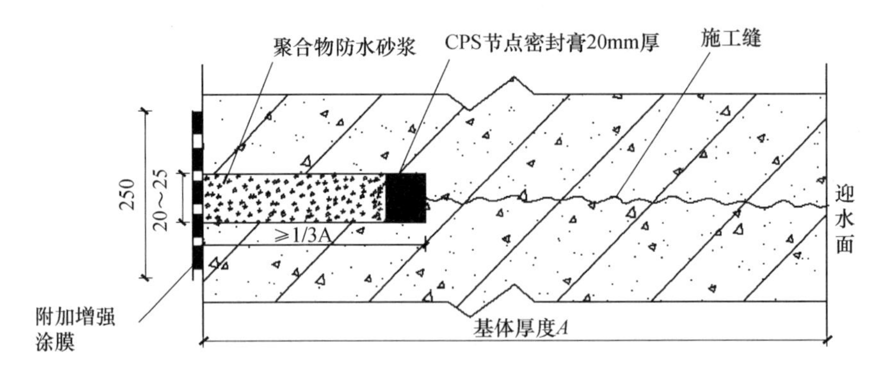

图7-69 施工缝渗漏修缮示意图

如果施工缝渗水严重，则先垂直钻孔，灌注油溶性聚氨酯堵漏剂，再参考上述做法。

（5）变形缝渗漏修缮做法

地下工程变形缝包括伸缩缝、沉降缝与抗震缝，往往是三缝合一。缝内防治渗漏除中埋止水带（橡胶止水带、塑料止水带或钢边橡胶止水带）外，还辅以弹性密封胶、盖缝条等措施。但由于多种原因，止水带错位或局部破损，常常十缝九漏。如何有效修缮变形缝是防水行业一个重要难题。

变形缝构造形式多种多样，修缮方法也不相同。

近 10 多年来，张道真教授与吴兆圣高工等人，对变形缝防渗漏有较多较深的研究，探索出许多防渗与渗漏治理的方案和措施。湖南陈宏喜、叶天洪、朱和平、唐东生等技术管理人员对治理变形缝也做了大量的探索工作，解决了不少难题。另外，国内同行科技人员与技管人员对治理变形缝也做过大量的有益工作。阅读与体会他们的经验教训论文，能得到有益的启迪。

钢边止水带是近十多年来应用较多的一种新型止水带，如果预埋了钢边止水带的变形缝发生渗漏，可参照图 7-70（a）、（b）所示的方法灌注油溶性聚氨酯堵漏剂或高渗透环氧树脂注浆液是行之有效的技术措施。图 7-70（a）注浆是将止水带迎水面部分进行密实加强，图 7-70（b）注浆是将止水带与基体的接触界面进行精细密封，两者结合起来，是能够破解变形缝渗漏难题的。

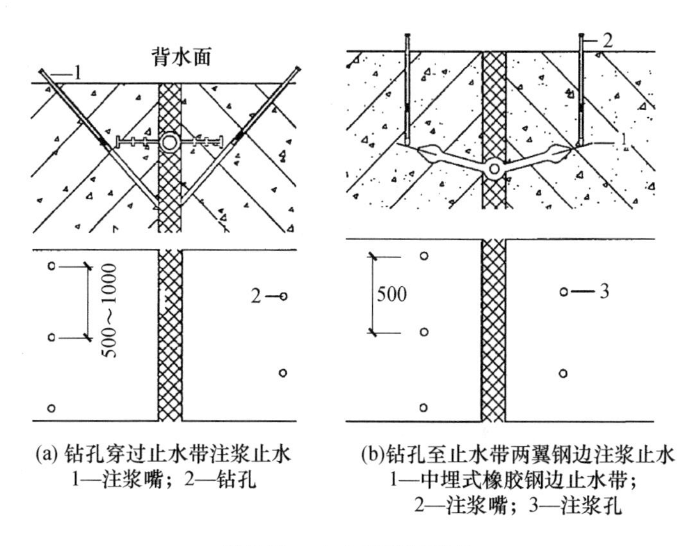

(a) 钻孔穿过止水带注浆止水
1—注浆嘴；2—钻孔

(b)钻孔至止水带两翼钢边注浆止水
1—中埋式橡胶钢边止水带；
2—注浆嘴；3—注浆孔

图 7-70　止水带渗漏修补

5. 地下室底板渗漏修缮做法

在疏通排水系统与通风透气及修好顶板、侧墙渗漏的基础上，对底板缺陷、渗漏修缮施工，重点抓了以下治理措施。

（1）将地面积水通过排水系统排至室外市政排水网络，对底板全面清扫干净。明显侵水孔洞与缝隙，做好醒目标记。不明显浸水点撒干水泥找出漏点，也做好标记。

（2）注浆堵漏

①流水、涌水孔洞与麻面，垂直打孔 ϕ10mm，深 15cm，间距 25cm 左右，

呈梅花状布孔。先灌注水溶性聚氨酯堵漏剂止水，2h后灌注油溶性聚氨酯堵漏剂加强。注浆压力视工况控制在0.3～0.6MPa。

②流水、涌水裂缝处，离开缝隙中线8cm左右，在缝的两侧呈梅花状钻斜孔ϕ10mm，间距25cm，深度应穿过裂隙30～40mm。然后逐个安装牛头注浆嘴，刮涂速凝堵漏王封闭缝隙表面100mm宽3mm厚，并将注浆嘴固定。然后压力灌注水溶性聚氨酯注浆液止水，2h后再灌注油溶性聚氨酯注浆液加强。注浆压力控制在0.3～0.6MPa。

③注浆时，应逐步升压，缓慢灌注，时刻注意压力变化与进浆量。从缝隙一端向另一端逐孔推进，深长裂缝也可从中部起向两端推进。如果遇到压力急剧升高或进浆量迅速加大的特殊情况，应立即停机检查，分析原因后采取相应对策解决。

④点漏、线漏灌浆后观察3～5d，如发现渗漏，再低压慢灌环保型可湿面灌注的环氧树脂注浆液，压力可适当提高0.2～0.5MPa。

⑤灌浆完成无渗漏后，拆除外露注浆嘴，用聚合物防水砂浆填实注浆嘴的空腔，并用钢筋插捣密实。

⑥表面扩大面积做附加增强层：孔洞、点漏与麻面渗漏部位，周边各延伸10cm进行打毛处理，干净后，刮涂金韶峰橡塑涂料夹贴一层聚酯无纺布（或密格玻纤布）做附加增强层，涂膜厚1.5mm。

裂缝灌浆无渗漏后，骑缝30cm范围内，进行打毛处理，干净后，骑缝刮涂橡塑涂料夹贴一层无纺布或玻纤布做附加增强层，涂膜厚1.5mm，宽25cm。

（3）引水防漏：地下水位高或室外山体高，对地下空间的底板与侧墙能在丰水季节造成较大威胁，这类工程还应重视引水防漏。

①底板设盲沟引水，每隔4m开槽埋管，槽深至垫层上表面，安装ϕ50mmUPVC花管，管身呈梅花状钻孔ϕ5mm，孔距30cm，管的外表面裹扎聚酯无纺布（200g/m^2），其上铺设河卵石至底板上表面30mm处，其上浇捣30mm厚豆石防水混凝土。盲沟引水至集水坑。

②地下侧墙在垂直变形缝内的一侧，埋设ϕ12mmPVC花管引水至底板边缝排水沟。

③隧洞在变形缝内一侧安装ϕ12mmPVC花管，将渗水引入底板边沟排走。

（4）底板渗漏修缮完成后，在做好附加增强的基础上，刷涂与原底板表面同色同类的耐磨涂料，并修复好交通标识线。

7.14.7 结语

20多年来，我们根据工况实际与时俱进，采用当时认为的新特材料与先进工艺工法，组织工人精心作业，完成了30多项（栋）地下工程渗漏治理，得到用户的好评。

7.15 地下室注浆堵漏加固的探索小结

湖南禹林防水工程公司 邓泽高[①]

7.15.1 项目概况

某工程项目位于长沙市开福区芙蓉北路与捞刀河沿河路交会处的西南角，距离河流只有150m。本地下室施工初期，因地下水位较高，且地层透水性较强，导致地下室混凝土底板浇筑后出现以下问题：①地下水浸入致使底板混凝土成型质量较差，带水浇筑的混凝土部分离析，底板混凝土无法达到设计强度；②本地下室未进行抗浮锚杆施工，导致地下室上浮、底板抬升、墙体开裂；③前期底板自防水未到位，承台与底板结合面剥开，抢险加固后，底板重新浇筑，新旧浇筑底板形成一个双层叠合板，从地下室底板结构层面而言，整体结构存在较大缺陷，整体强度不高，同时，两次浇筑时间相差比较长，导致上层后浇筑的结构板必然会产生界面缝隙，且本场地水位丰富，两次浇筑底板的结合面位置必然会有地下水渗入；④二次锚索注浆加固不到位，无法确认能够达到抗拔要求；⑤又因本地下室为商业区停车场，后期使用过程中车辆在底板面层行驶时会产生一定的动荷载，车辆行驶时的动荷载对叠合板产生一定的扰动，加之地下水不断的侵蚀，两者结合起来会加剧底板漏水的情况。

以上种种情况，导致地下承压水沿底板薄弱部位渗透，造成地下室底板存在严重渗水状况，且局部出现喷涌水状态。

勘察期间各钻孔均遇见地下水，场地地下水类型主要为松散土层中的孔隙水，且具承压性，水量丰富，对结构的影响较大。

测得孔隙水初见水位埋深为1.50～9.70m；稳定水位埋深为0.95～7.20m，地下水位变幅为4～8m。

7.15.2 总的治理方案设计

根据工程渗漏实况、场地水文地质条件与地下室使用功能要求，经多方多次协商，对该工程地下室缺陷与渗漏治理，形成总的设计方案如下：

（1）以堵为主，堵排结合，刚柔相济，综合治理。

---

① 作者简介：邓泽高，男，1965年出生于湘潭市，高级防水工程师，1987年毕业于湘潭城市建筑学院，1994年步入建筑防水行业，长期从事建筑防水施工管理。现任湖南禹林防水工程公司与江西禹林防水工程公司董事长，其是湖南省建筑防水协会副会长，也是湘潭市防水专家委员会主任，还是中国建筑学会防水专业委员会专家委员、中国硅酸盐学会防水材料专业委员会常务理事。联系电话：13762240696。

(2) 疏通排水系统，使地面积水排至室外市政排水网络。

(3) 先灌浆封堵明水，创造施工条件。

(4) 对底板、墙脚、柱基结构缺陷，进行修补加固。

(5) 全面精细治漏。

(6) 选用较好材料，精心施工作业，创造绿色地下空间。

7.15.3 封堵明水，加固底板

1. 注浆堵明水

对大、中等漏水孔，钻 ϕ42mm 的注浆孔，灌注水泥水玻璃双液浆，局部位置灌注 40%膨润土+55%水泥浆+5%絮凝剂混合料，处理现场约 80%严重及中等漏水点。采用控制注浆压力法进行缓注封堵。如图 7-71 所示。

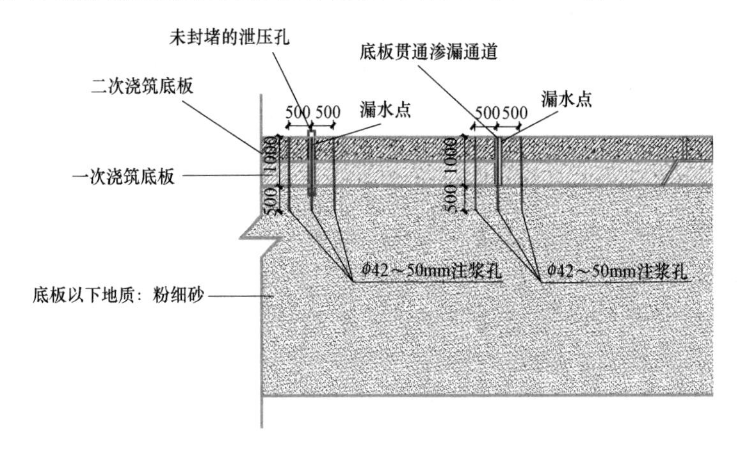

图 7-71　注浆封堵明水示意图

2. 开槽疏排

对底板凿 60mm 深 50mm 宽的 U 形槽，清理干净后，埋 ϕ40mmPVC 管，钻 ϕ6mm 的花管（土工布包裹），然后用细石混凝土封闭后采用高强水泥砂浆进行面层封闭，将底板中水引入排水沟，如图 7-72 所示。

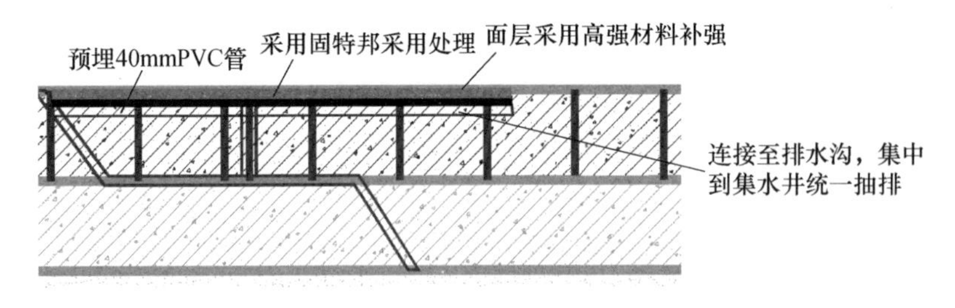

图 7-72　埋花管引底板内水分示意图

3. 局部加固

找出底板、柱根、墙脚渗漏明显处，剔除疏松、低强混凝土，引出与排除积水，彻底清理干净，浇捣 C40 防水细石混凝土，对基体薄弱部位，加固补强。

7.15.4 全面精细治漏

1. 对大、中漏水点注浆

结合现有中等漏水点，即原预留泄压孔，以及对现有的大出水点周边 300～500mm 进行重新钻孔，钻孔深度控制在底板以下 300mm 左右，所有注浆孔均安装球阀进行控制。在所有泄压孔全部打开的前提下，利用水泥水玻璃双液注浆机，采用低压的稀水泥浆对泄压孔位置进行清洗，待周边所有注浆孔全部疏通后，浆液由稀至浓，待所有球阀全部关闭后，停止注浆。局部位置漏水较严重点，灌注 40％膨润土＋55％水泥浆＋5％絮凝剂浆液。

以上操作过程中，在所有球阀未全部关闭之前，均可作为泄压孔进行使用；同时，注浆过程中，降低泵推速度，逐渐减小注浆压力；因此，在整个注浆过程中对底板的影响可以降低至最小。

2. 分仓开槽设分格缝，导水引流与释放应力

开槽进行统一疏导和引流，并可释放底板区段变形应力，规避或减少日后板面开裂。

开槽的深度和宽度要求如下：

开槽深度：不小于 50mm　　　　开槽宽度：不小于 100mm

开槽长度及开槽范围视工况决定，一般以 4m×6m/8m 为宜。

3. 注浆后防渗处理

(1) 对底板进行满堂布孔，间距 500mm，注入水性环氧浆料。

(2) 采用聚合物防水砂浆对注浆孔进行封堵，以保证后期不出现渗水的情况。

(3) 注浆堵漏完成后，板面满面用固特邦材料进行补强处理。

7.15.5 注浆施工工艺工法

本工程注浆是治漏补强的关键措施，注浆工艺工法如下：

1. 注浆工艺流程

合理布孔→安装注浆嘴→注浆→封孔。

2. 注浆前的准备工作

(1) 试泵：为保证注浆泵正常运转，必须进行试泵。试验方法是先将球阀阀门调到回浆位置，开泵后，待泵吸水正常时将球阀回浆口慢慢调小，泵的压力徐徐上升；当泵的压力达到预定注浆压力并持续 3min 不出故障，即可认为泵的性能正常。

（2）下注浆器。试泵同时，根据选定的注浆方式，确定止浆塞位置，下注浆器。

（3）压水检验。先开1台泵压水，测定孔道裂隙的张开度，在压水过程中，泵压较大时，应考虑进行洗孔，洗孔时间根据泵压的变化确定。

3．确定注浆参数

（1）浆液凝胶时间。根据压浆试验，如进浆量很大，泵的压力长时间不升高，浆液凝胶时间可选用1～2min；如进浆量中等，泵的压力稳定上升，浆液凝胶时间可选用3～4min；如进浆量很小，泵的压力升高较快，浆液凝胶时间可选用5～6min。深孔的凝胶时间可通过掺加速凝剂调节。

（2）确定进浆量。当进浆量大于60L/min时，泵的压力长时间不升高，则为大进浆量；当进浆量在30～60L/min时，泵的压力稳步上升，则为正常进浆量；进浆量小于20L/min时，泵的压力升高较快，则为小进浆量。

（3）确定注浆压力。抗浮锚杆注浆压力控制在0.3～0.5MPa，底板下部封底注浆压力控制在0.6～0.75MPa。

4．注浆结束标准及结束注浆

注浆结束标准根据注浆压力和进浆量来控制。以定压注浆为主。当注浆压力逐步升高，达到设计终压并继续注浆5～10min时，可结束本孔注浆。

注浆结束时，先打开泄浆管阀门，再关闭进浆管阀门，并用清水将注浆管冲洗干净后方可停机。

5．注浆效果的检查

注浆效果评定是保证安全施工，确保注浆质量的关键。

（1）注浆压力逐步升高至设计终压，并持续注浆10min以上；

（2）注浆结束时的进浆量小于20L/min。

6．施工操作注意事项

（1）注浆孔位要准确，定位偏差应小于2cm，孔底偏差不大于孔深的1%～2%。

（2）拌浆时严禁纸屑及杂物混入浆液，拌好的浆液要过滤。

（3）注浆过程中，要时刻注意泵口及注浆孔口压力情况，注意周围跑浆、鼓包等现象，发现问题，及时处理；要经常测定混合器浆液的凝胶时间，防止由于泵及管路故障，造成浆液比例改变。注浆过程中，如发现孔口及工作面漏浆，要采取封堵、缩短胶凝时间及间歇注浆的措施进行处理。

（4）做好钻孔、注浆记录，为分析注浆效果提供依据。

7．特殊情况处理

注浆过程中，有时会遇到冒浆、窜浆等特殊情况，对这些情况的处理往往需采用一些特殊的方法。

（1）冒浆：对孔口冒浆可采用打设木楔，封堵套管外壁与孔壁之间间隙。对孔口以外部分的冒浆，可采用限流、限压及嵌缝的方法处理，如该法处理无效，则应停灌待凝30min后再行复灌。

（2）在小裂隙处漏浆，先用水泥浸泡过的麻丝填塞裂隙，并调整浆液配比，缩短凝胶时间，若仍跑浆，在漏浆处钻浅孔注浆固结。

（3）若进浆量很大，压力长时间不升高，则调整浆液浓度及配合比，缩短凝胶时间，进行小泵量、低压力注浆，以使浆液在裂隙中有相对停留时间，以便凝胶；有时也可以进行间歇式注浆，但停留时间不能超过浆液凝胶时间。

（4）注浆工作因故中断，按下述原则处理：

①及早恢复注浆，否则立即进行冲洗钻孔，然后恢复注浆。若无法冲洗，或冲洗无效，则进行扫孔，然后恢复注浆；

②恢复注浆后，如注入率与中断前相比减少很多，且较短时间停止吸浆，则应采取补救措施；

③对吸浆量大、注浆难以结束处，采取低压、浓浆、限流、限量、间歇注浆或掺加速凝剂等方式处理；

（5）注浆过程中，注浆压力或注入率突然改变较大时，应立即查明原因，采取相应的措施处理。

7.15.6 该工程渗漏治理效果

（1）“豆腐渣”底板得到较好的加固补强，消除了安全隐患。

（2）以“注浆堵漏”为主要治漏措施，较好地解决了地下室严重渗漏问题。

（3）车辆在该地下室安全运营，车主满意。

多方面评估，青睐该工程渗漏修缮选材合理，工艺工法先进。

治漏效果如图 7-73 所示。

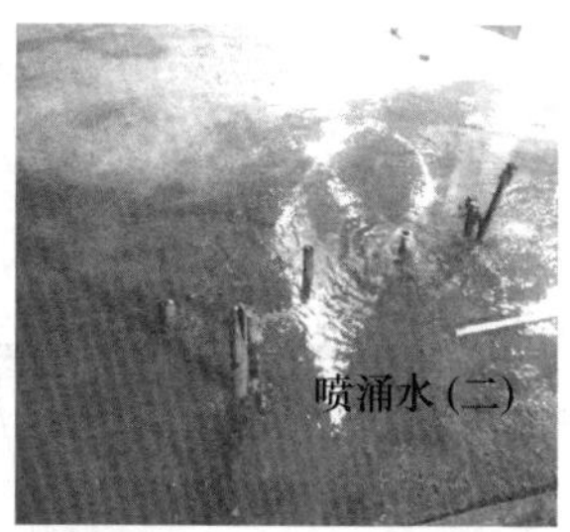

施工前现场

施工后现场

图 7-73　渗漏治理效果图

7.16 某城西岸国际花园地下车库渗水治理方案

陕西金菲特防水工程有限公司 赵新胜[①]

7.16.1 地下车库、监控室渗水原因与修缮做法

（1）原有防水卷材因多种原因遭受破损，导致雨季雨水浸入。

（2）室内绿化顶板的种植土高于室内 1m，形成“积水坑效应”。

（3）顶板绿化带防渗措施不力，浇花水通过顶板梁缝渗入室内。

修缮方案：排除种植土下部积水并清理干净，用 JS 涂料修补裂缝、孔洞，回填土方并夯实，在梁顶部浇筑 5cm 防水混凝土，四周与顶板涂刷 2mm 厚聚氨酯防水涂料，四遍成活形成无缝弹性涂膜防水层。

7.16.2 伸缩缝位置渗水现状与修缮做法

1. 伸缩缝位置渗水现状

有三处伸缩缝处于商铺之间交接位置，由于不均匀沉降与温差伸缩，伸缩缝两侧防水层遭受破损，雨水流入地下室（图 7-74）。

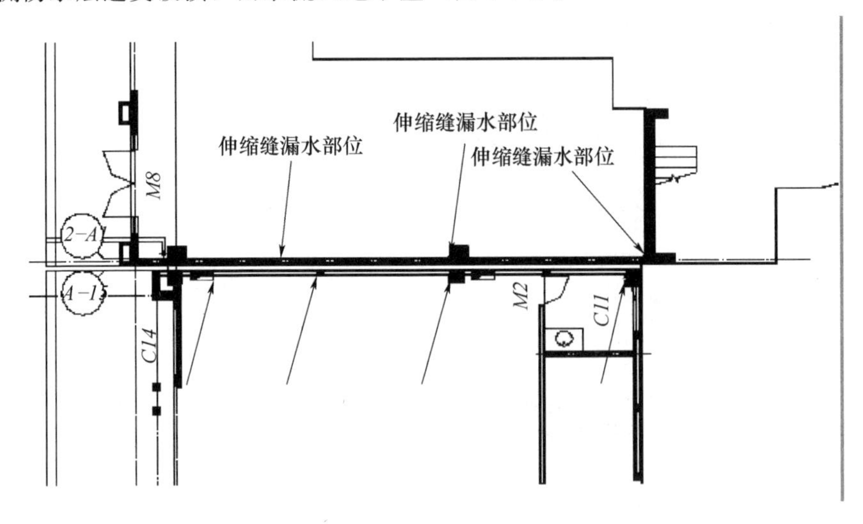

(a)1号楼地下室伸缩缝渗水

① 作者简介：赵新胜，男，1967 年出生于陕西咸阳，转业军人，现任陕西金菲特防水工程公司总经理，并任陕西防水协会会长与书记。

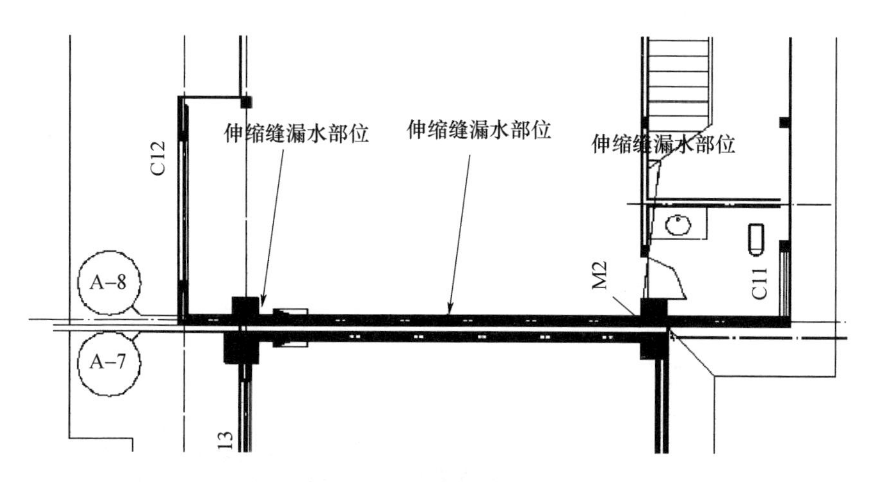

图 7-74　伸缩缝渗水

2. 渗水处理方案

(1) 商铺伸缩缝两侧各挖开 0.5～0.8m 作业面，检查漏水位置，然后彻底清理干净、干燥后，对平立面涂刷 2mm 厚聚氨酯防水涂料，淋水检查无渗水后，回填土壤复原；

(2) 掀开伸缩缝盖，对矮墙两侧粉抹 20mm 厚聚合物防水砂浆；

(3) 骑缝空铺一层 M 形 SBS 改性沥青卷材，末端热粘于矮墙；

(4) 盖板复原搭盖紧密，搭接封口用密封胶密封严实。

以上做法如图 7-75 所示。

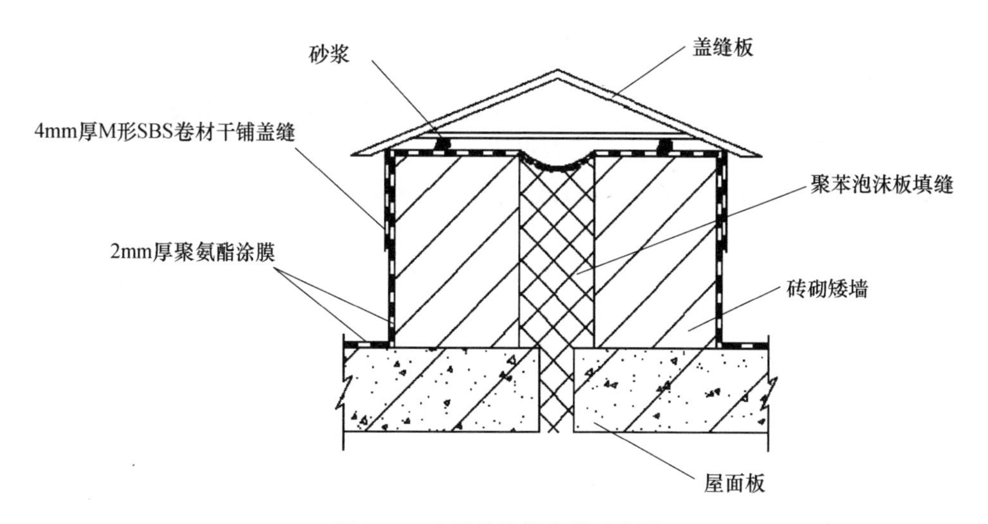

图 7-75　变形缝渗漏修缮示意图

7.16.3 采光顶缝隙处漏水修缮做法

通过现场勘查，采光顶所有渗水部位都在采光顶周边砖砌挡墙与顶板框架连接处（图 7-76）。

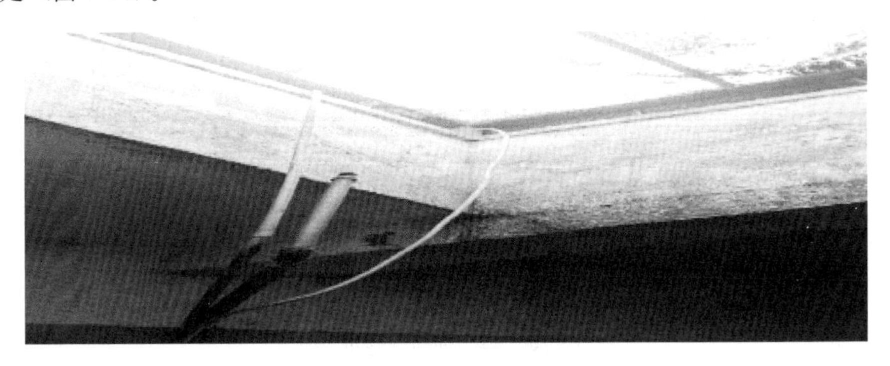

图 7-76 采光顶周边渗水

修缮方案：

方法一，从车库采光顶内部四周接缝并清理干净后，沿缝隙挤注聚氨酯弹性密封胶，可以根治漏水位置。

方法二，从采光顶外部挖掉四周覆盖在顶板边缘的泥土，干净干燥后涂刷 2mm 厚聚氨酯防水涂料即可堵住浸水。

7.16.4 主楼与车库接茬处渗水修缮做法

前期车库顶板是 SBS 防水卷材两层铺设，车库与主楼交接处采取的是聚乙烯丙纶卷材上翻至主楼墙面，由于丙纶卷材柔韧性差，粘贴时难以服帖，一旦受到变形，接茬处的丙纶卷材很容易剥离或拉裂，导致雨水渗透土层从车库顶板与主楼接茬缝隙渗漏至车库，1 号楼曾修过两次仍然没有止住渗水。

修缮方案：

主楼与车库接茬处绿化土层挖开 1m 宽，清理干净，将车库与主楼立面位置改做 SBS 卷材两道，解决了渗水难题。

7.16.5 结语

在现场勘察的基础上，分清渗漏原因，编制合适的施工方案，优选防水材料，组织职工精心施工，把渗漏部位修缮完好，达到了不渗不漏的目的，受到业主赞叹。

7.17 严寒地区车站地下通道、电梯井渗漏综合整治工法

陈森森[1] 李康[1] 高鑫荣[1] 唐英波[2]
（1. 南京康泰建筑灌浆科技有限公司 江苏南京 210000
2. 中铁十九局集团国际建设分公司 北京 100095）

摘 要： 结合气候、地质等因素，对呼准鄂铁路鄂尔多斯车站通车后发生的地下通道电梯井渗漏水原因进行综合分析，采用抗冻胀控制灌浆施工法对结构缺陷、施工缝、结构不密实等部位以及结构壁后进行充填灌浆，并对结构进行整体性修复与防水加强，保证严寒地区铁路站点的通车安全。

关键词： 严寒地区；电梯井渗漏整治；抗冻胀；灌浆

Comprehensive Leakage Treatment for Underground Elevator Shaft of Railway Station in Cold Region

Chen Sensen[1] Li Kang[1] Gao Xinrong[1] Tang Yingbo[2]
(1. Nanjing Kangtai Construction Grouting Technology Co. Ltd., Jiangsu Nanjing 210000, China 2. International construction branch of China Railway 19th Bureau Group, Beijing 100095, China)

Abstract: Combining the climate, geology and other factors, the article gives a comprehensive analysis on leakage causes of the elevator shaft at underground passage of Erdos railway station after its operation on Hohhot-Jungar-Erdos railway line. Frost heaving resistant control grouting method is adopted for filing of structural defects, construction joints, uncompacted locations and structural wall back, and integral repair and waterproofing reinforcement are conducted for the structures to ensure the traffic safety of railway stations in severe cold regions.

Key words: severe cold region; leakage treatment for elevator shaft; frost heaving resistant; grouting

7.17.1 工程概况

鄂尔多斯高铁站地处严寒的内蒙古，其设计构思以“吉祥如意”为主题，通

过圆润的外形、流畅的线条，构成浑然一体的站房。在车站通车后，地下通道电梯井发生渗漏，造成电梯、电机等设备故障与停运，同时冬季冻胀现象会造成混凝土结构的损伤破坏，影响结构的耐久性。鄂尔多斯车站地下水位 1304.25m、地表埋深 6m，地道电梯井采用全包防水，防水等级二级，抗渗等级不低于 P8，施工缝、变形缝等均设置了中埋式止水带和遇水膨胀止水条双重防水措施。地道设置通长水沟，地道清洗水、消防水由水沟流入集水坑。

7.17.2 渗漏整治目的与原则

针对鄂尔多斯高铁站地下通道电梯井在通车过程中出现的渗水、漏水现象，采取有效的整治手段，确保结构安全，消除旅客通行的安全隐患，并减少冻胀对结构的破坏，坚持以下整治原则：

（1）强化防水设计理念，修复施工中的不足和施工缺陷，加强节点部位的防水。

（2）采用试验、检测、鉴定相结合的手段，经实践检验后采取可靠的新材料、新技术、新工艺。

（3）充分考虑鄂尔多斯冬季严寒、浅埋冻土等情况，材料和工法要进一步融合抗冻胀的理念，防堵排结合、治防同步[1-4]。

（4）站台下电梯井紧邻火车通行的轨道，其堵漏措施要充分考虑列车通行时对结构的振动扰动和荷载扰动。

7.17.3 渗漏整治施工

1. 渗漏整治方案

由于利用天窗期进行维修协调困难，必须一次性根治各部位出现的渗漏水问题。根据裂缝的不同成因，结合地下结构的环境，采用不同的方法、工艺与材料进行综合整治[5-7]。

渗漏整治与加强主要包括三部分：①结构缺陷和裂缝、拉筋孔渗漏治理；②电梯井结构背后回填灌浆；③结构内表面防水加强。

2. 选材

（1）KT-CSS-101 浆料：属于抗冻胀型无收缩微膨胀水泥基灌浆料，具有高抗分散性和良好的流动性，浇筑到指定位置能自流平、自密实，并可通过各种外加剂的复配，满足不同施工性能的要求，固化后抗压强度达 C60 以上，可用作带水堵漏和加固及结构背后的空腔回填。

（2）KT-CSS-18 改性环氧结构胶：在低温下可反应、水中可固化，固含量超过 95%，固化体的延伸率、抗压强度高，可用作盾构管片拼接缝、明挖和暗挖隧道施工缝、变形缝的堵漏和加固。

(3) KT-CSS-3A 改性环氧砂浆：属于防水型修补砂浆，由改性环氧树脂、助剂、固化剂组成，具有优良的综合施工性能，可带水潮湿环境下施工，固化后耐水耐寒，粘结强度和抗压强度分别可达 2MPa 和 C40 以上，适用于各种楼层、桥梁、水工、隧道道路等工程的施工。

(4) KT-CSS-9019 丁基改性液体橡胶：属于单组分橡胶材料，耐严寒、抗酸碱、抗盐蚀，遇水能快速固化，固含量达 95%，能够起到修复橡胶止水带的作用，且延伸性大、与基层粘结效果好，适用于地铁、高铁、市政、综合管廊等地下工程的带水堵漏施工。

3. 施工

(1) 结构缺陷和裂缝、管件渗漏治理

①表面不规则裂缝治理

按照图 7-77 所示，采用针孔法灌注 KT-CSS-18 改性环氧结构胶，遵循低压、慢灌、间隙性分序分次的施工法，饱和度可达 95%。首先，用石材雕刻机沿缝雕刻成宽 2cm、深 2cm 的 U 形槽，清理干净后用特种快干环氧胶泥嵌填封闭；随后，沿缝的两侧斜向打注浆孔，至裂缝深度 1/2～2/3 处，深浅孔交错；最后，灌注 KT-CSS-18 改性环氧结构胶，确保灌浆饱满度达到标准要求[8]。

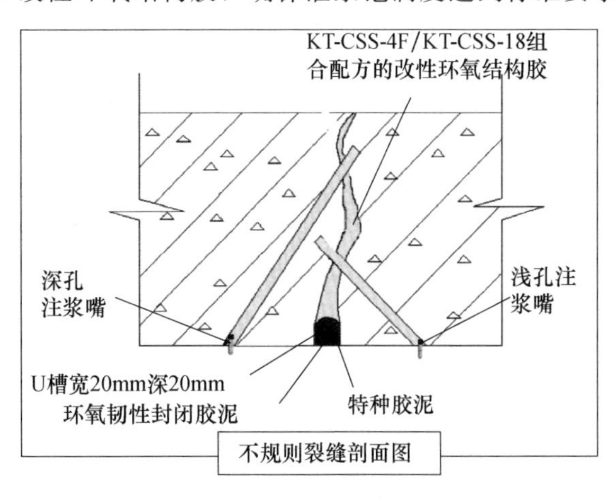

图 7-77　不规则裂缝灌浆

②施工缝渗漏治理

按照图 7-78 所示，采用微损工法灌注 KT-CSS-9019 丁基改性液体橡胶，能起到修复填充渗水空隙和细小通道的作用，恢复钢边橡胶止水带原有功能，堵住渗水通道。首先，用同样的方式刻槽并用聚硫密封胶和特种环氧腻子嵌填封闭；然后，设定钻孔直径为 10mm，于施工缝深的 1/3 处斜向钻孔（孔距 33cm），灌注 KT-CSS-18 改性环氧结构胶；最后，进行二次钻孔，于施工缝深的 3/4 处斜向钻孔（孔距 33cm），灌注 KT-CSS-9019 丁基改性液体橡胶。

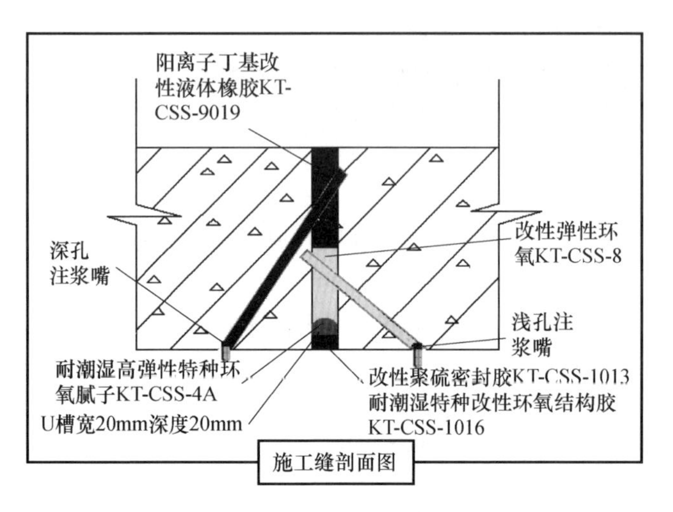

图 7-78　施工缝灌浆

③结构不密实渗漏水治理

a. 针对湿迹、渗水、结构表面存在孔洞的部位，按照图 7-79 所示的方法进行修补。凿除松动的部分，采用梅花型布置注浆孔，孔径 10mm、间距 15～20cm、孔深达结构厚度的 80%～90%，采用低黏度耐潮湿改性环氧砂浆进行修补，堵漏的同时起到补强加固的作用（图 7-80）。

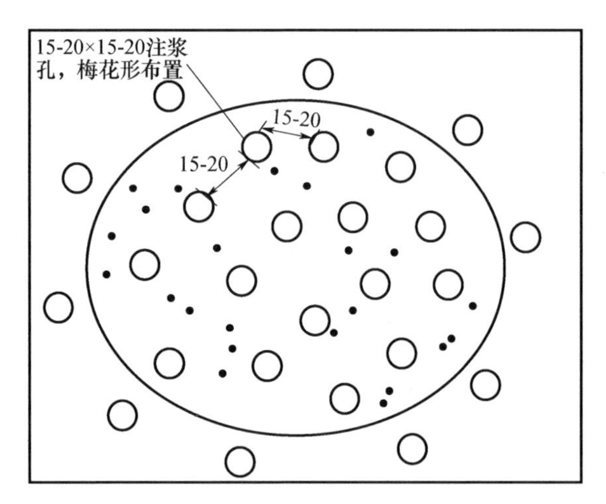

注：孔距单位为 cm

图 7-79　不密实渗水处布孔注浆示意图

b. 针对滴漏、涌流、涌沙的情况，按照图 7-81 所示的方法进行修补。首先，用直径 16mm 的钻头打穿结构，安装快速注浆塞，灌注 KT-CSS-101 浆料至结构壁后止水；然后，对不密实结构补灌 KT-CSS-18 改性环氧结构胶作为补强加固，确保饱满度达到 95%；最后，用 KT-CSS-3A 改性环氧砂浆嵌填封闭密封胶。

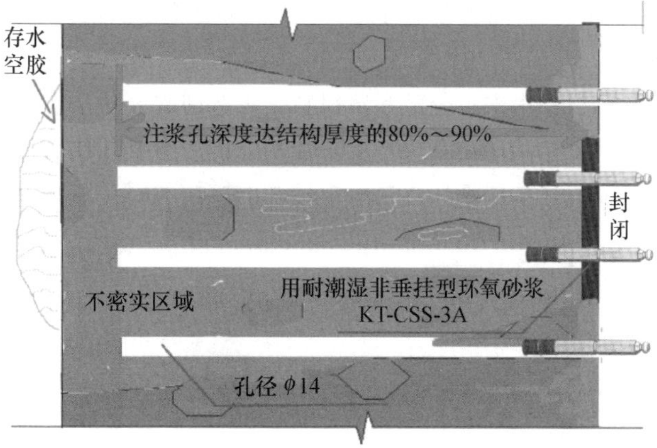

图 7-80 湿迹、渗水、孔洞部位灌浆剖面示意图

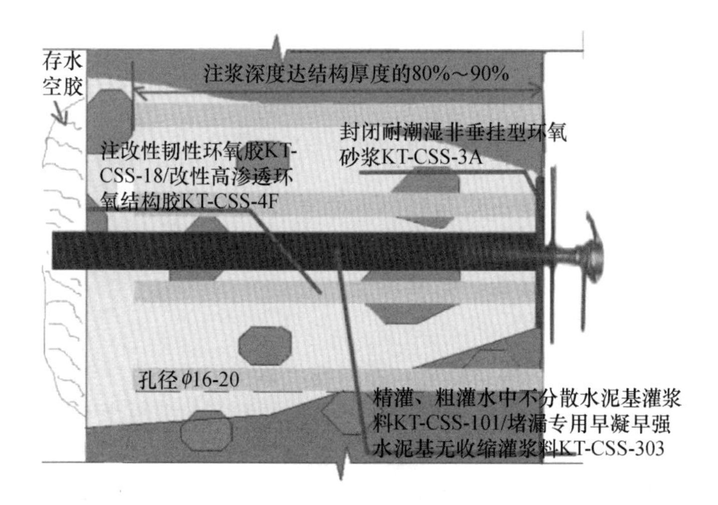

图 7-81 滴漏、涌流、涌沙部位终缮示意图

用以上两种方法可恢复混凝土结构存在缺陷问题，将水挤出混凝土裂隙和孔隙外，增强了结构的抗渗效果，起到防水、加固双重作用。最后，在整治范围扩大面积粉抹 10mm 厚的环氧砂浆，确保防水效果。

④管件渗漏修补

对穿墙管等管件两侧钻深浅孔，以接触到管壁为止，采用 ϕ14mm 的注浆嘴灌注高弹改性环氧结构胶，待胶固化后拆除针头，表面嵌填环氧砂浆和弹性密封胶。

（2）电梯井结构壁后回填灌浆

针对电梯井存在的渗漏现象，需打穿混凝土结构，对结构壁后灌注抗冻胀型灌浆料，填充壁后的存水空隙。灌浆材料以抗冻胀早凝早强灌浆料、水中不分散灌浆材料、高渗透环氧树脂、水泥基渗透结晶型防水材料等为主，使结构背后的存水空洞、孔隙全部填充密实。采用 KT-CSS 螺杆灌浆泵，通过设立观测孔和泄压孔控制注浆范围，以灌浆时 5min 内进浆量小于 0.01m^3 为灌浆饱满依据，停止灌浆[9-10]。

如图 7-82 所示，电梯井结构壁后灌浆工法以低压、慢灌、快速固化、分序灌注抗冻胀早凝早强灌浆料和水中不分散灌浆材料，再造迎水面防水层，把主体结构和维护结构之间的存水空腔填满，把空腔水变裂隙水、压力水变无压力水或微压力水，以此起到修复钻孔造成的防水层破坏，这对电梯井的结构加固起到决定性作用。

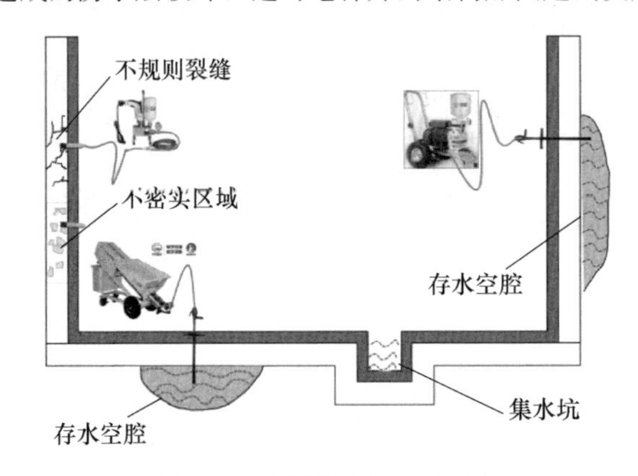

图 7-82　电梯井结构壁后灌浆

壁后注浆期间发现新渗水点及前面未暴露的结构裂缝，还需灌注改性环氧结构胶。最后对底板和四周侧墙的壁后灌注环氧结构胶、液体橡胶等化学材料组合进行精细修补，进一步加强壁后防水功能。

（3）结构内表面防护

为保证地下空间的整体防水性能，需对地下通道、电梯井等结构部位做防水加强。首先打磨清理表面碳化层、氧化层、污染层到坚实的混凝土基层，对所有阴角切 2cm 深、2cm 宽的槽，填塞环氧腻子密封胶或环氧改性聚硫密封胶，封闭钢结构和混凝土之间的缝隙，最后整体涂刷 2～3 遍环氧涂料饰面，进一步加强抗渗功能。

7.17.4　结语

通过对内蒙古鄂尔多斯高铁站通车后发生的地下通道与电梯井的渗漏情况进行综合研究分析，采用了抗冻胀控制灌浆工法，低压、慢灌、分序分次灌浆，与内表面涂饰环氧涂料，修复后的地下结构达到结构无破损、无渗漏的原设计效果，为今后同类严寒地区地下空间渗漏整治提供参考和借鉴。

参考文献

[1] 侯宇翔．严寒地区高铁路基冻胀原因及其处理措施［J］．建筑技术开发，2018，045（022）：123-124.

[2] 陈森森．严寒地区高铁堵漏施工中的抗冻胀综合技术措施——吉图珲客运专线富强隧道和珲春站地下通道堵漏施工新技术［C］//第五届中国路桥隧建设新技术交流大会．

[3] 董起辉．试析严寒地区高铁路基冻胀原因及其处理措施［J］．城市建设理论研究（电子版），2013（16）．

[4] 赵卫全，周建华，张金接，等．化学灌浆在高寒地区高铁隧道渗水处理中的应用研究[J]．中国建筑防水，2017，06（No.362）：19-23.

[5] 赵原野．运营铁路隧道渗漏水病害及整治分析［J］．工程建设与设计，2019，407（09）：112-113＋116.

[6] 薛绍祖．地铁运营系统结构防水的维护与渗漏水整治［J］．施工技术，2008（10）：18-21.

[7] 彭智勇．运营条件下盾构区间扩建地铁车站关键结构力学状态研究［D］.2016.

[8] 林春金．运营隧道衬砌渗漏水机理及注浆治理研究［D］.2017.

[9] 翟正平．高寒地区某公路隧道渗水结冰原因分析及处治［J］．现代隧道技术，2016（1）：196-201.

[10] 宁茂权，贺湘灵，王涛，等．沿江地铁车站围护结构变形规律现场实测分析［J］．铁道建筑技术，2020（6）：40-43.

[11] 许熠，沈张勇，李芹峰．上海地铁某受损运营隧道结构防水及加固综合治理施工技术［C］//中国土木工程学会隧道与地下工程分会防水排水专业委员会第十五届学术交流会论文集.2011.

7.18 DPS防水材料在东江河地下室防渗漏工程中的应用

郴州市开发区筑金防水节能推广中心　罗春①

7.18.1 工程概况

该工程位于郴州市东江水库下游的东江河附近，由于东江湖和东江河的落差大，而且原来未考虑设计钢筋混凝土地下室与设置防水层。地下室底板是后来决定为二次浇筑成型，底板面积3000多m^2，曾做过三次防水和整体维修处理，但一到春天丰雨季节，地下室底板就出现20多个涌水孔，有4～5个涌水柱高达0.5～1.0m。应甲方要求对该地下室底板、结合缝进行渗漏水修补处理。由于周边的水源极其丰富，对抗浮与抗动态水压的要求高，不仅对防水材料质量要求高，而且要有合理的科学的施工工艺工法，确保高质量防渗漏。

① 作者简介：罗春，女，1965年出生于湖南郴州市，现任湖南郴州市开发区筑金防水节能推广中心总经理，从事防水保温材料经营与施工二十余年。

7.18.2 选用材料

根据该工程具体情况，不宜简单采用卷材或涂膜防水，而应选用永久性防水材料与工艺工法。经反复商榷与慎重考虑，决定采用DPS永凝液和柔性防水材料RMO，刚柔结合进行复合防水，确保地下室能正常工作与生产。

1. DPS永凝液

永凝液DPS（Deep Penltration Sealer）是一种混凝土渗透密实剂，是以碱金属硅酸盐溶液为基料，加入催化剂、助剂，经混合反应而成的渗透型防水剂。始于二战时期，由美国首创。产品以优良的混凝土保护及防水性能首先应用于军事工程，以后用于民用设施。迄今已在全球5000多个国家与地区广泛应用。20世纪90年代进入中国。

（1）作用机理：催化剂渗入混凝土、水泥砂浆中，在水的引导下，与基体碱性物起化学反应形成凝胶、微珠，28d后形成玻璃状的晶体，充填结构体内部的微孔、小洞、裂隙，使基体进一步密实，阻隔水分子通过。

（2）技术性能：产品性能符合《界面渗透型防水涂料质量检验评定标准》（DB701-54—2001）与《水性渗透型无机防水剂》（JC/T 1018—2006）标准。

（3）产品优越性：①环保产品，对人体与环境无毒害；②可渗入基体21.59m，质量可靠，永久防水；③施工便捷，干面/湿面均可刷、滚、喷。

（4）施工注意事项：①产品严禁加水与其他材料；②喷涂速度缓慢进行，力求均匀，防止漏喷多喷，以基层吸饱为准；③施工适宜温度为5～35℃，低温防冰冻，高温要保证基面湿润，5级以上风力不在室外施工；④材料用量：两遍涂施0.5kg/m²。

2. 聚合物浆材永凝液RMO

由多种高分子乳液与助剂组成的水性白色溶液，无毒无味。加入适量水泥与助剂，涂布成膜后，形成无缝韧性涂膜，有一定的强度与延伸性，与基层粘结力强，产生物理吸附、机械啮合及化学键合。

7.18.3 施工流程图（图7-83）

7.18.4 施工要点及注意事项

（1）间歇式启动通风排气系统，把室内空气排至室外，争取室内外气压平衡，规避“结露”现象。

（2）疏通分格缝、排水沟与集水井（坑），缝沟放坡0.2%～1%，将室内地

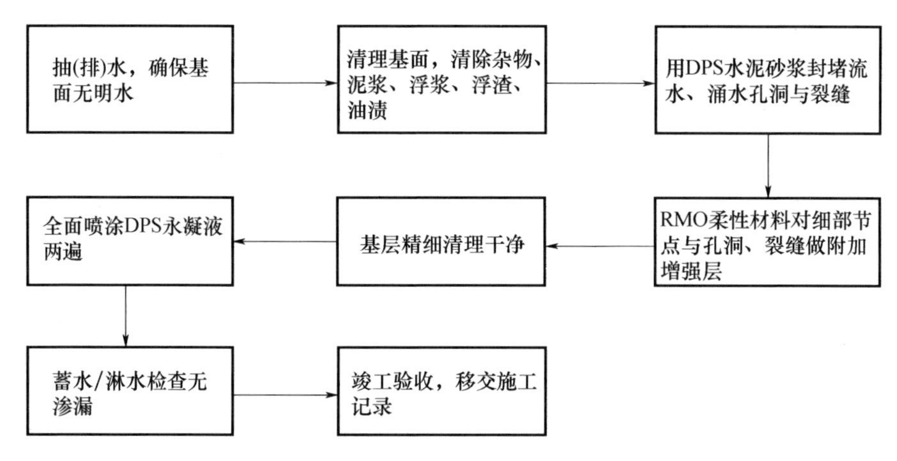

图 7-83 施工流程图

面涌水、流水、积水通过排水系统排至室外市政排水网络。并用拖把或海绵将孔洞积水吸干，确保施工前基面无明水。

(3) 用 DPS 配制水泥胶浆，把微孔、小洞、微小裂缝修补密实、平整。

(4) 流水、涌水处凿洞扩槽 40～50mm 深，干净后，先刷一道 DPS 原液，再嵌填 DPS 速凝防水砂浆，压实刮平。然后孔洞周边扩大 150mm，刮涂 RMO 柔性涂料夹贴一层玻纤布或聚酯无纺布（50～60g/m^2）做一布三胶附加增强层。如果嵌填防水砂浆后，仍然渗水，则需打孔（孔距 250～300mm）安装 ϕ10mm 注浆嘴，压力灌注 DPS 永凝液，无渗水后再用 RMO 柔性胶浆做附加增强层。

(5) 深长裂缝先扩槽，槽宽 30mm 左右，槽深不小于结构体的 1/3 厚，刷涂 DPS 原液一道，然后填充 DPS 水泥砂浆（在 1∶2 水泥砂浆中掺水泥量 25%的 DPS 原液混合拌匀），24h 后检查无渗水，再骑缝用 RMO 胶浆夹贴一层玻纤布/无纺布做 300mm 宽一布三胶加强层。如果检查仍然渗水，则离缝 100mm 两侧，呈梅花状钻斜孔 ϕ10mm，孔距 250mm，安装注浆嘴，压力灌注 DPS 原液，24h 后检查无渗水后再骑缝做 300mm 宽 RMO 柔性胶浆一布三胶附加增强层。

(6) 施工缝、后浇带、变形缝渗漏修缮做法：按设计要求施工。

(7) 底板与立墙连接处渗漏修缮做法：

①用 DPS 防水砂浆将底板与立墙连接处，粉抹成弧形或侧角，养护干硬后再后续施工。

②砂浆干硬后，刷涂两遍 DPS 原液，宽 500mm，平、立面各 250mm。

(8) 喷涂 DPS 时，使用前应将桶装的永凝液适当摇匀至起泡后再倒入喷雾器内。喷涂时喷嘴离施工基面 200～300mm 为宜。两遍喷涂需变换方向，交叉喷洒，不漏喷不多喷，以基体吸饱为度。一遍喷涂与二遍喷涂的方向宜相互垂直。两遍喷涂间隔时间为 24h。

（9）现场配料要求：

①湿混料：原液加20%水混合拌匀成湿混料。

②干混料：水泥：净砂=1：2混合拌匀成干混料。

③现场使用时，将干混料逐步均匀撒入湿混料，慢速搅拌成砂浆。

7.18.5 维修效果

从2007年施工验收投入使用至今，未出现渗漏现象。可以说是一次施工，长期受益，业主满意。有效地破解了该工程渗水难题，也推动了DPS永凝液在建筑行业的推广应用。

7.19 建筑缺陷与渗漏修缮的工法集锦点滴

付剑峰[1]① 叶天洪[2]

（1. 长沙市神宇防水防腐有限公司广州分公司；2. 湖南省建筑防水协会）

我们从事建筑防水施工与注浆堵漏已经20多年，地上、地下与水中修缮工程达几百项（栋），获得了不少经验与教训，探索了不同工艺工法，现简介一些行之有效的措施公之于众，与同行借鉴。

7.19.1 沉管隧道缺陷的修补

（1）拆除原有旧的盖板，盖板要逐块拆除，拆除过程中严禁直接把盖板丢下，拆除过程中注意保护接触网、通信光缆、电缆、消防设备等地铁设施，当天拆下的需当天运出隧道区间；

（2）按现场实际情况定制加工新的接头盖板，材质为防火埃特板；

（3）现场重新安装新的接头盖板，采用不低于50mm×50mm×3mm角钢、不锈钢膨胀螺栓进行固定，要求固定牢固不松动、平整、不侵限。

7.19.2 钢件防腐蚀处理

1. 钢筋除锈防护

清除起鼓的保护层混凝土，钢筋彻底除锈、涂刷钢筋表面钝化剂等，以阻止

① 第一作者简介：付剑峰，工程师，二级建造师，湖南神宇防水防腐有限公司总工程师。

已生锈结构钢筋进一步锈蚀。

2. 隧道加固钢板防腐处理

(1) 清除干净隧道加固钢板表面脱落、起皮部位失效的防腐层，并除锈，除锈等级达到 S2 级；

(2) 涂刷 702 环氧富锌底漆一度，待固化后再涂 H52-65 环氧煤沥青厚浆型防锈漆二度，沥青漆厚度，干膜：250μm；湿膜：375μm。

7.19.3 蜂窝、空洞及掉块病害整治

(1) 查找渗漏的混凝土蜂窝孔洞，首先查明空洞的深度和表面厚度，凿除混凝土蜂窝孔洞内的松散混凝土，清理结构表面有缺陷、裂缝、蜂窝麻面，凿除渗漏面疏松、氧化面层；

(2) 表面掉块超出 0.2m^2须挂钢丝网并用环氧树脂砂浆封堵，钢丝网制安工艺见后文；

(3) 预埋注浆管，并应压贴紧密；注浆采用超细水泥和改性环氧灌注，注浆压力及注浆时间的控制应以注浆饱满为原则；水泥封堵应以封缝严密，结合牢固为原则，最终通过注浆达到堵漏补强的目的；

(4) 大面积蜂窝、空洞（超过 5m^2）需提供专项施工方案报审，同意后实施。

7.19.4 接水槽制安

在结构变形缝或其他封堵无效的渗漏部位安装不锈钢接水槽或玻璃钢接水槽进行渗漏水引流，工艺和材料要求如下：

1. 安装工艺

(1) 槽边须紧贴结构表面安装，槽底尽量设置 3‰的排水坡；

(2) 多段不锈钢接水槽之间的搭接处采用可覆盖式搭接（拱顶钢轨之间上方位置不可设置搭接处），玻璃钢接水槽可覆盖式搭接但不宜在小于 5‰坡度处使用；

(3) 须用膨胀螺栓穿过槽边将接水槽固定于结构中，螺栓入结构深度不小于 80mm，螺栓间距不大于 500mm；

(4) 槽周边须用软性密封胶密实封边，以满足密封、变形、防火和耐腐蚀等要求；

(5) 接水槽下端开口（开口约 30×150mm）以保证水流排出；

(6) 接水槽表面保护膜等应清理干净，不得残留。

2. 材料要求

(1) 应使用厚度不小于 0.8mm 的 304 号不锈钢接水槽；

（2）平面或二维曲面等可选用玻璃钢接水槽；

（3）固定应采用直径不小于6mm不锈钢膨胀螺栓；

（4）封边材料应选用不燃、防腐、耐候、柔性的密封胶。

3. 不锈钢压条制安

必要时通过安装不锈钢膨胀螺栓和不锈钢压条，对接水槽进行加固。

7.19.5 侧墙、顶板裂缝进行封闭

裂缝采用压力灌浆修补进行封闭，施工要求：①裂缝的检查及清理，在裂缝两侧画线之内，用小锤、手铲、钢丝刷把构件表面整平，凿除凸出部分，然后用丙酮擦洗，清除裂缝周围的油污。清洗时应注意不要将裂缝堵塞。②钻眼埋嘴，嘴子大小要适当，自重要尽可能的轻，以防因不易贴牢而坠落。嘴子布置的原则：宽缝稀，窄缝密。断缝交错处单独设嘴。贯通缝的嘴子宜在构件的两面交错处布置。埋贴前，先把嘴子底盘用丙酮擦洗干净，然后用灰刀将环氧胶泥抹在底盘周围，骑缝埋贴到构件裂缝处。操作中，切勿堵死嘴子和裂缝灌浆的通道。③嵌缝止浆，对于裂缝较大的混凝土构件，可根据现场实际情况采取相应的措施封堵裂缝；对于裂缝较小的混凝土构件，可沿裂缝走向均匀刷上一层环氧浆液，宽7～8cm，然后在上面分段紧密贴上一层玻璃丝布，而用灰刀沿嘴子周围抹上环氧胶泥，先抹成鱼脊形状，再刷上一层环氧浆液。④压水或压气试验，上述封闭工作完成后，需进行压水或压气试验，以便检查裂缝的封闭及嘴子的通畅情况。⑤灌浆，经压水（气）试验检查，认为嵌缝质量良好，无渗漏现象后，即可配制浆液、准备灌浆。其原则：竖向裂缝先下后上；倾斜裂缝由低端逐渐灌向高端；贯通裂缝宜在两面一先一后交错进行。⑥收尾处理，灌浆完毕待浆液聚合固化后，将灌浆嘴一一拆除，并用环氧胶泥抹平。

7.19.6 刚性接头渗漏水处理

（1）对地铁孔整个刚性沉管隧道接头进行清理，拆除原外贴紫钢片，并清出原缝内的嵌缝材料；

（2）沿接缝布孔，孔距50cm，孔径ϕ32cm，孔深35～40cm；

（3）清孔后采用早强水泥埋管封缝，要求压贴紧密；

（4）对预埋注浆孔进行水泥及改性环氧复合注浆，水泥注浆压力为0.3MPa，改性环氧注浆压力为0.5MPa；

（5）注浆止水后，对接缝进行修缝，要求缝深8～10cm，宽5.0cm，嵌入遇水膨胀止水条ϕ32×50mm（椭圆形），要求嵌入缝底；

（6）对缝口深约3.0cm位置，每30cm布定位销，同时对缝口进行清理。涂

上改性环氧界面剂，嵌入单组分聚氨酯嵌缝膏，要求表面平整；

（7）对缝口面双侧 13cm 的范围进行基面清理，切出深 2.0cm 槽口，以安装不锈钢变形槽，不平整处采用 EAA 环氧砂浆找平；

（8）对 13cm 槽口按每 30cm 钻孔，孔径 0.8～1.0cm。清除后涂上胶粘剂，压上 3 道三元乙丙橡胶条，安装预制好的不锈钢变形槽，再采用橡胶、铁压条固定封闭；

（9）安装好的不锈钢变形缝，两侧采用改性环氧砂浆封密与外混凝土找平；

（10）在不锈钢变形缝下与排水沟位，设置排水孔，到水沟底部。

7.20 水性持粘喷涂技术及其在地下工程防水中的应用

冯永[1①] 骆建军[2]

（1. 江苏邦辉化工科技实业发展有限公司，江苏南京 210000；
2. 北京交通大学，北京 100044）

摘要： 喷涂防水技术是目前地下工程防水中的一种新型技术，针对目前地下工程防水过程中窜水难治愈的特点，开发出一种绿色环保、强黏性、自愈性、施工操作方便等特点的水性持粘喷涂材料，通过喷涂施工工艺，将满粘的防水新理念应用于地下工程主体结构迎水面，解决了地下工程防水中的窜水难题，保证了防水的有效性。该项技术随着在地下工程中的普遍应用，已经成熟稳定地发展起来，并且具有良好的前景。

关键词： 水性；喷涂；持粘；地下工程；应用

Water-borne sticky spraying technology and its application in underground waterproofing

Feng Yong[1] Luo Jianjun[2]

(1. Jiangsu Banghui Chemical Industry Development Co., Ltd. Jiangsu, Nanjing 210000; 2. Beijing Jiaotong University Beijing 100044)

ABSTRACT: Spraying waterproofing technology is a new type of waterproofing technology in underground engineering at present. In view of the characteristics

---

① 第一作者简介：冯永，男，东南大学 MBA 工商管理硕士，江苏邦辉化工科技实业发展有限公司董事长，中国建筑学会建筑防水学术委员会常务委员，全国防水技术产业联盟常务理事，中国硅酸盐学会防水保温材料专业委员会常务理事，中国专业人才库建筑防水专家。

of waterproofing in underground engineering, a water-based sticky spraying material with the characteristics of environmental protection, strong stickiness, self-healing, easy construction and operation is developed. Through spraying construction technology, a new concept of water-proofing with full stickiness is formed on the water-front surface of the main structure of underground engineering. The problem of water crossing in underground waterproofing is solved to ensure the effectiveness of waterproofing. Through the application in many specific underground projects, the technology has matured and has a good application prospect.

Key words: water; spraying; sticking; underground engineering; application

防水材料应用的普遍性与多样性，使得它在工程领域越来越重要，对于隧道与地下工程领域来说，防水材料同样也扮演着不可或缺的角色。在地下工程领域中，国外多个国家（如英国、日本、瑞士等）已经建立起了适合本国的喷膜防水新技术[1-8]，我国也进行了相关新型防水方法的研究，但目前普遍采用的建筑防水措施仍具有一系列不足。

国内现有防水材料明显具有一些缺点。这一现状推动了水性喷涂持粘高分子防水涂料的出现与发展。本书在总结国内防水现状的基础上，对建筑渗漏原因进行了解析，对现有防水材料的优点与缺点进行了分析阐述，对比说明了新型防水材料——水性喷涂持粘高分子防水涂料的优点以及适用性，从实验测试数据和实际工程等多方面介绍了新型防水涂料关键技术及其应用。

7.20.1 国内防水现状

1. 国内建筑防水现状

当前建筑质量投诉的问题中，渗漏问题所占比例逐渐增大，无论是城市地铁工程，新建建筑防水工程，还是新建房屋，渗漏现象在这些工程后期出现的频率较高；由房屋渗漏所引起的房地产的质量投诉所占比例高达65%；65%的建筑防水工程6～8年后要翻新重做，因建筑的渗漏导致的钢筋腐蚀锈胀问题将严重影响结构的使用和安全，渗漏已成为中国建筑的“癌症”。

2. 建筑渗漏水事故造成的危害

甲方因渗漏水事故而受到的伤害，主要如下：

（1）法律纠纷案件增多，从而造成的赔偿金额相当大；

（2）维修成本大，所用时间长；

（3）房地产商品牌由于媒体的片面报道而受到极大伤害。

渗漏水事故对总包方造成的伤害如下：

（1）工期不定，资金难以回笼；

（2）维修成本巨大；

（3）利润大幅度降低，工程质量保证金也难以收回。

渗漏水事故也会对业主造成伤害：

（1）影响房屋正常使用。

（2）因为漏水，导致墙体发黑、长霉、装修材料脱落等。

（3）因为漏水，导致小空间的空气质量不佳，从而使得人的健康受到影响。

3. 建筑防水趋势

发展和创新是当前国内建筑防水技术的主要趋势，国内建筑防水将主要朝着环保、安全、耐久、可靠和城市化（养护＋美观）的趋势发展，由此带来经济节约的建造、低碳方便的使用、快捷可靠的维修和舒适健康的生活环境。

7.20.2 渗漏原因解析

建筑漏水和建筑防水是防水领域的两大关键问题，只有充分了解渗漏原因，对症下药，才能更好地解决工程渗漏问题。

1. 渗漏原因

建筑漏水主要漏在了窜水与开裂，四大原因如表 7-11 所示。

表 7-11 工程严重渗漏水的四大直接原因

渗漏原因	工程占比/%	具体描述
窜	50	防水层与混凝土层之间没有形成密封层，形成了窜水，破一点，漏一片；当发生渗漏后，对漏点进行堵漏，但水仍会从其他部位进行渗漏
裂	30	基层开裂，把防水层拉裂造成渗水漏水
破	10	后续施工，人为损坏，造成防水层破损
老	10	防水层因环境因素老化破损

2. 建筑防水难点

混凝土构筑物是当前建筑防水的主要对象，而混凝土的内部存在很多微观孔隙，混凝土防水工程的特性主要可以分为：①渗水特性（混凝土结构有毛细孔、孔隙率占 25%）；②开裂性、裂缝动态性（干湿、温差、振动、承重等因素）；③不平整、不干净、潮湿性（因赶工期、气候等因素）。

另外，建筑防水难在材料自身粘结性能不好，无法与结构表面有效粘结，以及现场施工基面的复杂性所导致的卷材与基面无法粘结的情况，是目前防水工程的难点所在。

7.20.3 现有防水材料的优缺点

目前工程中应用的防水材料主要有涂料和卷材两种类型，卷材又分为自粘防水卷材和热熔防水卷材，表 7-12 和表 7-13 给出了两种不同类型卷材各自的特性。

表 7-12 自粘防水卷材特性

优点	缺点
厚度可控、均匀 冷施工，安全性好 平面施工可使用宽幅卷材 耐化学腐蚀性优良	立面施工困难 接缝众多，易窜水 凸出基层部件根部等细部处理烦琐

防水环节中较为薄弱的是搭接缝，由于搭接缝的存在，使得渗漏隐患在任何卷材防水中都存在，同时搭接的设计使用年限在很大程度上也难以满足。在施工回填或者交叉作业时，轻微损坏会由于材料的无自我修复能力而造成渗漏隐患。

表 7-13 热熔防水卷材特性

优点	缺点
材料成本低 厚度可控、均匀 耐化学腐蚀性优良	施工安全性较差，易导致火灾 立面施工困难 防水层的弹性较差

要达到绝对满粘的卷材防水几乎是不存在的，遇到外力或者温差，极易空鼓，同时满粘粘合剂效果很难达到跟卷材同等寿命，极易产生窜水，导致整个防水层失效。防水卷材的使用年限比建筑物使用年限低很多，对于防水二次施工应在后期工程中投入更多资金。

热熔非固化防水涂料和聚氨酯防水涂料是比较常见的防水材料，表 7-14 和表 7-15 分别给出了两种涂料的特点。

表 7-14 热熔非固化防水涂料特性

优点	缺点
可与基面满粘 具有自愈性，具有裂缝弥合能力	热熔施工，安全性差 立面施工困难 施工时排放有害沥青烟

表 7-15 聚氨酯防水涂料特性

优点	缺点
弹性好 耐化学物质 可抵御砌体结构基层中的碱腐蚀	含溶剂，不环保 对基层要求高 施工时存在有害气体排放

热熔非固化的非固化状态，轻质油分支撑着其粘结蠕变。经过加热融化，冷却成型，其中的轻质油组分非常少，另外非固化施工厚度有限，存在自然老化，轻质油或与基层浸润，或挥发散失，都将导致其整体的弹性、粘结性能的下降。加热过程本身就要损失掉相当一部分的轻质油组分，结果就是，非固化的蠕变效果在这些因素的影响下不断变低，直至完全丧失效果，失去非固化的状态。

表 7-16 是常用防水材料性能及施工效果比较情况。由表可以看出，在综合性能方面，防水涂料要优于防水卷材。但传统的防水材料，无论是卷材还是成膜涂料，都不具备自愈功能，当防水层出现破损时不易维修。窜水、搭接边、高温加热、沥青烟排放，这些让无数防水施工者极为头痛的问题，随着新材料的诞生这些问题迎刃而解，随之便出现了水性喷涂持粘高分子防水涂料。

表 7-16　常用防水材料性能及施工效果比较表

项目	防水涂料	防水卷材
断裂伸长率	优秀	良好
满粘效果	优秀	较差
接缝	无	多
施工难易程度	简便	困难
后期维修难易程度	容易	比较难

7.20.4　水性持粘喷涂材料性能

1. 水性喷涂持粘高分子防水涂料概述

经过不断试验与研制，水性喷涂持粘高分子防水涂料综合了以往防水涂料的优点，并成功解决了防水涂料不能自愈等多个方面的缺陷，其主要特点主要可以阐述为以下几点：

（1）环保　涂料均使用水性材料，无论是配方中采用的原料，还是制造工艺过程均无毒无害，符合国家环保趋势；

（2）安全　产品可以在不加热的状态下进行冷施工，避免了火灾等危险，确保了施工的安全；

（3）耐久　具有极强的粘结能力以及出色的复黏性，基于材料的蠕变性和自愈性，可对主体形成动态保护，材料能够对由沉降和位移造成的裂缝进行修复；

（4）高效　打造防水 4 个 1（1 人，1d，1 台设备，1000m^2），采用机械化喷涂，成本低，设备简单，工作效率高，尤其是在应用于复杂基面时，工期能够明显减少，喷涂后迅速成型，立面施工不流挂，出色的耐热性（160℃）及剥离性保证了其与卷材在立面良好的复合。

以上做法如图 7-84～图 7-87 所示及水性喷涂持粘高分子防水涂料与其他涂料各项指标对照表，如表 7-17 所示。

图 7-84　涂料现场冷施工

图 7-85　极强的粘结力和出色的复黏性

图 7-86　蠕变性和自愈性

图 7-87　高效率施工

表 7-17　水性喷涂持粘高分子防水涂料与其他涂料各项指标对照表

项目		水性喷涂持粘高分子防水涂料	JC/T 2428—2017 非固化橡胶沥青防水涂料	JC/T 2317—2016 喷涂橡胶沥青防水涂料
凝胶时间/s		≤5	—	≤5
固含量/%		≥55	≥98	≥55
粘结性能	干燥基面 潮湿基面	100%内聚破坏	100%内聚破坏	0.4MPa
延伸性/mm		≥15	≥15	—
低温柔性		−25℃，无断裂	−20℃，无断裂	—
耐热性		150℃无滑动、流淌、滴落	65℃无滑动、流淌、滴落	—
热老化 70℃	延伸性/mm	≥15	≥15	—

续表

项目		水性喷涂持粘高分子防水涂料	JC/T 2428—2017 非固化橡胶沥青防水涂料	JC/T 2317—2016 喷涂橡胶沥青防水涂料
168h	低温柔性	－20℃，无断裂	－15℃，无断裂	—
耐酸性	外观	无变化	无变化	—
（2%H_2SO_4 溶液）	延伸性/mm	≥15	≥15	—
	质量变化/%	±2.0	±2.0	—
耐碱性［0.1%NaOH＋饱和 $Ca(OH)_2$ 溶液］	外观	无变化	无变化	—
	延伸性/mm	≥15	≥15	—
	质量变化/%	±2.0	±2.0	—
耐盐性（3%NaCl 溶液）	外观	无变化	无变化	—
	延伸性/mm	≥15	≥15	—
	质量变化/%	±2.0	±2.0	—
自愈性		无渗水	无渗水	—
应力松弛/%	无处理 热老化（70℃，168h）	≤35	≤35	— —
抗窜水性		0.6MPa，无窜水	0.6MPa，无窜水	—
剥离性能	剥离力/（N/mm）	≥1.5 且 100%内聚破坏	—	—
	耐水性/%	≥80	—	—
不透水性		0.3MPa，30min 不透水	—	0.3MPa，30min 无渗水
闪点		—	≥180℃	—
渗油性/张		—	≤2	—

2. 与现行材料标准性能对比

为保证产品质量，产品均由具有国家 CMA 或 CNAS 检验资格的第三方检测机构进行检验，检测方法严格按照国标或企业标准进行。

产品成功入选了中国建筑标准设计研究院主编的建筑防水系统构造参考图集。图集的主要部分是邦辉研发的水性喷涂持粘高分子防水涂料与防水卷材复合使用系统，强调了该材料在施工和环境保护方面的优越性，对建筑的防水质量有明显的改善。给出了材料性能指标，一些重要环节的技术要点及一些应用的相关构造节点，供选用。

该材料顺利通过住建部建设行业科技成果评估，并成为2018年第二批全国建设行业科技成果推广项目。参与评估的专家包括曲慧、叶林标、张勇、沈春林、曹征富等防水行业的权威专家。

3. 材料应用领域

水性喷涂持粘高分子防水涂料凭借其优异的性能，可与高分子湿铺型交叉层压膜防水卷材、SBS改性沥青防水卷材、高分子自粘防水卷材、聚乙烯丙纶复合防水卷材、喷涂橡胶沥青防水涂料等多种材料复合，构造多样的防水体系。

水性喷涂持粘高分子防水涂料可用于结构顶板、结构侧墙以及结构底板等主体结构防水。通过以上主体防水设计，在结构迎水面形成了柔性外包防水层，相较于传统卷材施工，双层涂料的施工工艺具有施工简便、效率高、整体连续、不窜水等性能优势。

7.20.5 工程应用

国内几十个大大小小的工程都相继投入使用了这种由北京交通大学联合江苏邦辉化工科技实业发展有限公司共同研制的水性喷涂持粘高分子防水涂料。由实际工程反馈的数据信息可知，本材料和技术适用于各种类型的地下工程和防水工程，经过对防水构造体系的合理设计和精心施工，能保证良好的防水质量。

1. 应用工程实例统计

截止到目前，水性喷涂持粘高分子防水涂料在国内各个工程领域中的应用或试验工程实例统计如表7-18所示。可以看出，目前该材料与技术已经成功运用在铁路隧道、地铁隧道等公共交通领域，也在建筑地下防水工程、住宅地下室结构防水、屋面防水工程等领域。

2. 喷涂防水工程评价

上述工程中的应用与实践，证明了该喷涂防水技术有显著的工程应用价值：

（1）能很好地适应各种凹凸不平的复杂界面，对施工环境和条件无特殊要求；对于地下工程的特殊环境，即湿度大、壁面潮湿的情况具有很高的适应性，与其他防水涂料和卷材组成的防水体系，能取到很好的防水效果。

（2）具有极强的粘结能力以及出色的复黏性，基于材料的蠕变性和自愈性，在结构变形情况下可依然对主体形成动态保护，同时满足冷施工要求，环保高效，操作简单，耐火阻燃，相比较其他防水技术与材料效果更好。

（3）该技术与材料受到了现场技术人员和工人的一致好评，普遍认为是一种适合地下工程使用的防水方法，对目前使用的防水板有着很好的替代性，具有良好的推广和应用价值。

表 7-18 水性喷涂持粘高分子防水涂料应用实例

工程类型	工程名称
铁路工程	银川综合客运枢纽地下防水工程
地铁工程	无锡地铁 4 号线 04 标建筑路站 无锡地铁 3 号线 09 标高浪路站
建筑工程	青岛平度中央美地工程地下防水工程 盐城红星美凯龙家具建材中心项目 浙江台州市广聚能源科技有限公司 厂房及办公楼屋面防水工程 汨罗金泽国际大酒店地下防水工程
其他	南昌轨道交通职工住宅项目

7.20.6 结语

水性喷涂持粘高分子防水技术可以应用于铁路隧道、地铁隧道、建筑地下防水工程、住宅地下结构防水、屋面防水等工程领域，尤其适用于结构后期扰动较大，容易出现变形开裂等的地下工程中。目前该技术已经在国内多个工程中得到了应用和推广，尤其在地铁和高铁领域、迎水面防水工程中发挥了较大的实际意义。水性持粘喷涂高分子防水技术凭借其环保、安全、耐久、高效以及材料固有的蠕变性、自愈性等特性，工程效果远好于其他防水技术。

地下工程的防水问题在我国地铁隧道、城市地下空间、高速铁路、高速公路等方面的大规模开发与建设中占据重要的地位。而水性喷涂持粘高分子防水技术为地下工程防水提供了新思路与新方法，可以预见其优良的技术体系和可靠的防水性能必将在地下工程防水领域中得到广泛使用。

参考文献

[1] Chen Y. Waterproof technology in underground project of HNA international mansion [J]. Construction Technology, 2011.

[2] Hindle D. Special linings and waterproofing. [J]. World Tunnelling, 2001 (March).

[3] Reina P, Usui N. Sunken tube tunnels proliferate [J]. Engineering News-Record, 1989.

[4] Holter K G. Loads on Sprayed Waterproof Tunnel Linings in Jointed Hard Rock: A Study Based on Norwegian Cases [J]. Rock Mechanics & Rock Engineering, 2014, 47 (3): 1003-1020.

[5] 小池迪夫. 最新建筑防水设计施工手册 [M]. 北京：地质出版社，1992.

[6] 朱馥林．建筑防水新材料及防水施工新技术［M］．北京：中国建筑工业出版社，1997.
[7] 盛草樱，杨其新，刘东民．膨润土对丙烯酸喷膜防水材料性能的影响［J］．新型建筑材料，2004（2）：44-45.
[8] 杨其新，刘东民，盛草樱．隧道及地下工程喷膜防水技术的研究［J］．新型建筑材料，2002（1）：7-10.
[9] 刘东民，盛草樱，杨其新．隧道喷膜防水施工［J］．铁道建筑技术，2003（6）：24-26.
[10] 杨其新，刘东民，盛草樱，等．隧道及地下工程喷膜防水技术［J］．铁道学报，2002，24（2）：83-88.

8

建筑修缮造价编制

8.1 造价编制的依据

修缮工程的造价应根据国家现今有关法律法规的规定，按设计方案的要求，选用合格材料，精心施工，做到不渗不漏、保温良好，并达到合理使用年限要求及修缮公司投入的人力、物力、财力并参考《全国建筑渗漏修缮预算定额》进行编制。

8.2 维修造价应该适宜合理

从实际出发，参考当地新建工程或维修工程预算定额，根据工况实际，编制公平、合理的造价，利润应控制在6%～8%。造价太低可能导致偷工减料恶果，造价太高助长暴利劣行，两者都不利于国家、企业与民众。

8.3 湖南2014年预算取费规定

企业管理费：23.34%；

利润：（直接费＋工资）的25.12%；

安全文明措施费：（直接费＋工资）的12.99%；

工程排污费：直接费的0.4%；

养老保险费：直接费的3.5%；

工会经费：直接费的2%；

雨期施工增加费：总造价的0.16%；

税金：总造价的9%。

8.4 维修造价的内容

（1）基价（又称直接费），包含工程所需的材料费、人力工资与机械费三部分。

（2）间接费：包含现场管理费、合法利润、安全文明施工费。其中管理费包含管理人员的工资、差旅费、检测费、员工保险费、重大设备检修费等。

（3）规费：企业向国家交纳的建设费用。

（4）税金。

（5）配合费。

8.5 住房城乡建设部2018年8月颁布《建筑门窗工程、防水工程、地源热泵工程造价指标（试行）》规定

地域 / 地区最高单价	东北华北地区	华东中南地区	西南地区	西北地区
地下室防水	196.87 元/m^2	161.53 元/m^2	187.49 元/m^2	202.77 元/m^2
室内防水	71.94 元/m^2	48.53 元/m^2	59.42 元/m^2	49.77 元/m^2
外墙防水	122.15 元/m^2	54.86 元/m^2		136.42 元/m^2
坡屋面防水	143.80 元/m^2	134.88 元/m^2	107.95 元/m^2	102.14 元/m^2
平屋面防水	143.50 元/m^2	111.75 元/m^2	139.49 元/m^2	139.58 元/m^2
种植屋面防水	158.00 元/m^2	185.85 元/m^2	217.12 元/m^2	210.00 元/m^2
注：以上为全费用指标，包含人工费、材料费、机械费以及综合费用				

附录1　拉丁字母表、希腊字母表、罗马数字及pH值参考图

（一）拉丁字母表

字母	国际音标	字母	国际音标	字母	国际音标	字母	国际音标
Aa	[ei]	Hh	[eitʃ]	Oo	[əu]	Vv	[vi：]
Bb	[bi：]	Ii	[ai]	Pp	[pi：]	Ww	[ˈdΛblju：]
Cc	[si：]	Jj	[dʒei]	Qq	[kju：]	Xx	[eks]
Dd	[di：]	Kk	[kei]	Rr	[ɑ：]	Yy	[wai]
Ee	[i：]	Ll	[el]	Ss	[es]	Zz	[zed]
Ff	[ef]	Mm	[em]	Tt	[ti：]		
Gg	[dʒi：]	Nn	[en]	Uu	[ju：]		

（二）希腊字母表

希腊字母	汉语拼音读法	希腊名称	希腊字母	汉语拼音读法	希腊名称
$A\alpha$	alfa	Alpha	$N\nu$	niu	Nu
$B\beta$	bita	Beta	$\Xi\xi$	ksai	Xi
$\Gamma\gamma$	gama	Gamma	Oo	omikron	Omicron
$\Delta\delta$	dêlta	Deltg	$\Pi\pi$	pai	Pi
$E\varepsilon$	êpsilon	Epsilon	$P\rho$	rou	Rho
$Z\zeta$	zita	Zeta	$\Sigma\sigma$ （s）	sigma	Sigma
$H\eta$	yita	Eta	$T\tau$	tao	Tau
$\Theta\theta$ （ϑ）	sita	Theta	$\Phi\varphi\phi$	fai	Phi
$I\iota$	yota	Iota	$X\chi$	hai	Chi
Kk （κ）	kapa	kappa	$\Upsilon\upsilon$	yupsilon	Upsilon
$\Lambda\lambda$	lamda	Lambda	$\Psi\psi$	psai	Psi
$M\mu$	miu	Mu	$\Omega\omega$	omiga	Omega

大写	小写	中文读音	大写	小写	中文读音
A	α	阿尔法	N	ν	纽
B	β	贝塔	E	ε	克西
Γ	γ	嘎马	O	ο	奥密克戎
Δ	δ	得尔塔	Π	π	派
E	ε	艾普西龙	P	ρ	罗
Z	ζ	截塔	Σ	σ	西格马
H	η	艾塔	T	τ	陶
Θ	θ	西塔	ϒ	υ	宇普西龙
I	ι	约塔	Φ	ϕ	费衣
K	κ	卡帕	X	χ	喜
Λ	λ	兰姆达	Ψ	ϕ	普西
M	μ	廖	Ω	ω	欧米嘎

（三）罗马数字

Ⅰ	Ⅱ	Ⅲ	Ⅳ	Ⅴ	Ⅵ	Ⅶ	Ⅷ	Ⅸ	Ⅹ
1	2	3	4	5	6	7	8	9	10

（四）pH 值参考图

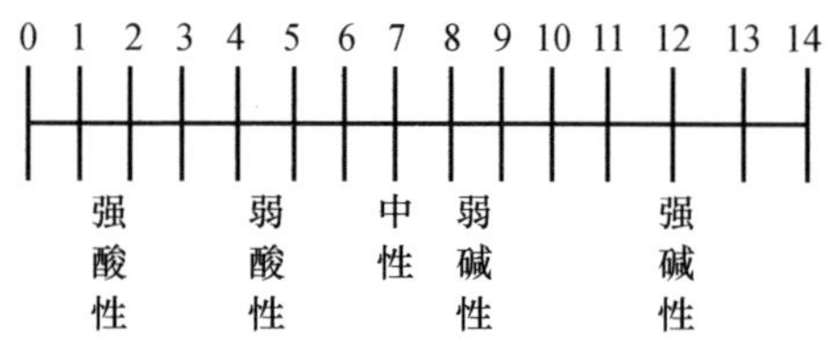

pH＜7溶液显酸性。pH值越小，酸性越强。
pH=7溶液显中性（纯水的pH值=7）。
pH＞7溶液显碱性。pH值越大，碱性越强。

附录 2　常用计量单位与换算表

（一）国际单位制计量单位

1. 长度

名称	千米（公里）	百米	十米	米	分米	厘米	毫米	微米	纳米
代号	km	hm	dam	m	dm	cm	mm	μm	nm
等量	1000 米	100 米	10 米	10 分米	10 厘米	10 毫米	10 丝米	1 公徽	十亿分之一米

2. 面积

名称	平方千米（平方公里）	平方米	平方分米	平方厘米
代号	km^2	m^2	dm^2	cm^2
等量	1000000 平方米	100 平方分米	100 平方厘米	100 平方毫米

3. 体积

名称	立方米	立方分米	立方厘米
代号	m^3	dm^3	cm^3
等量	1000 立方分米	1000 立方厘米	1000 立方毫米

4. 质量

名称	吨	公担	千克（公斤）
代号	t	q	kg
等量	1000 千克	100 千克	1000 克

5. 密度

名称	密度	名称	密度	名称	密度
汽油	0.7g/cm^3	水银	13.6g/cm^3	不锈钢	7.78g/cm^3
煤油	0.8g/cm^3	铝	2.7g/cm^3	钢	7.8g/cm^3
水	1g/cm^3	锌	7.05g/cm^3	黄铜	8.2g/cm^3
海水	1.03g/cm^3	生铁	7.3g/cm^3	铅	11.4g/cm^3
硫酸	1.8g/cm^3	熟铁	7.7g/cm^3	混凝土	2.25g/cm^3

（二）计量单位换算关系

1. 长度

1 千米（公里）＝2 里＝0.621 英里＝0.540 海里 1 米＝3 尺＝3.281 英尺
1 里＝0.500 千米（公里）＝0.311 英里＝0.270 海里 1 尺＝0.333 米＝1.094 英尺
1 英里＝1.609 千米（公里）＝3.219 里＝0.868 海里 1 英尺＝0.305 米＝0.914 尺
1 海里＝1.852 千米（公里）＝3.704 里＝1.150 英里

2. 面积

1 公顷＝15 亩＝2.47 英亩＝10000.5 平方米
1 亩＝6.667 公亩＝0.164 英亩
1 亩＝60 平方丈＝666.7 平方米
1 英亩＝0.405 公顷＝6.070 亩

3. 质量（重量）

1 千克（公斤）＝2 斤＝2.205 磅（英制）
1 斤＝0.500 千克（公斤）＝1.102 磅
1 磅＝0.454 千克（公斤）＝0.907 斤

4. 容量

1 升＝0.220 加仑（英制）
1 加仑＝4.546 升

附录 3　工程修缮面积与体积计算公式

（一）常见面积计算公式

1. 矩形（含正方形、长方形）面积＝长×宽＝$L\times b$

2. 三角形面积＝$\frac{底\times 高}{2}=\frac{L\times h}{2}$

3. 梯形面积＝$\frac{(上底+下底)\times 高}{2}=\frac{(L_1+L_2)\times h}{2}$

4. 圆形面积＝半径×半径×3.14＝$(\frac{1}{2}R)^2\times\pi$＝0.7854×直径×直径

5. 圆柱侧面积＝2×3.14×半径×高＝直径×3.14×高＝$2\times\pi\times r\times h$

6. 圆锥侧面积＝3.14×半径×高＝$\pi\times r\times h$

7. 圆台侧面积＝3.14×（上截面半径＋下截面半径）×高＝$\pi\times(r+R)\times h$

8. 椭圆面积＝3.14×长半径×短半径＝π×长 r×短 r

9. 平行四边形面积＝长边长×长边高＝短边长×短边高＝$L\times h$

10. 环形面积＝大圆面积－小圆面积＝$R^2\times\pi-r^2\times\pi$

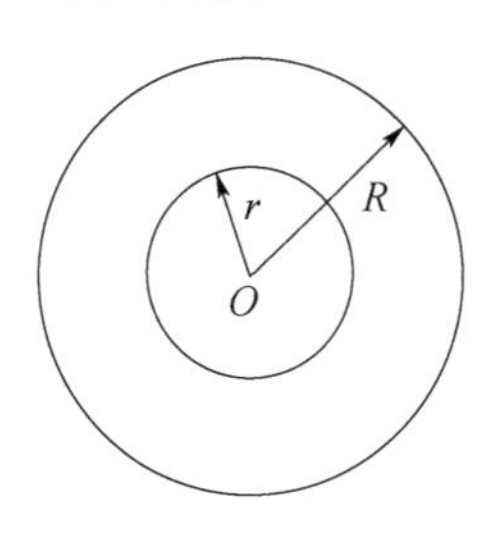

环形面积

11. 扇形面积＝$\frac{1}{2}$×半径×弧长

12. 六边形面积＝边长×边长×2.298

13. 八边形面积＝边长×边长×4.828

14. 十边形面积＝边长×边长×7.694

（二）常见体积计算公式

正立方体＝长×宽×高

圆球体$=\frac{1}{6}\times 3.14\times$直径^3

椭圆球体$=\frac{1}{6}\times 3.14\times$小直径$\times$大直径^2

圆环体$=2.4674\times$大直径$\times$小直径^2

圆柱体$=\frac{1}{4}\times 3.14\times$直径$^2\times$高

圆锥体$=\frac{1}{12}\times 3.14\times$直径$^2\times$高

尖劈体$=\frac{1}{6}\times$宽$\times$高$\times$（顶长$+$边长$+$底长）

附录4 常用建筑材料质量表

名称	质量	备注
1. 木材		
杉木	400kg/m^{3}以下	质量随含水率而不同
马尾松	500～600kg/m^3	质量随含水率而不同
普通木板条、椽檩木料	500kg/m^{3}以上	质量随含水率而不同
锯末	200～250kg/m^3	加防腐剂时为300kg/m^3
刨花板	600kg/m^3	
胶合三夹板（杨木）	1.9kg/m^2	
隔声板	3.0kg/m^2	常用规格为1.3、2.0cm
2. 金属矿产		
铸铁	7250kg/m^3	
铁矿渣	2760kg/m^3	
钢	7850kg/m^3	
紫铜、赤铜	8900kg/m^3	
黄铜、青铜	8500kg/m^3	
铝	2700kg/m^3	
铝合金	2800kg/m^3	
锌	7050kg/m^3	
铅	11400kg/m^3	
方铅矿	7450kg/m^3	
金	19300kg/m^3	
白金	21300kg/m^3	
银	10500kg/m^3	
水银	13600kg/m^3	
石棉	1000kg/m^3	压实
石棉	400kg/m^3	松散，含水量不大于15%
白垩（高岭土）	2200kg/m^3	
石膏矿	2550kg/m^3	
石膏	1300～1450kg/m^3	粗块堆放 $\phi=30°$ 细块地放 $\phi=40°$
石膏粉	900kg/m^3	
3. 土、砂、砂砾、岩石		
黏土	1350kg/m^3	干，松，空隙比为1.0
黏土	1600kg/m^3	干，$\phi=40°$，压实
黏土	1800kg/m^3	湿，$\phi=35°$，压实

续表

名称	质量	备注
黏土	2000kg/m^3	很湿，ϕ=20°，压实
砂土	1220kg/m^3	干，松
砂土	1600kg/m^3	干，ϕ=35°，压实
砂土	1800kg/m^3	湿，ϕ=35°，压实
砂土	2000kg/m^3	很湿，ϕ=25°，压实
砂土	1400kg/m^3	干，细砂
砂土	1700kg/m^3	干，粗砂
卵石	1600～1800kg/m^3	干
页岩	2800kg/m^3	
页岩	1480kg/m^3	片石堆置
花岗岩，大理石	2800kg/m^3	
花岗石	1540kg/m^3	片石堆积
石灰石	1520kg/m^3	片石堆置
白云石	1600kg/m^3	片石堆置，ϕ=48°
滑石	2710kg/m^3	
碎石子	1400～1500kg/m^3	堆置
多孔黏土	500～800kg/m^3	作填充料用，ϕ=35°
辉绿岩板	2950kg/m^3	

4. 砖

名称	质量	备注
普通砖	1800kg/m^3	240×116×53 684 块/m^3
普通砖	1900kg/m^3	机器制
耐火砖	1900～2200kg/m^3	230×110×65 609 块/m^3
耐酸瓷砖	2300～2500kg/m^3	230×113×65 590 块/m^3
矿渣砖	1850kg/m^3	硬矿渣：烟灰：石灰= 75：15：10
水泥空心砖	980kg/m^3	290×290×140 85 块/m^3
水泥空心砖	1030kg/m^3	300×250×110 121 块/m^3
黏土空心砖	1100～1450kg/m^3	能承重
黏土空心砖	900～1100kg/m^3	不能承重
碎砖	1200kg/m^3	堆置
磁面砖	1780kg/m^3	150×150×8 5556 块/m^3

续表

名称	质量	备注
马赛克	12kg/m³	厚 5mm
5. 石灰、水泥、灰浆及混凝土		
生石灰块	1100kg/m³	堆置，$\phi=30°$
生石灰粉	1200kg/m³	堆置，$\phi=35°$
熟石灰膏	1350kg/m³	
石灰砂浆，混合砂浆	1700kg/m³	
灰土	1750kg/m³	石灰：土=3：7，夯实
纸筋石灰泥	1600kg/m³	
石灰三合土	1750kg/m³	石灰、砂子、卵石
水泥	1450kg/m³	散装，$\phi=30°$
水泥	1600kg/m³	袋装压实，$\phi=40°$
矿渣水泥	1450kg/m³	
水泥砂浆	2000kg/m³	
水泥蛭石砂浆	500～800kg/m³	
膨胀珍珠岩砂浆	700～1500kg/m³	
素混凝土	2200～2400kg/m³	振捣或不振捣
沥青混凝土	2000kg/m³	
泡沫混凝土	400～600kg/m³	
加气混凝土	550～750kg/m³	
钢筋混凝土	2400～2500kg/m³	
钢丝网水泥	2500kg/m³	用于承重结构
水玻璃耐酸混凝土	2000～2350kg/m³	
粉煤灰陶粒混凝土	1950kg/m³	
6. 沥青、煤灰、油料		
石油沥青	1000～1100kg/m³	
柏油	1200kg/m³	
煤沥青	1340kg/m³	
煤焦	1200kg/m³	
煤灰	800kg/m³	压实
煤油	800kg/m³	
石墨	2080kg/m³	
煤焦油	1000kg/m³	桶装，相对密度 1.25
汽油	670kg/m³	
7. 杂项		
稻草	120kg/m³	
普通玻璃	2560kg/m³	
泡沫玻璃	300～500kg/m³	

续表

名称	质量	备注
玻璃棉	50～100kg/m³	作绝缘层填充料用
玻璃钢	1400～2200kg/m³	
矿渣棉	120～150kg/m³	松散、导热系数 0.027～0.038 千卡/（米·时·度）
聚氯乙烯板（管）	1350～1600kg/m³	
聚苯乙烯泡沫塑料	50kg/m³	导热系数不大于 0.03 千卡/（米·时·度）
石棉板	1300kg/m³	含水率不大于 3%千卡/（米·时·度）
乳化沥青	980～1050kg/m³	
松香	1070kg/m³	
酒精	785kg/m³	100%纯
酒精	660kg/m³	桶装，比重 0.79～0.82
盐酸	1200kg/m³	浓度 40%
硝酸	1510kg/m³	浓度 91%
硫酸	1790kg/m³	浓度 87%
火碱	1700kg/m³	液度 66%
水	1000kg/m³	温度 4℃，密度最大时
冰	896kg/m³	

附录 5　常用结构质量

名称	质量	名称	质量
单层瓦面	75kg/m^2	1cm 厚纸筋灰批顶棚	16kg/m^2
双层瓦面	100kg/m^2	钢筋混凝土构件	2400～2500kg/m^3
石棉、铁皮、塑料瓦面	30kg/m^2	砖砌体	1800kg/m^3
木楼面/屋面（板厚 20）	25kg/m^2	1 砖墙	432kg/m^3
楼面屋面单层大阶砖	75kg/m^2	半砖墙	207kg/m^3
楼面屋面双层大阶砖	125kg/m^2	石灰砂浆 2cm 厚	35kg/m^2
油毡屋面	50kg/m^2	针板条批灰天棚	50kg/m^2
2cm 厚水泥砂浆	40kg/m^2	普通杉木玻璃门窗	30kg/m^2

附录 6　行业常用代号释义

代号	含义	代号	含义
AC	丙烯酸	PVC	聚氯乙烯
ACC	回气混凝土	MMA	甲基丙烯酸甲酯
APAO	乙烯-丙烯-丁烯-1 共聚非结晶物	MS	改性硅酮
CSPE（CSM）	无规聚丙烯	PC	聚碳酸酯
DBP	氯磺化聚乙烯	PCa	预制混凝土
DOP	邻苯二甲酸二丁酯	PE	聚乙烯
ECB	乙烯共聚物改性沥青	PP	聚丙烯
EIFS	外保温装饰系统	PS	聚硫、聚苯乙烯
CMC	羧甲基纤维素	PU	聚氨酯
CPE	氯化聚乙烯	TPQ	乙烯-丙烯橡胶与聚丙烯共聚物
CR	氯丁橡胶	UV	紫外线
HDPE	高密度聚乙烯	VOC	有机挥发物
LDPE	低密度聚乙烯	U 型膨胀剂	UEA 混凝土膨胀剂
EPDM	三元乙丙橡胶	SBS	苯乙烯-丁二烯-苯乙烯嵌段聚合物弹性体
EVA	乙烯-乙酸・乙烯酯	SIS	苯乙烯-异戊二烯-苯乙烯嵌段聚合物弹性体
GF	玻璃纤维	LW/WPU	水溶性聚氨酯注浆液
HR	丁基橡胶	HW/OPO	油溶性聚氨酯注浆液
PVA	聚乙烯醇	SPF	喷涂聚氨酯硬泡体保温材料
SPUA	聚脲弹性体	SBR	丁苯橡胶
CCCW	渗透结晶型材料	Lu	透水率的单位，又称吕荣值
CPS	反应粘密封胶	CPM	水性节点密封膏

附录 7　常用保温隔热材料的表观密度及导热系数

材料名称	表观密度（kg/m³）	导热系数（W/m·K）
膨胀蛭石（松散颗粒）	80～200（堆积）	0.046～0.07
水泥膨胀蛭石制品	300～500	0.076～0.105
水玻璃膨胀蛭石制品	300～500	0.079～0.084
膨胀珍珠岩（松散颗粒）	40～300（堆积）	0.025～0.048
水泥珍珠岩制品	300～400	0.058～0.087
水玻璃珍珠岩制品	200～300	0.055～0.065
沥青膨胀珍珠岩制品	450～500	0.093～1.163
泡沫混凝土	300～500	0.082～0.186
加气混凝土	500～700	0.093～0.164
聚苯乙烯泡沫塑料	20～50	0.031～0.047
硬质聚氨酯泡沫塑料	＜45	0.026
矿渣棉（松散状）	135～160	0.049～0.052
岩棉（松散状）	80～100	0.041～0.050
沥青矿物棉毡	135～160	0.049～0.052
玻璃纤维制品	120～150	0.035～0.041

参考文献

[1] 中华人民共和国住房和城乡建设部．房屋渗漏技术规程：JGJ/T 53—2011 [S]．北京：中国建筑工业出版社，2011.

[2] 中华人民共和国住房和城乡建设部．地下工程渗漏治理技术规程：JGJ/T 212—2010 [S]．北京：中国建筑工业出版社，2010.

[3] 中华人民共和国住房和城乡建设部，中华人民共和国国家质量监督检验检疫总局．屋面工程技术规范：GB 50345—2012 [S]．北京：中国建筑工业出版社，2012.

[4] 中华人民共和国住房和城乡建设部，中华人民共和国国家质量监督检验检疫总局．屋面工程质量验收规范：GB 50207—2012 [S]．北京：中国建筑工业出版社，2012.

[5] 中华人民共和国住房和城乡建设部，中华人民共和国国家质量监督检验检疫总局．地下工程防水技术规范：GB 50108—2008 [S]．北京：中国计划出版社，2009.

[6] 中华人民共和国住房和城乡建设部，中华人民共和国国家质量监督检验检疫总局．地下防水工程质量验收规范：GB 50208—2011 [S]．北京：中国建筑工业出版社，2012.

[7] 中华人民共和国住房和城乡建设部，中华人民共和国国家质量监督检验检疫总局．建筑工程施工质量验收统一标准：GB 50300—2013 [S]．北京：中国建筑工业出版社，2014.

[8] 中华人民共和国住房和城乡建设部，中华人民共和国国家质量监督检验检疫总局．种植屋面工程技术规程：JGJ 155—2013 [S]．北京：中国建筑工业出版社，2013.

[9] 中华人民共和国住房和城乡建设部，中华人民共和国国家质量监督检验检疫总局．公共建筑节能设计标准：GB 50189—2015 [S]．北京：中国建筑工业出版社，2015.

[10] 中华人民共和国住房和城乡建设部，中华人民共和国国家质量监督检验检疫总局．建筑给水排水设计规范：GB 50015—2003 [S]．北京：中国计划出版社，2010.

[11] 北京市建设委员会，北京质量技术监督局．种植屋面防水施工技术规程：DB 11/366—2006 [S]．北京：北京城建科技促进会，2006.

[12] 中华人民共和国住房和城乡建设部，中华人民共和国国家质量监督检验检疫总局．虹吸雨水斗：CJ/T 245—2007 [S]．北京：中国标准出版社，2007.

[13] 中华人民共和国国家质量监督检验检疫总局，中国国家标准化管理委员会．建筑用压型钢板：GB/T 12755—2008 [S]．北京：中国标准出版社，2009.

[14] 中华人民共和国住房和城乡建设部，中华人民共和国国家质量监督检验检疫总局．建筑玻璃采光顶要求：JG/T 231—2018 [S]．北京：中国建筑工业出版社，2008.

[15] 江苏省住房和城乡建设厅．聚氨酯硬泡体防水保温工程技术规程：DGJ 32/T J95—2010 [S]．南京：凤凰出版传媒集团，江苏科学技术出版社，2010.

[16] 叶林昌．防水工手册 [M]．北京：中国建筑工业出版社，1998.

[17] 叶林标等．建筑工程防水施工手册 [M]．3 版．北京：中国建筑工业出版社，1992.

[18] 中华人民共和国住房和城乡建设部，中华人民共和国国家质量监督检验检疫总局．夏热冬

冷地区居住建筑节能设计标准：JGJ 134—2010 [S]．北京：中国建筑工业出版社，2010.
[19] 韩喜林．新型建筑绝热保温材料应用设计施工 [M]．北京：中国建材工业出版社，2005.
[20] 沈春林．屋面工程技术手册 [S]．北京：中国建材工业出版社，2018.
[21] 沈春林，苏立荣，李芳．建筑防水密封材料 [M]．北京：化学工业出版社，2003.
[22] 沈春林，苏立荣，李芳，等．建筑防水涂料 [M]．北京：化学工业出版社，2003.
[23] 沈春林，苏立荣，李芳，等．刚性防水及堵漏材料 [M]．北京：化学工业出版社，2004.
[24] 鞠建英．实用地下工程防水手册 [M]．北京：中国计划出版社，2002.
[25] 陈宏喜．建筑渗漏治理新材料新工艺 [M]．北京：中国建材工业出版社，2018.
[26] 陈宏喜．注浆堵漏防水实用技术手册 [M]．北京：中国建材工业出版社，2019.
[27] 陈宏喜．建筑防水湘军精英 [M]．北京：中国建材工业出版社，2020.
[28] 陈宏喜．宏喜建筑防水文集 [M]．香港：天马出版有限公司，2005.
[29] 陈宏喜．建筑防水新技术应用与实践 [M]．北京：中国建材工业出版社，2017.
[30] 曹建泉，易乐，叶天洪，等．预制拼装综合管廊渗漏原因及治理技术探讨 [J]．苏州：中国建筑防水，2020（增刊 1）.
[31] 张翔，陈宏喜．非固化橡胶沥青防水涂料核心添加剂的选用探索研究 [J]．苏州：中国建筑防水，2020（增刊 2）.
[32] 陕西省建筑设计院建筑材料手册 [M]．3 版．北京：中国建筑工业出版社，1991.
[33] 有关生产企业与施工公司产品说明书．
[34] 沈春林．全国第 23 届防水技术交流会《论文集》[M]．2021 年中国硅酸盐学会防水材料专业委员会年会特刊．

后　记

近一二十年来，防水行业的同仁在修补建筑缺陷与治理渗漏方面作了大量有益的探索，成效显著，并获得了几十个国家专利。他们的创新与亮点是什么呢？

一、指导思想正确，理论引领实践

1. 堵漏要标本兼治，规避“修了又漏，漏了再修”。

2. 堵漏修缮是一项系统工程，遵循“合理设计＋优选材料＋精心施工＋监管到位”综合治理的原则。

3. 渗漏的原因有内因与外因：内因是结构体内部不够密实，存在25％～40％的孔隙，也存在或多或少的缝隙；外因是结构体附加的卷材或涂膜防水层设计欠妥，施工不细，选材不当，监管缺失。

4. 混凝土/砂浆层渗漏修缮对策：打造密实而坚固的“筋骨式”“铜墙铁壁”基体结构，赋予结构体自我修复能力，辅以柔性材料适应结构变形，刚柔相济，阻挡水分子通行。

5. 注浆堵漏是治理渗漏的有效手段，但尽可能少注浆，注好浆，绿色注浆。

二、对症下药，工艺工法合理

1. 工程运营时间不长发生局部渗漏，采取扩大范围局部修复；工程使用年限已久，材料严重老化，采用微创全面修缮措施。

2. 不开挖微创修缮。无论是地上工程或地下工程，也无论是大工程或小工程，原则上不开挖、不砸砖，渗水处、流水处或喷水处，只要基层牢实，就微创注浆，再造防水层，既降低修缮费用，又缩短工期，还能在运营中修缮，不妨碍人们的工作与生活。

3. 屋面管根、筒根、穿墙管孔、平立面交接处，地下墙基柱脚渗漏/“出汗”，只要基层牢固，先适量打孔安装注浆嘴，压力灌注堵漏液，再扩大节点面积，刮涂浸润性好的柔性胶浆，第三步扩大范围抹压聚合物防水砂浆即可。

4. 地下停车场、地下室、人防指挥室渗漏，采用“两排一堵”工艺修缮。“两排”：一是疏通导水沟、排水沟、集水井，及时将地面积水排至市政排水网络；二是间歇式抽风排气，减少冷凝“结露”。“一堵”：就是注浆/灌浆堵漏、防治底板逆向渗水。

5. 电梯井、下沉式水池，采用“三防”治漏工艺，一是结构体掺防水剂自防水，二是结构体外铺柔性防水卷材，三是井池内部五面抹压聚合物防水砂浆。

三、走绿色发展新路，开启新征程

1. 努力研发生产与应用绿色新产品，争取超前实现“碳达峰”“碳中和”，创建人与自然和谐共生新家园。

2. 大力应用无机环保堵漏新产品，发挥 M1500、DPS、CCCW 渗透型材料的作用，打造经久耐用与结构基体同寿命的防渗屏障。

3. 充分利用屋顶、外墙、空坪隙地进行种植绿化，创建绿色光合平台，中和空间 CO_2，增植 O_2 源，努力消除“热岛”“冷桥”效应。有关研究表明：花园式屋顶绿化的 CO_2 吸收量为 12.20kg/（a·m^2），O_2 释放量为 8.85kg/（a·m^2），碳中和效果显著。

4. 培养职业工人，提升操作人员综合素质。

5. 开发施工新机具、新设备，走机械化智能化作业新路。

6. 推广屋面板自防水自保温隔热新工艺体系，推广屋面板涂刷反辐射隔热涂料或铺贴薄质反辐射隔热板铝材。

7. 地上外墙禁限薄抹灰外墙保温系统和仅通过粘结锚固方式固定的外墙外保温装饰一体化系统，提倡结构板自保温与内保温工艺。

8. 贯彻行业“蒲田共识”，抵制“低价中标”，不参与恶性竞争，“货真价实”搞修缮，为“零”渗漏努力奋斗阔步前行。

王文立

2021 年 7 月